本书是江苏省社会科学基金项目"数字赋能江苏'产业链-人才链'融合的路径与机制研究"（23GLD002）研究成果

中国工程技术标准特征对其海外合法性的影响研究

王嵩林 著

河海大学出版社

·南京·

图书在版编目(CIP)数据

中国工程技术标准特征对其海外合法性的影响研究 /
王嵩林著. -- 南京 : 河海大学出版社, 2024.12.
ISBN 978-7-5630-9464-6

Ⅰ. T-65

中国国家版本馆 CIP 数据核字第 2024YV6951 号

书　　名	中国工程技术标准特征对其海外合法性的影响研究
书　　号	ISBN 978-7-5630-9464-6
责任编辑	齐　岩
特约校对	王春兰
装帧设计	徐娟娟
出版发行	河海大学出版社
地　　址	南京市西康路1号(邮编:210098)
电　　话	(025)83737852(总编室)　(025)83722833(营销部)
经　　销	江苏省新华发行集团有限公司
排　　版	南京布克文化发展有限公司
印　　刷	广东虎彩云印刷有限公司
开　　本	710毫米×1000毫米　1/16
印　　张	14.25
字　　数	293千字
版　　次	2024年12月第1版
印　　次	2024年12月第1次印刷
定　　价	89.00元

前言

随着"一带一路"倡议的逐步推进,我国与广大发展中国家签署了一系列基础设施建设合作的相关协议。目前,中国工程企业积极响应"一带一路"倡议,已将业务范围扩展到全球各地,在海外工程承包市场上总体保持着良好的发展势头。一方面,我国海外工程承包市场份额持续增长,企业对外工程承包新签合同额屡创新高。另一方面,我国工程企业不断积累"走出去"经验,着力提升自身的竞争力,其国际影响力日益提升。近年以来,国际工程承包市场形势发生了深刻的变化,技术日益成为国际市场竞争的关键所在,正在由质量竞争、价格竞争、服务竞争、品牌竞争向着标准竞争演进,目前工程技术标准已成为市场准入的隐形门槛和获取最大利益的技术保护壁垒。因此中国工程企业应该积极响应"一带一路"倡议,进一步加快"走出去"战略的实施步伐,力争在国际工程技术标准竞争方面获得更多的话语权,推动中国工程技术标准走向国际化。

在我国工程技术标准指导下,中国工程企业飞速发展,建成了许多全球知名标志性工程。但是,西方发达国家由于重视标准工作以及其工程技术发展较早,一度垄断国际市场,极大延缓了我国工程技术标准"走出去"步伐。与欧美标准相比,我国企业的工程技术标准在海外东道国依然缺少竞争力,东道国各利益相关者对中国工程技术标准的认可程度有待提升。目前学术界对于工程技术标准特征、中国工程技术标准海外合法性以及二者关系的相关研究依然欠缺。在这种背景下,本文以企业标准为着眼点,深刻认识工程技术标准特征对标准海外合法性的影响,具有很好的实践价值与理论意义。

中国工程企业不是脱离外部因素而独立存在的,在不同的外部环境下,工程技术标准特征对标准海外合法性的影响存在一定差异;经过数十年海外实践,中国工程企业积累了一定国际经验,在国际经验存在差异性的情况下,工程技术标准特征对标准海外合法性的影响也存在一定差异。因此,基于外部环境视角和内部国际经验视角，更为深入地考察工程技术标准特征对中国工程技术标准海外合法性的影响，不仅符合客观实践，也使相关理论研究更为完善。

有鉴于此，本研究基于资源基础理论、权变理论、信息不对称和组织学习理论等，构建出内外部双重视角下的工程技术标准特征与中国工程技术标准海外合法性关系理论框架。与发达经济体的跨国企业相比，中国工程企业在海外面临的外部环境和外来者劣势更为严峻。因此对于中国工程企业来说，如何提升工程技术标准在东道国的合法性，将修正和扩充以发达国家跨国企业为基础的合法性获取理论体系。

摘要

在"一带一路"背景下中国工程企业开始参与国际竞争。然而中国工程技术标准在海外项目中却经常面临受认可程度低的问题，极大延缓了中国工程技术标准"走出去"的步伐。本研究以企业标准为着眼点，深入讨论工程技术标准特征如何提升标准海外合法性的问题。

本文从以下几个方面进行了研究：首先，通过对相关文献梳理，分析了"工程技术标准"的内涵，并总结了工程技术标准的特征。其次，分析了"中国工程技术标准海外合法性"（简称"标准海外合法性"）的理论内涵，并结合资源基础理论、信息不对称理论、组织学习理论和权变理论提出了本文的理论框架。再次，通过探索性案例研究的方式，研究了8个海外工程项目，涉及12个中国工程企业，形成了工程技术标准特征对标准海外合法性影响的概念模型。最后，通过假设检验的方式，研究了工程技术标准特征对标准海外合法性的直接影响、环境不确定性的调节效应、国际经验的调节效应。

研究结果表明：(1)工程技术标准具有多维性（包含技术标准、管理标准、工作标准）以及刚性与柔性的特征；(2)技术标准刚性、管理标准刚性和工作标准刚性对标准海外合法性有正向影响；(3)技术标准柔性、管理标准柔性、工作标准柔性对标准海外合法性有正向影响；(4)环境不确定性对技术标准刚性、管理标准刚性和工作标准刚性与标准海外合法性关系的调节作用不显著；(5)环境不确定性对技术标准柔性、管理标准柔性、工作标准柔性与标准海外合法性关系有着显著的正向调节作用；(6)国际经验对技术标准刚性、技术标准柔性、管理标准刚性、管理标准柔性与标准海外合法性关系有着显著的正向调节作用；(7)国际经验对工作标准刚性、工作标准柔性与标准海外合法性关系的调节作用不显著。

本研究的创新点如下：一方面，本研究通过理论逐级构建，从"标准合法性"这个"非效率"视角研究了中国工程技术标准如何走向国际市场，突破了以往"唯效率"的绩效局限性。另一方面,本研究发现,工程技术标准具有多维性特征,由技术标准、管理标准和工作标准组成。技术标准刚性、管理标准刚性和工作标准刚性能够对标准海外合法性产生直接的积极影响;技术标准柔性、管理标准柔性和工作标准柔性能够对标准海外合法性产生直接的积极影响。在此基础上,本研究引入环境不确定性(外部环境因素)和国际经验(内部经验因素),构建了内外部因素影响下工程技术标准特征对标准海外合法性影响的完整框架。不仅更具理论意义,也从国家层面、行业层面和企业层面为提升标准海外合法性提供了重要启示。

关键词:工程技术标准特征;中国海外工程;技术标准海外合法性

目录

第一章 绪论 ··· 001
  1.1 研究背景 ··· 001
    1.1.1 现实背景 ·· 001
    1.1.2 理论背景 ·· 004
  1.2 研究问题与研究意义 ·· 006
    1.2.1 研究问题 ·· 006
    1.2.2 理论意义 ·· 008
    1.2.3 现实意义 ·· 009
  1.3 文献综述 ··· 010
    1.3.1 海外工程的相关研究 ································· 010
    1.3.2 工程技术标准竞争的相关研究 ····················· 011
    1.3.3 工程企业海外合法性的相关研究 ·················· 016
    1.3.4 工程技术追赶的相关研究 ··························· 018
    1.3.5 文献评述 ·· 022
  1.4 研究内容、方法与技术路线 ······························· 024
    1.4.1 研究内容 ·· 024
    1.4.2 研究方法 ·· 025
    1.4.3 技术路线 ·· 025
  1.5 创新点 ·· 027

第二章 概念界定与理论基础 ································· 028
  2.1 工程技术标准的理论内涵与特征 ······················· 028
    2.1.1 工程技术标准的含义 ································ 028

  2.1.2 工程技术标准的多维性 ·················· 030
  2.1.3 工程技术标准的刚性与柔性 ··············· 032
 2.2 中国工程技术标准海外合法性的理论内涵与特征 ········ 034
  2.2.1 合法性的引入 ······················ 034
  2.2.2 中国工程技术标准海外合法性的理论内涵 ········ 037
 2.3 理论分析 ····························· 039
  2.3.1 基于资源基础理论的标准特征与标准海外合法性关系分析
     ································· 039
  2.3.2 基于信息不对称和组织学习理论的内部经验影响因素作用
     分析 ··························· 041
  2.3.3 基于权变理论的外部环境影响因素作用分析 ······· 043
 2.4 本章小结 ························· 045

第三章 案例研究与概念模型构建 ················· 046
 3.1 研究设计与方法 ························ 046
  3.1.1 方法选择 ························ 046
  3.1.2 案例选择 ························ 046
  3.1.3 数据收集 ························ 048
  3.1.4 数据分析方法 ····················· 048
 3.2 案例描述 ····························· 051
 3.3 数据分析 ····························· 051
  3.3.1 开放性编码 ······················ 051
  3.3.2 主轴性编码 ······················ 052
  3.3.3 选择性编码 ······················ 053
  3.3.4 理论饱和度检验 ···················· 054
  3.3.5 认知图谱构建 ····················· 055
 3.4 命题的提出与讨论 ······················· 056
  3.4.1 命题的提出 ······················ 056
  3.4.2 命题的讨论 ······················ 060
 3.5 概念模型构建 ·························· 068
 3.6 本章小结 ····························· 069

第四章 研究假设提出与理论模型构建 ………………………… 070
4.1 工程技术标准特征对标准海外合法性直接影响假设提出 ……… 070
4.1.1 标准刚性与标准海外合法性 ………………………… 070
4.1.2 标准柔性与标准海外合法性 ………………………… 074
4.2 环境不确定性调节效应的假设提出 ……………………… 082
4.2.1 环境不确定性对标准刚性与标准海外合法性关系的调节作用 ……………………………………………… 083
4.2.2 环境不确定性对标准柔性与标准海外合法性关系的调节作用 ……………………………………………… 085
4.3 国际经验调节效应的假设提出 ………………………… 090
4.3.1 国际经验对标准刚性与标准海外合法性关系的调节作用 …………………………………………………… 091
4.3.2 国际经验对标准柔性与标准海外合法性关系的调节作用 …………………………………………………… 093
4.4 理论模型构建 ………………………………………… 097
4.5 本章小结 …………………………………………… 099

第五章 工程技术标准特征对标准海外合法性的影响实证研究 ……… 100
5.1 研究设计与方法 ………………………………………… 100
5.1.1 问卷设计 ……………………………………… 100
5.1.2 变量测量 ……………………………………… 102
5.1.3 数据收集 ……………………………………… 107
5.1.4 分析方法 ……………………………………… 109
5.2 小样本预测 …………………………………………… 111
5.2.1 描述性统计分析 ………………………………… 111
5.2.2 量表信度及效度分析 …………………………… 111
5.3 共同方法变异检验 …………………………………… 115
5.4 信度和效度分析 ……………………………………… 116
5.4.1 信度分析 ……………………………………… 116
5.4.2 效度分析与因子分析 …………………………… 118
5.5 描述性统计和相关分析 ……………………………… 120
5.5.1 描述性统计 …………………………………… 120
5.5.2 相关分析 ……………………………………… 121

5.6 多元回归分析 ································· 124
　　　　5.6.1 直接效应的回归分析 ······················ 125
　　　　5.6.2 环境不确定性调节效应的回归分析 ············ 131
　　　　5.6.3 国际经验调节效应的回归分析 ················ 140
　　5.7 本章小结 ····································· 149

第六章　研究结果讨论与启示 ····························· 151
　　6.1 研究结果讨论 ·································· 151
　　　　6.1.1 假设检验结果讨论 ························ 151
　　　　6.1.2 中国工程企业"走出去"非效率因素的讨论 ······ 160
　　　　6.1.3 中国工程技术标准海外合法性获取框架的讨论 ··· 161
　　6.2 研究启示 ····································· 162
　　　　6.2.1 国家层面的启示 ·························· 162
　　　　6.2.2 行业层面的启示 ·························· 164
　　　　6.2.3 企业层面的启示 ·························· 167
　　6.3 本章小结 ····································· 170

第七章　结论与展望 ··································· 171
　　7.1 研究结论 ····································· 171
　　7.2 研究不足与未来展望 ····························· 172
　　　　7.2.1 研究不足 ································ 172
　　　　7.2.2 未来展望 ································ 173

附录 A　案例描述表 ··································· 174
附录 B　开放性编码表 ································· 183
附录 C　调查问卷 ····································· 191
参考文献 ··· 195

第一章 绪论

1.1 研究背景

1.1.1 现实背景

1.1.1.1 中国工程企业在海外工程承包市场上保持良好发展势头

2013年,国家主席习近平提出了共建"丝绸之路经济带"和"21世纪海上丝绸之路"的重大倡议。伴随着"一带一路"倡议的逐步推进,我国与广大发展中国家签署了一系列基础设施建设合作的相关协议。据新华社报道,截至2020年11月,我国已经与138个国家、31个国际组织签署201份共建"一带一路"合作文件。目前,中国工程企业积极响应"一带一路"倡议,已将业务范围扩展到全球各地,在海外工程承包市场上总体保持着良好的发展势头,尤其在亚、非、拉美等地区发展最为迅速,为广大发展中国家的经济增长与社会稳定提供了必要的助力并作出了重要的贡献。一方面,我国海外工程承包市场份额持续增长,企业对外工程承包新签合同额屡创新高。根据商务部的相关统计数据,2019年我国对外工程承包新签合同额达到2 602.5亿美元,较上一年同比增长7.6%。另一方面,我国对外承包企业不断积累"走出去"经验,着力提升自身的竞争力,在国际承包商中的排名稳步提升,入围250强的企业数量不断增加,国际影响力日益提升。根据工程新闻纪录(Engineering News-Record, ENR)可知,2019年我国有三家工程企业进入ENR国际承包商前十名,依次为中国交通建设集团有限公司(第3)、中国电力建设集团有限公司(以下简称中国电建集团,第7)、中国建筑股份有限公司(第9)。以中国电建集团为例,截至2017年,中国电建集团是我国唯一提供集水利电力工程及基础设施规划、勘测设计、咨询监理、建设管理、投资运营为一体的服务的综合性建设集团,在115个国家执行勘测设计咨询、工程承包、装备等合同2 400余项,合同总金额达8 000多亿元,在"一带一路"沿线57

个国家已经执行1 300余项合同,合同金额超过4 900亿元。

1.1.1.2 中国工程企业开始在海外工程承包市场上输出"规范标准"

工程技术标准涉及性能指标、技术参数及相关作业流程等,是项目过程中质量把控和交付验收的硬性指标要求,是工程承包商组织项目实施所必须遵循的重要规范。近年来,国际工程承包市场形势发生了深刻的变化,技术日益成为国际市场竞争的关键所在,正在由质量竞争、价格竞争、服务竞争、品牌竞争向着标准竞争演进,目前工程技术标准已成为市场准入的隐形门槛和获取最大利益的技术保护壁垒。这种技术优势是部分国际承包商在国际承包市场中获得垄断地位和高额利润的主要保障。因此,中国工程企业应该积极响应"一带一路"倡议,进一步加快"走出去"战略的实施步伐,力争在国际工程技术标准竞争方面获得更多的话语权,推动中国工程技术标准走向国际化。2015年3月,国务院印发的《深化标准化工作改革方案》明确提出,鼓励企业积极参与国际标准化活动,推进优势、特色领域标准国际化,创建中国标准品牌。2017年12月推进"一带一路"建设工作领导小组办公室印发的《标准联通共建"一带一路"行动计划(2018—2020年)》明确提出,要充分发挥标准化在推进"一带一路"建设中的基础性作用。推动中国工程技术标准"走出去"和实现中国标准国际化具有深远而广泛的积极影响,不仅有助于中国工程企业在国际工程市场获得更多的订单份额,也将有效拉动国内相关行业的持续发展,从而实现从输出"产品"到输出"技术",再到输出"规范标准"的历史性跨越。

1.1.1.3 中国工程企业对外输出"规范标准"面临着合法性困境

目前,在国际工程承包市场上对外输出中国工程技术标准依然面临着诸多难题,使得中国工程技术标准无法在其他国家真正落地生根,这也就意味着中国工程技术标准难以在东道国获得认可与合法性。一方面,中国在国际工程技术标准制定方面缺少足够的话语权,无法为对外输出中国工程技术标准提供必要的权威保障。据相关数据统计,由中国主导制定的国际技术标准仅占国际标准总数的约0.5%,相关的应用范围和应用领域明显偏少,多集中于国际工程承包市场产业链的中下游,导致中国标准在国际工程承包市场上的认可度不高。另一方面,中国工程技术标准与海外工程项目所在国的已有标准体系存在或多或少的差异,导致很多国家对中国工程技术标准不信任。Lei等认为技术标准差异问题已成为我国工程企业"走出去"的重大挑战。"一带一路"沿线大多数国家曾遭受欧美发达国家的殖民统治,因此形成了历史惯性,更多地沿用前宗主国的工程技术标准。比如在北非国家,当地更多地沿用法国标准;而在英联邦国家,当地更多地沿用英国标准。中国工程企业为了拓展业务范围,希望东道国采用中国标准,势必会与当地已有工程技术标准形成比较与竞争。由于技术标准存在差异,当我国工程企业采用欧美标准时,履约过程中沟通难度明显加大,导致各方间产生理念冲突和利益摩擦,极大地增加了项目成本。可见在大多数发展中国家,当地政府、民众和企业等利益相关者出于对欧美发达国家标准体系的过度依赖与盲目信任,自然不会对带有一定差异的中国工程技术标准予以完全的信任与认可。只有让中国工程技术标准成为国际通行的主导标准,才能够支持中国工程企业在国际市场上真正站稳脚跟。因此,深刻认识中国工程企业如何推动工程技术标准国际化,并获得当地利益相关者的承认与认可,具有重要的实践价值与理论意义。

1.1.1.4 中国工程企业必须认识到国际经验和环境不确定性的作用

由于我国与部分国家在政治、经济、文化等领域有着很大的差异性,中国工程企业在进入国际市场初期无法准确且全面地认知新市场,往往在面对各类潜在的不确定性时缺少必要的应对经验。在缺少足够应对经验的情况下,中国工程企业只是一味地生搬硬套,不能有针对性地调整技术标准,难以达到良好的预期效果,无法完全获得当地政府、企业、民众等利益相关者的正面认可。可见在国际工程承包市场中,跨国工程企业的国际经验是不可或缺的,其通常会起到重要的建设性作用。中国工程企业必须重视国际经验的积累,为降低决策的不确定性、调整技术标准的适应性,提供必要的经验对照与现实依据。因此,在这种现实背景下,基于国际经验的视角,深刻认识中国工程企业应用工程技术标准以获得当地利益相关者的承认与认可,具有更为积极的现实意义和实践价值。

目前中国工程企业实施"走出去"战略,对外承担大型工程建设,业务范围主要集中在亚非拉等地区。在亚非拉等地区,中国工程企业承包当地工程建设,所面临的外部环境通常具有诸多不确定因素,这些不确定因素是影响中国工程技术标准"走出去"的重要威胁。一方面,中国工程企业需要关注当地的政治不确定性。亚非拉以发展中国家为主,部分地区存在政治动荡、经济落后、部族矛盾激烈、极端势力与恐怖主义交织等重大问题,易引发高强度的对抗与冲突,严重危及中国工程企业的人员、财产安全和工程进度。另一方面,中国工程企业需要关注当地的经济不确定性。广大发展中国家的基础设施相对落后,企业所需的配套设施不足,居民收入水平低下,消费能力不足,市场需求有限,加之不成熟的市场经济体制、薄弱的财政储备和不完善的市场监管制度,都会影响中国工程企业的建设进度。在面对外部市场的威胁和挑战时,企业应通过积极应对或响应的方式,来管理或适应经济和政治风险。在这种现实背景下,中国工程企业如何应对环境不确定性所带来的影响,提升中国工程技术标准在当地所获得的认可度,成为中国工程技术标准"走出去"过程中亟待解决的难题,具有更好的实践价值与理论意义。

1.1.2 理论背景

1.1.2.1 工程技术标准的特殊性有待进一步研究

工程的本质是一类活动,其根本特征是工程要素的综合集成,包括劳动者、资源、资金、技术、知识、经验等。在知识层面,现代工程是综合集成人类经验、技术和科学的一种社会实践活动。工程建设以项目为单位,其基本特征可归纳如下:①由于目的、目标、环境、条件、组织和过程等方面的特殊性,任何工程都是非常规性、一次性的任务,不存在两个完全相同的工程。②任何工程活动都在一段有限时间内进行,有其明确的起始时间和终结时间。③在工程建设过程中,往往存在许多不确定因素。④任何工程都有明确目标,包括成果性目标和约束性目标。⑤任何工程都必须是在一些限定条件下开展,比如资源条件约束、人为约束等,其中质量、进度和费用是三个主要约束条件。⑥工程组织具有临时性和开放性。⑦工程产品具有唯一性、整体性的特点。⑧建设项目具有一个总体设计,一般包括主体工程和附属配套工程。由此可见,工程建设不仅体现在工程结果本身的技术上,而且是贯穿整个工程活动的过程,具有一定的特殊性。

工程建设依托于工程技术,工程技术标准是工程技术的体现方式。当地利益相关者对工程建设的认可程度不是凭空而来的,而是立足于其对工程技术标准的认可程度。但是,长期以来,相关学者忽视了工程技术标准的特殊性,没有认识到工程技术标准与一般性产品标准的区别,未能加以进一步区分与识别。因此,应该聚焦于工程技术标准,着力研究工程技术标准的特殊性,为更深入的学术研究奠定基础。

1.1.2.2 合法性视角下工程技术标准的相关研究未受到重视

在战略管理和社会学研究中,组织合法性通常是指新的组织形式和行为在多大程度上被视为具有可接受性、恰当性,这是获得社会支持的重要基础。Zimmerman和Zeitz认为组织应发挥其内部驱动作用,通过调整内部能动性发挥作用的方式取得社会认同并获得合法性。组织合法性可以划分为内部维度的合法性和外部维度的合法性。前者是指组织内成员对组织形式和行为的承认、支持和服从;后者则是指组织以外的其他主体对组织形式和行为的承认、支持和服从。合法性是企业行为遵从产业规范和更大的社会期望而被广大公众认为可接受和合意的程度。企业在从事跨国经营活动过程中可以通过熟悉的方法和策略获取合法性,以赢得东道国各利益相关者的认可。

当前,中国企业在具有一定优势地位的基础设施领域开始由"产品输出"向"标准输出"转型,力争取代欧美工程技术标准,获得当地政府、民众、企业的认可。但是在中国企业"走出去"的相关研究领域,国内国外学者更为关注投资效率、在国际市场的持续经营时间、创新绩效、海外并购绩效等,而忽略了合法性等"非效率"要素。可见合法性视角下工程技术标准的相关研究依然处于探索阶段,尚未受到相关学者的充分关注。我国工程企业在国际承包市场上的不断开拓与转型为合法性视角下工程技术标准的相关研究提供了新契机。

1.1.2.3　企业国际经验的重要性尚未受到充分重视

国际经验是跨国公司国际化进程中所积累的经验,不仅会影响企业国际化决策和绩效,也有助于企业顺利承包海外工程,因此其开始受到一些国内外学者的关注。比如,Hsu等认为,丰富的国际经验能帮助企业克服外来者劣势,而新兴市场企业普遍缺乏国际市场运作经验,因此新兴市场企业在国际市场的竞争力受到了很大的限制。李竞等基于高阶理论,深入分析了跨国公司高管团队国际经验多样性对海外建立模式选择的影响,研究表明高管团队国际经验的多样性促进了跨国公司选择海外并购的建立模式。

目前,中国企业"走出去"战略和国际化战略在丰富的国际经验指导下会有更好的效果,得到了一些学者的认同。比如,Shenkar认为,跨国企业在东道国市场上长期经营,通过经验性学习对东道国建立熟悉感,获取当地的技术、知识与商业网络等资源,并形成适应此环境的组织管理形式及技术能力,克服企业"外来者劣势",从而更好地发挥已有的技术优势。但是对企业国际经验如何影响工程技术标准海外合法性的相关研究依然缺乏,有待进一步探讨。

1.1.2.4　环境不确定性的重要性尚未被充分认知

外部环境的不确定性代表企业面临着一定的威胁性和风险性,其是企业不可回避的重要外部因素,长期以来一直备受国内外研究学者的高度关注。比如Feng等认为,企业所处的外部环境以及外部环境与企业行为之间的契合度在决定企业所获得回报方面发挥着十分重要的作用。Wu等基于Agent模型探讨了环境复杂性对跨国企业竞争行为的影响效用,结果发现环境复杂性会对跨国企业竞争行为产生显著的影响。陈春花等基于对任正非的访谈总结出应对环境不确定性的战略行动框架,为企业建构持久的不确定性环境,推动企业实施生存底线、研发驱动、业务聚焦、开放合作、生态共生等发展战略,以提升企业在不确定性环境下的核心竞争力。

目前学界一致认为,任何企业的各种活动都无法脱离其所在的特定外部环境。自"走出去"战略实施以来,"一带一路"沿线就是中国工程企业重点开拓的国外市场。在"一带一路"沿线,部分国家存在政治局势动荡、持续骚乱、腐败盛行、法治缺失等诸多治理问题,而这些外部环境的不确定性既不连续,也难以预测,势必导致企业经营环境的不断恶化。Narayanan 等认为,企业应当深入探究战略情境如何影响企业在东道国的合法性。但是,对环境不确定性如何影响工程技术标准海外合法性的相关研究尚缺乏,有待进一步探讨。

1.2 研究问题与研究意义

1.2.1 研究问题

伴随着中国工程企业"走出去"战略和"一带一路"倡议的不断落实与日益发展,如何实现工程技术标准的输出已经成为广大工程企业负责人和相关学者重点关注的研究课题。中国工程企业只有在海外项目中打破欧美国家的垄断,推广自己的工程技术标准体系,才能够从整体上彰显出中国工程技术标准的优势。经过几十年的积累,大批成熟的实践经验为合法性视角下工程技术标准的相关研究提供了新的研究视角和解决思路。在此过程中,还存在着外部环境不确定性和企业内部的国际经验问题,工程技术标准的特殊性也没有得到足够重视。本研究以企业标准为着眼点,聚焦工程技术标准特征、环境不确定性和国际经验,讨论如何提升中国工程企业的技术标准在海外东道国的合法性,对此本研究提出如下多个研究问题。

(1) 工程技术标准的主要内涵是什么?工程技术标准具有哪些区别于产品技术标准的主要特征?

与产品技术标准相比,工程技术标准是有一定特殊性的。一方面,工程建设是一个长期的过程,一般都会在一年以上。尤其在广大的发展中国家,在建设过程中相关工程企业会面临诸多不确定性。另一方面,工程建设离不开工程团队,在建设过程中相关工程企业一般会雇用大批当地劳动力,这既可以降低工程建设成本,也可以促进当地就业。但是也会带来员工管理的问题,尤其是对当地员工的管理问题。由此可见,工程技术标准不是一成不变的,需要因地制宜,准确把握其关键指标要求,这样有助于制定符合业主、咨询工程师意图的工作方案,提高审批效率,降低组织间交易成本;同时,工程技术标准不能仅关注技术层面,还应该涉及其他层面的多种标准,从而形成比较完整的标准体系。为了有效解决这一问题,需要界定工程技术标准的内涵,并分析其区别于产品技术标准的主要特征。

(2) 工程技术标准特征对中国工程技术标准在东道国的合法性会产生什么影响?

由于历史原因、现实状况及固有思维,在东道国市场中,利益相关者容易对跨国企业在东道国市场的合法性地位给予负面评价。以中国为代表的新兴市场国家的跨国企业,其制造业产品质量、声誉等经常遭遇东道国市场的合法性质疑。中国工程企业应主动适应当地环境,着眼于工程项目,积极改进、完善工程技术标准,以获得东道国各利益相关者的认可。因此,要着重研究工程技术标准特征对中国工程技术标准在东道国的合法性的影响。

(3) 环境不确定性对工程技术标准特征与中国工程技术标准在东道国的合法性间关系会产生什么影响?

由于中国工程企业承包的海外工程大部分位于发展中国家,项目工程所面临的外部环境通常具有较大的不确定性。一般来说,在不确定性情境下,企业会寻求具有共识性的最佳技术与管理实践,以更好地获取及维系、发展自身的合法性地位。因此,识别环境不确定性对工程技术标准特征与中国工程技术标准在东道国的合法性间关系的影响十分必要。现有文献缺乏对工程技术标准特征在环境不确定性作用下如何影响其在东道国的合法性(即工程技术标准获得当地政府、公众、企业的认可程度)的探讨。为了有效解决这一问题,要着重研究"环境不确定性对工程技术标准特征与中国工程技术标准在东道国的合法性间关系会产生什么影响"。

(4) 国际经验对工程技术标准特征与中国工程技术标准在东道国的合法性间关系会产生什么影响?

经过几十年的探索,中国工程企业在海外工程承包实践过程中积累了很多有价值的经验。一般认为,工程企业越有国际经验,就会越少受到文化差异和制度差异所带来的负面影响。因此,识别国际经验对工程技术标准特征与中国工程技术标准在东道国的合法性间关系的影响十分必要。现有文献缺乏对工程技术标准特征在国际经验指导下如何影响其在东道国的合法性(即工程技术标准获得当地政府、公众、企业的认可程度)的探讨。为了有效解决这一问题,要着重研究"国际经验对工程技术标准特征与中国工程技术标准在东道国的合法性间关系会产生什么影响"。

1.2.2 理论意义

经过几十年的发展,中国企业"走出去"战略获得了巨大的成功。当前中国工程企业已经从工程援助向工程技术标准输出转变,开始受到国内外学者、政府官员、企业负责人的高度关注。如何提升中国工程技术标准在东道国的合法性,不仅关系到我国工程企业在国际承包市场上的竞争力,也会影响到"一带一路"倡议的落实。因此,研究如何提升中国工程技术标准在东道国的合法性具有重要的理论价值。

关于中国工程企业"走出去"研究的国内外文献多集中在海外并购、国际化、技术追赶等领域,在工程技术标准领域仍然局限于经验性总结,基于合法性视角的中国工程技术标准研究依然不够完善、缺少系统性论述。因此,面对中国工程企业"走出去"的现实需求,努力构建较为完整的合法性视角下中国工程技术标准分析框架,开展合法性视角下中国工程技术标准的研究,具有较为重要的理论价值,主要体现在以下两个方面。

(1) 本研究从技术竞争延伸到工程技术标准竞争,从"效率"因素到"非效率"因素。一方面,从技术领域延伸到工程技术标准领域,进一步聚集了中国工程企业"走出去"的研究对象,挖掘工程技术标准的特殊性,开辟了新的研究领域;另一方面,把研究视角扩展到中国工程技术标准在东道国的合法性(即受到各利益相关者的认可)等"非效率"因素,而不再仅局限于技术竞争所关注的专利数量等"效率"因素,从"标准合法性"这个"非效率"视角研究中国工程技术标准如何走向国际市场,突破了以往"唯效率"的绩效局限。可见,从技术竞争延伸到工程技术标准竞争,从"效率"因素到"非效率"因素,有助于推动中国工程企业"走出去"的相关研究走向更为广阔的领域,具有重要的理论探索价值。

(2) 本研究选取中国工程企业作为考察对象,有助于更好地解释新兴经济体跨国企业获得东道国合法性的差异性。长期以来,已有研究侧重于考察发达国家跨国企业在广大发展中国家是如何获取合法性的。然而,在过去十多年中,新兴经济体跨国企业数量持续增长,尤其是中国所拥有的世界500强企业的数量已经超过了美国,对外承包国际工程不再是一个从发达国家到新兴经济体的"单行路线",因为很多新兴经济体跨国企业开始进入全球承包市场。由于新兴经济体跨国企业与发达国家跨国企业面临的国际、国内环境不同,其国际化战略、动机、路径以及企业资源和能力等也不同。事实上,与发达经济体的跨国企业相比,新兴经济体跨国企业国际化面临的外部环境和外来者劣势更为严峻。因此,对新兴经济体跨国企业来说,如何提升中国工程技术标准在东道国的合法性,将修正和扩充已有的以发达国家跨国企业为基础的获取合法性理论体系。

1.2.3 现实意义

目前中国工程企业已经在国际工程承包市场中取得了卓越的成绩,凭借卓越的质量和良好的信誉获得了海外市场的认可。但是,受到诸多因素制约,中国工程技术标准的国际化之路依然任重道远,在东道国的被认可程度远不如欧美标准。因此,研究如何提升中国工程技术标准在东道国的合法性具有较为重要的现实意义,主要体现在以下两个方面。

(1) 本研究为提升中国工程技术标准在东道国的合法性提供了一般性理论指导与政策抓手。在亚非拉等地区,大多数国家有着上百年的被殖民历史,甚至有些到现在依然与前宗主国有着极为密切的联系,在工程技术标准等方面受到前宗主国极大的影响。比如,法国长期殖民北非国家,到现在依然在一定程度上控制着北非国家的政治、经济、文化,使北非国家更多地使用法国的技术标准;而在英联邦内,英国依然将原殖民地视为重要的商品倾销地,以获取高额的经济利润,使大多数英联邦国家与其牢牢绑定,沿用英国标准。在这些地区,中国工程技术标准获得认可的程度不高是客观存在的现实,一方面是因为我国是后发国家,进入当地的时间偏晚,对当地的影响力远不如欧美国家,在工程技术标准竞争中处于先天劣势;另一方面也是因为我国在工程技术标准对外输出上存在很大的不足。可见研究工程技术标准特征与其在东道国合法性间的关系,可以为我国工程技术标准"走出去"提供必要的理论指导和有针对性的政策抓手。

(2) 本研究为我国工程企业根据不同环境条件和所积累的国际经验采取适当措施以提升中国工程技术标准在东道国的合法性提供了必要的理论指导。目前,我国工程企业在国际承包市场上有了一定的竞争力,将业务范围延伸至全球,尤其大力开拓"一带一路"沿线市场。一方面,不同国家在政治、经济、文化、自然以及区域合作程度等方面存在着不小的差异;另一方面,我国诸多工程企业在进入国际市场时所选择的时间、地区、模式有所不同,也使得各企业积累了不同的运营经验。因此,研究我国工程企业如何根据所在东道国的外部环境和其自身所积累的国际经验,有的放矢地完善相关措施,以提升中国工程技术标准在东道国的合法性,具有重要的现实意义。

1.3 文献综述

1.3.1 海外工程的相关研究

1.3.1.1 海外工程的基本特点

由于东道国在环境、文化等方面的差异,海外工程的管理挑战大,是现阶段我国承包商在"走出去"和共建"一带一路"过程中的重点关注对象。按照上述定义,海外工程具有三个基本特点,即地处海外、涉及母国和东道国的诸多组织、采用通用工程管理理念。

由此,也可以引申出海外工程的其他特点。比如:管理活动具有跨国性质,涉及国内与工程所在地之间的物质、人力流动,也可能涉及其他相关国家或地区活动。海外工程环境复杂,既包括较为陌生的自然地理条件,如气候、时区等,也包括多元的政治、经济、社会环境,如法律法规、政策稳定性、语言、文化习俗等。管理工作涉及多个学科,不仅包括基本的工程管理和工程技术知识,还需要法律、金融、贸易、保险、财税等多方面的专业知识。工程实施条件和程序复杂,涉及繁多的技术标准、规范规程。风险较大且影响因素多,如政治局势不稳、汇率波动、法律法规要求特殊、技术标准复杂、文化习惯差异大等。在海外工程中,政治、经济、环境、技术、文化等方面的复杂性往往会引起工程参与方之间相互不理解甚至冲突,造成工期延误、成本上升。

1.3.1.2 海外工程的制度性差异

海外工程不是一个"孤岛",工程内部活动与其历史、组织和外部环境均存在密切的联系。对于海外工程,工程参与人员往往来自不同国家,彼此之间在宏观环境、市场条件、行业规范、语言背景、文化习惯等方面存在较大差异,是工程管理需要重点关注的环境因素。海外工程面临的这种环境差异很大程度上源于"制度"方面的差异。

不同国家或地区的制度环境会存在明显的差异,在政治、经济、社会、文化习俗、法律法规、行业规范等方面均会存在不同特点。工程企业进入新的市场,往往需要面对"外来者劣势",与本土企业相比,在当地市场环境熟悉度等方面存在劣势,甚至遭受显性或者隐性的贸易壁垒。这种外来者劣势给承包商开拓市场带来影响的同时,也体现在工程实施层面。原有环境下形成的制度惯性、逻辑惯性和行为惯性容易延伸到新环境中,从而使得承包商在工程实施过程中表现出对新市场、新环境的不适应,容易出现各种履约问题。从实践角度来看,制度性差异已成为现阶段承包商国际工程项目管理面临的突出挑战。

中国标准体系与美国标准、英国标准、法国标准等国际应用较广的欧美标准体系存在较大的差异。由于社会文化背景的不同,国外业主或工程师在合同执行、思维习惯、美学观念等方面也会与我国承包商存在较大差异,彼此之间工作理解容易出现偏差,从而可能引发工程各方关系紧张或冲突,给工程实施带来挑战。

1.3.2 工程技术标准竞争的相关研究

就其本质而言,提升中国工程技术标准在东道国的合法性,使其受到各利益相关者更多的认可,就是要强化中国工程技术标准在东道国市场上的竞争力,在市场竞争中打破东道国对欧美技术标准的迷信,取代欧美技术标准成为主流标准。标准竞争行为是指企业为将自己的技术推广为标准而采取的行为。通过对技术标准竞争领域已有文献的梳理,可以发现已有文献主要从技术管理、产业组织、战略管理、新制度理论四个理论视角对技术标准竞争加以深入研究。

1.3.2.1 技术管理理论视角下技术标准竞争的相关研究

在技术标准化过程中,标准竞争企业注重采取和整合非技术行为(如市场行为、政治行为、公关行为等)来获取竞争优势。当某项技术标准取得市场主导地位后,企业集中精力对核心技术架构进行渐进性的优化与改进,并通过改进后的新生产工艺来进一步提高其生产效率。从技术管理理论视角来看,企业在技术标准竞争中获得优势地位,更多的是依赖技术层面要素,具体体现为以下几个方面。

一是技术优势。芮夕捷认为,技术本身的先进性是企业技术标准具有竞争优势的主要原因。张运生等认为,技术实力是高科技企业获得技术标准竞争优势的重要原因之一。但是,Gallagher等对此质疑,通过实证检验发现,技术优势在标准竞争中并非总是发挥着关键性或决定性作用,只是特定技术标准成为主导设计的必要非充分条件。Hartigh等以早期个人电脑行业为案例研究对象,结果发现,技术优势本身并非标准竞争的制胜因素。只有当相互竞争的技术标准之间存在较大的性能差距时,技术优势才可能在标准竞争中发挥更明显的作用。

二是模块化。模块化是技术架构的核心特征,是促使技术变革的重要因素之一。宋志红等认为,模块化的技术架构有利于促进技术的升级与创新:一方面,将复杂技术系统分解为通过标准化的交互界面相互连接的组件,降低了技术复杂性;另一方面,模块化的技术架构降低了组件间的相互依赖性,组件之间通过简单的互联规则进行连接,减少了提供组件的生产商所需要的信息,促进了专业化的生产,通过组件创新以及组件之间的创新组合可以实现复杂技术系统创新。标准的竞争是"舵手"型企业竞争的焦点,在核心模块层和中间模块层的竞争中,国外企业占据主导地位,而国内企业则主要在表面模块层的竞争中占据一定优势。在模块化生产方式下,标准的竞争即模块设计规则的竞争,而这种模块化的分工效率使企业在竞争的同时可以更多地寻求兼容标准下的分工合作,使对技术标准的争执转换为对各方都有利的共赢,改变了企业标准竞争的博弈格局。

三是技术柔性。技术柔性是指在技术规范被确定后,对技术标准所做的局部改变。李冬梅等通过实证研究发现,柔性程度较高的技术标准往往能够得到更多改进,从而有助于弥补特定技术标准存在的初始设计缺陷,技术标准性能改善将进一步吸引更多组件生产商,提升潜在支持者的感知价值。Van等发现,技术柔性与标准联盟之间存在协同演化关系:柔性程度较高的技术标准能够吸引更多潜在技术支持者,扩大标准联盟规模和多元性,反之,多元化的标准联盟成员又能对技术标准做出进一步改进。

1.3.2.2 产业组织理论视角下技术标准竞争的相关研究

基于产业组织理论视角,技术标准是产业集群网络相关利益主体间互动的产物。技术标准具有公共物品属性、路径依赖性和垄断性特征。由于复杂技术系统标准竞争存在直接网络外部性和间接网络外部性的自我强化机制,因此,从产业组织理论视角来看,企业为了在技术标准竞争中获得优势地位,必须关注网络外部性和路径依赖性。

一是网络外部性。当企业在不同网络展开竞争时,这种竞争的实质就是厂商间的技术标准竞争,因此标准竞争也被称为系统竞争或者网络间竞争。技术标准的网络效应是决定技术标准胜出的主要力量之一。鲜于波和梅琳基于异质性个体在局部网络中的交互作用和 Agent 行为的学习演化与预期调整,通过计算机仿真,发现网络效应异质性对标准扩散有正面促进作用。杨蕙馨等认为,知识经济时代到来,企业之间的竞争开始转向标准竞争,标准竞争的主要机制是网络效应,在具有网络外部性特征的行业中,网络效应对竞争结果的影响主要通过安装基础的相对规模和网络连接效率两方面实现,这两种因素同时产生作用,会显著加快(或减缓)技术标准的市场扩散速度。李庆满等认为,在产业集群中,技术标准的网络外部性和集群的网络外部性是影响技术标准形成和扩散的主要因素,他们基于227份调查问卷数据进行实证分析,研究结果表明,集群标准的网络外部性会对集群技术标准联盟组建意愿和创新绩效产生正向的直接影响。

二是路径依赖性。主导设计的技术标准沿着特定的技术轨道被不断改进和完善,从而影响特定行业中解决问题的方法,并导致具有"黏性"的技术范式。张雯婧认为,由于路径依赖、规模经济、后发者劣势等因素的影响,发展中国家要想实现技术追赶甚至超越,在国际上得到必要的标准制定话语权,面临着重重困难。一方面,发展中国家自主发展的新兴技术需要面对来自国际市场上成熟技术标准的激烈竞争;另一方面,由于新兴技术的市场前景不明,难以获得必要的市场支持,拥有和使用新兴技术的核心企业需要采取一系列战略措施来保证新兴技术的成功。伴随着网络规模的增长,技术标准的形成会产生一条相关的路径,其中链路数量不断增加,增加了后发企业相关技术标准获得现有市场认可的难度。

1.3.2.3 战略管理理论视角下技术标准竞争的相关研究

在战略管理领域,国内外学者主要关注企业如何通过制定战略决策及利用正反馈机制获取竞争优势,基于企业层面的因素预测技术标准竞争结果,强调技术发起者的战略决策、资源和能力对技术标准竞争的重要性。

一是进入时机。Suarez认为,标准竞争是不同技术轨道为获得主导权的竞争,企业在标准竞争中通常使用先发制人或预期管理策略。竞争策略、战略选择和政府态度等都可能是决定标准竞争获胜者的关键因素。技术发起者的进入时机对其支持的技术标准成为主导设计有重要影响。原因在于,技术发起者有更多时间尝试不同的技术方案,并能够更早地获得技术领先、优先获取稀缺资源、品牌忠诚等优势。如果技术发起者能够率先进入人口规模大、经济实力强、消费需求大的国家,就能够在技术标准竞争上获得更大的优势。陶爱萍等指出,实际GDP、人口规模、真实消费支出和进出口贸易额表征的国家规模与标准竞争具有很强的正相关性:国家人口规模越大,越有利于标准竞争者获得启动正反馈的用户规模;国家经济实力越强,其支持标准竞争生产的能力越大,对标准制定和标准竞争的影响力和控制力越大;国家消费支出越大,基于人口规模的潜在标准用户规模被转化为现实用户规模的可能性越大;国家对外贸易规模越大,其争取国外用户规模和获取技术扩散效应进而在标准竞争中取胜的机会也越大。

二是营销战略。从企业角度来看,在技术标准市场化阶段,是否具备技术标准竞争力的关键在于能否抢占市场竞争制高点、能否成为产业的主导标准,适宜的营销战略有助于获得市场的认可。标准竞争并非总是增加消费者对不确定性的感知，标准竞争市场中消费者对成本相关不确定性的感知较强，不同方式的沟通策略对消费者购买行为的影响也存在区别。因此，技术发起者在技术标准竞争中采取渗透定价、产品预告、提供配套产品等营销战略以获得初始的市场份额优势。在技术标准市场化阶段，高新技术企业在产业链上培养优秀伙伴，协助增加标准产品开发，缩短产品开发周期，加快产品和服务推向市场进程，最终通过提高产品技术丰裕度，满足用户多样化需求，扩大用户规模，从而占领整个技术标准市场。

三是建立战略联盟。在技术标准竞争情境下，战略联盟是指一个企业与其实际或潜在竞争对手签订合作协议，共同作为某一技术标准的发起者。随着全球化的深入发展，技术标准竞争已成为大国竞争的重要手段，以企业为主导的技术标准联盟应运而生，并成为一种高级战略联盟竞争形式。汤易兵等基于浙江省450家企业调查问卷的实证研究表明，企业标准战略联盟动机主要包括降低市场的不确定性，降低知识的获取难度，增加进入市场的机会和与政府政策的一致性。在技术标准竞争中，建立战略联盟能够获得信息交换、协调行动和增强合法性的利益。Cenamor等指出，与配套产品厂商建立合作关系对于扩大技术标准采用范围具有积极影响，对于那些已经开发出不兼容技术标准的企业来说，战略联盟远远比技术许可协议更有吸引力。何霞和苏晓华认为，战略联盟是新创企业克服新生弱性、获取组织合法性的重要手段，并通过实证检验表明，战略联盟确实显著增强了新创企业的合法性。

1.3.2.4　新制度理论视角下技术标准竞争的相关研究

基于以上三种视角，技术标准竞争的相关研究所强调的是两种要素：效率和资源。但是，标准竞争不仅表现为效率基础上的竞争，同样体现为基于非效率因素的竞争，而后者在很多情况下甚至可能更为突出。新制度理论认为，组织面临着技术和制度两种不同环境的影响，制度环境要求企业服从现有的社会结构和框架系统，接受一般意义上社会认可的组织形式和战略选择，并不考虑这些做法和选择对企业自身效率的影响和意义。为此需要采用新制度理论来解释企业参与标准竞争，分析从制度环境角度出发的非效率驱动机制。有学者进一步提出了在制度环境影响下企业进行战略抉择的三种因素，包括强制性因素、规范性因素以及模仿性因素，下面从以下三个方面研究标准竞争非效率的相关因素。

一是强制性因素。强制性因素是指企业承受的如政府、行业联盟协会、专业机构等制定的须强制执行的正式法律、规则或协议。技术标准竞争的结果很大程度上取决于各自利益联盟的实力,而利益联盟的实力又可能受到政府干预方式的影响。李国武以无线局域网领域的中国自主标准 WAPI 与美国企业主导的 Wi-Fi 标准间竞争为研究对象,结果表明,在发展初期 WAPI 之所以在成为国家强制性标准和国际标准过程中接连失利,其主要原因在于,政府的不开放和不兼容政策导致 WAPI 没有迅速建立起成员广泛、实力强大且团结一致的利益联盟。不同国家的法律制度对企业的保护水平或与企业的联系程度不同,从而会对企业参与标准竞争之类的战略决策具有不同的作用。Tan 研究企业战略、机构合作和政府政策对标准化结果的影响,结果发现引领全球风潮的全球标准通常离不开各国政府的鼎力支持。

二是规范性因素。规范性因素一般是指企业在制定相关战略决策的过程中针对主要的利益相关者具有的价值观、伦理和行为规范。Shin 等从行业规范性准则的角度分析企业供应链上的各个企业对标准竞争的作用。Teo 等发现,通过各类渠道,这些思维方式会得到转移和共享,从而影响公司的行为,因而供应商的认同、消费者的赞许甚至政府政策导向等都会影响企业抉择是否参与标准竞争。姜红等从动态能力视角出发,以参与标准联盟的 261 家企业为调研对象,探讨知识整合能力、联盟管理能力、关系质量与技术标准联盟绩效四者的关系,研究结果表明:企业的联盟管理能力对提升技术标准联盟绩效有积极作用;技术标准联盟中伙伴关系质量的提升,将有助于知识整合能力和联盟管理能力对技术标准联盟绩效产生积极作用。

三是模仿性因素。模仿性因素是指组织模仿同领域中成功组织的行为和做法。一般模仿性行为会有两种表现:一种是趋向于同一外部环境下成功的或绩效良好的组织,即制定相似的目标、计划,甚至生产类似的产品并投向与该组织目标消费者类似的人群;另一种则是不断重复采纳同一外部环境下成功的或绩效良好的组织所采取的战略方针或具体策略。Matten 和 Moon 指出,当企业处于复杂且不确定的环境中时,会模仿那些已经成功了的企业的做法。Soh 和 Yu 深入研究了 3G 技术标准发展中的企业战略,结果发现,对参与标准竞争的领先企业绩效的评价与认可会推动行业内其他企业制定相应战略决策以参与技术标准的竞争。张泳等基于新制度理论,构建了制度要素、政治关联与企业标准竞争参与意向的关系模型,并采用 265 家中国企业的数据,实证结果表明,模仿性因素对企业标准竞争参与意向具有显著正向影响,有助于企业在标准竞争中获取合法性并取得竞争优势。

1.3.3 工程企业海外合法性的相关研究

就其本质而言,提升中国工程技术标准在东道国的合法性,使其得到各利益相关者更多的认可,就是要强化中国工程企业在东道国市场上的受认可程度,在市场竞争中打破东道国对欧美企业的过度依赖。因此,必须关注工程企业海外合法性的相关研究。通过对海外合法性领域已有文献的梳理,可以发现已有文献主要基于制度理论、战略理论和生态学理论三个视角展开工程企业海外合法性的相关研究。因此,本研究从制度理论、战略理论和生态学理论三个视角回顾工程企业在海外市场如何获取合法性。

1.3.3.1 基于制度理论的海外合法性研究

合法性(Legitimacy)一词来源于拉丁文"legitimus"。合法性是指组织利益相关者以现有制度内的社会规范、价值观、信仰作为评判标准,对组织及其行为是否合乎期望及其正当性、合适性的一般感知和假定。在规制、规范等不同制度的影响下,企业做与不做某项行为并非出于组织收益的考虑,其根本目的是在当地(尤其是海外市场)制度环境中获取必要的合法性。目前,制度理论是解释企业如何获取合法性的重要理论基础。制度理论主要强调制度对于企业合法性的重要作用,通常从认知(认知合法性)与评判(社会政治合法性)两个方面加以识别与考察,反映的是政府机构、财务分析机构、行业协会、媒体等权威机构对企业合法性的评价与判断。

Zhang 和 White 研究了新产业集群的合法化策略,确定了基于合法性的三种战略措施,一是利用现有的合法性来源,二是保持企业行动与既定制度规则和规范的一致性,三是通过制度环境改变人们对合法性定义的看法。企业在生产经营活动过程中严格遵守细分市场中既定的制度框架及社会规范,以获取相应的规制、规范和认知合法性。万妮娜基于制度理论,强调必须重视外部合法性和内部合法性,在并购模式下,跨国投资企业在东道国应通过损失掉一部分内部合法性而获取一定的外部合法性,然后实施相应的合法化战略以获取内部合法性,实现内部的融合。Zimmerman 等认为,在陌生的环境(比如海外市场)中,最有效的合法性获取方式是对企业自身特性以及周边组织环境特性进行科学的分析和详细的了解,从而进行综合应用。

可见,合法性是新制度理论的重要概念,体现出外部规则对企业发展的客观要求和约束,高度强调实体价值和社会价值一致性,并支撑组织在社会中与其他社会主体间的沟通。在制度环境压力下,为了获取合法性,企业通常会用一些措施保持与所在场域的一致性。制度顺从能够避免企业失去外部支持,证明企业的正当性可以减少外部对企业的消极影响。郁培丽等认为,制度理论视角把企业合法性视为组织的内在需求,解释了在场域结构化动力的作用下,场域内各组织的结构和实践如何达成制度同形,超越任何单一组织的目标控制,是新的组织结构或实践在场域环境中的制度化过程。对于工程企业来说,海外市场是一种新兴场域。新兴场域合法性不仅可以通过开展理论化研究、执行集体行动、建立同外部权威和精英的联系实现,还可以通过让更为广阔的社会领域受益来实现。

1.3.3.2 基于战略理论的海外合法性研究

合法性可以从领导者、追随者、利益相关者等多层次进程进行分析,通过不同层次的主体应用互动的实践和语言实现合法性,是多种参与者持续不断开展社会协商过程的产物。战略视角把创新合法性视为可以帮助组织实现经营目标的资源,强调组织如何运作以获得社会支持,着重研究组织合法性的获取、维持和修复策略以及组织如何应对制度压力的策略。战略理论反映了战略行动作为企业获取合法性主要方式的重要作用,在这种视角下,为了获得权威机构评判的合法性,企业需要采取战略行动来提升新创企业的合意性、正确性和适宜性。基于战略理论,企业合法性的获取具有目的性、计划性,并往往会导致新创企业与现有制度框架之间的冲突与对立。从战略理论视角来看,企业合法性的获取机制以战略行动为基础,强调新创企业的主动性,注重企业对外部环境的影响与改造,从而使新创企业逐步摆脱环境的约束。因此战略理论的解释更侧重于新创企业的主观能动作用。

Li等认为,企业应发挥其内部驱动作用,通过调整内部能动性发挥方向的方式取得社会认同并获得合法性。徐鹏等以全球能源互联网背景下的国家电网公司作为研究对象,提出以知识塑造机制、协同运营机制、品牌培育机制和动态竞争机制获取合法性,包括管理创新、技术创新、组织建设、内部协同、编制标准、品牌价值规划引领、权变治理等战略行为。Reast等提出了提升企业合法性的四种一般性策略,包括解释、盈利、讨价还价和捕获等战略行为,既可以单独使用,也可以将这些策略相结合。Suddaby等将合法性作为过程的研究,概括出三种获取合法性的策略,即劝说或转化或叙事、理论化、分类或认同。王凯和柳学信认为,在不同发展阶段,获取合法性所采用的战略是不同的:在启动阶段,为获取规制合法性,合法性获取手段为以结构化资源为主的操纵战略;在发展阶段,为获取认知和规范合法性,合法性获取手段为以绑定和撬动资源为主的适应战略。

1.3.3.3 基于生态学理论的海外合法性研究

生态学理论认为，企业合法性取决于其所处的结构性环境（如所处的细分市场或行业），尤其是"群体密度"（如在特定环境中其他组织的存在数量）。换言之，在比较成熟的行业环境或市场中，有一定的群体密度，存在较多的在位企业，公众已经惯性地接受在位企业的属性及地位，对于新进入企业来说，往往更容易获得合法性。King 和 Whetten 指出，合法化源自同构和认同的需求压力，即企业与已建立的企业或相关群体足够相似则被视为具有合法性。相反，在一个新生环境（比如海外市场）中，群体密度比较低，几乎没有其他从事类似业务的组织，公众并不熟悉该行业，也缺乏有关的情景知识，对于新进入企业来说，往往难以获得合法性，最终可能走向失败。在陌生的海外市场，广大发展中国家的基础设施相对落后，大量工程企业涌入东道国，往往无法为当地公众所熟悉，进而陷入合法性困境中。

生态学理论表明，公众根据现有行业背景或市场类别来判断新创企业的合法性。因此，生态学理论的解释隐含着公众对现有行业背景或市场情景具有清晰的认识和理解，公众接受或理所当然地认同这些既有秩序和状态，从而视新进入的新创企业为合法；相反，新创企业进入一个新兴行业而公众缺乏相应的情景知识，则会被公众视为不合法。David 等指出，新兴场域合法性不仅可以通过开展理论化研究、执行集体行动、建立同外部权威和精英的联系实现，还可以通过让更为广阔的社会领域受益来实现。

1.3.4 工程技术追赶的相关研究

就其本质而言，提升中国工程技术标准在东道国的合法性，使其得到各利益相关者更多的认可，就是要推动中国工程技术在东道国市场上不断提升与优化，在市场竞争中追赶甚至超越欧美技术，使中国技术标准最终取代欧美技术标准成为主流标准。因此，必须关注技术追赶的相关研究。

所谓"技术追赶"，即广大发展中国家对发达国家先进技术的追赶。Cool 等重点研究了技术轨道的演化或跃迁及其与技术变化的关系，研究结果表明，通过特定的技术路径，后发者可以实现技术追赶。长期以来，广大发展中国家的工程技术标准被欧美垄断。在亚非拉地区，中国工程企业要用中国工程技术标准替代欧美标准，提升中国工程技术标准在东道国的合法性，就必须在工程技术方面追上甚至超越欧美。可见，实现中国工程技术标准海外合法性的提升离不开中国工程技术对欧美工程技术的追赶与超越。中国要实现长期且稳定的可持续发展,从"制造大国"逐步升级为"制造强国",必须高度重视技术能力提升和技术追赶方面的相关研究。

目前学术界对于"追赶"问题的研究,主要集中在"技术追赶"。单一要素的作用不足以支撑技术追赶,而各要素的全面提高又对后发企业提出了过于苛刻的要求,研究影响技术追赶的多因素对于我国后发企业的发展具有重要意义。只有在各种因素的综合作用下,后发国家才能够有技术追赶的过程,从而形成比较稳定的技术追赶模式。自二战结束后,除了中国,绝大多数发展中国家并未能实现对发达国家先进技术的追赶,反而因第三次工业革命的深度开展,与发达国家的技术差距进一步扩大。少数后发国家可以实现对发达国家先进技术的追赶甚至超越,这并不是偶然的,是具备一定现实条件的。一些研究直接指出,发展中国家进入成熟市场竞争需要众多层面的能力,包括政府层面的能力、企业层面的能力和价值链层面的能力。比如,Malerba和Nelson总结了决定技术追赶效果的四个因素,既包括企业层面因素,比如企业学习、技术模仿和人力资源,也包括国家层面因素,即政府政策支持。因此,研究实现技术追赶的影响因素是有必要的。

1.3.4.1 企业层面技术追赶的相关研究

企业是实现技术追赶的重要载体和科研平台。随着全球化速度的不断加快和跨产业价值网络的逐渐形成,中国后发企业迅速崛起,开始进入快速追赶阶段。近年来,一些后发企业开始借助更高的资源平台、更广的学习方式和更丰富的能力基础挑战领导企业。对于后发企业而言,跨越式发展的成功取决于技术能力建设的过程,其技术能力包括知识、技能、结构以及联系,是企业实现技术变革的重要保证。

就商业模式设计与技术创新战略而言,对于企业来说,以效率和新颖为主题的商业模式设计能够发挥后发企业的特有优势,克服后发企业的某些劣势,商业模式设计与技术创新战略的匹配对后发企业实现技术追赶乃至超越有着显著的影响。就正向设计能力而言,强调工程化和商业化的技术能力建设思路,传承有序的人力资源积累和协调有效的长期合作机制,持续完善、高效运转的行业试验体系,以及密集试验、批量应用中发现问题与解决问题的高强度学习机制,是中国高铁装备企业实现技术追赶、成为标准制定者的重要支撑。就国际化而言,对外直接投资和海外并购资产都可以促进后发企业实现技术追赶绩效和技术创新绩效。就技术范式转变和动态能力而言,后发企业在动态能力的支撑下,感知技术范式转变带来的机会窗口,并通过捕捉和重构能力整合企业内外部资源,实现了从初始追赶到行业前沿的跨越。就吸收能力和制度质量而言,对国外技术的消化吸收显著促进了本地区技术水平的提升,制度质量对技术追赶具有显著的正效应。因此有学者认为,中国制造商以"边缘-核心"模式,通过正式和非正式的互动构建出知识转移和溢出机制,将先行者核心技术提取出来并传递给后发者,提高后发企业的技术创新绩效。

其他学者通过大量研究发现,技术积累、技术预见、研发联盟和企业的网络能力等都是影响企业实现技术追赶的重要因素。比如,就技术积累而言,Fan以中国通信企业技术为研究对象,发现企业自身基础创新能力大小和技术积累水平高低是决定其技术追赶过程可否顺利完成的重要因素。Jung和Lee着眼于企业技术追赶,将绩效追赶过程划分为赶超、收敛、追赶减速和差距拉大四个阶段,实证检验结果表明,企业原始技术能力与其技术追赶效果正相关。Nelson认为,后发国家企业对先发国家先进技术的追赶,一般先是对先进技术的学习与复制,等技术积累到一定水平后,就开始进入自主创新阶段,循序渐进,力争话语权。Iacovone和Crespi发现了类似的结论,即企业技术积累对于追赶全球顶尖技术具有重要意义,企业技术努力程度与其追赶效果呈正比。就其他因素而言,Shin等深入研究了韩国、东南亚国家、南非、拉丁美洲国家的技术追赶过程,结果表明,技术预见能力是企业技术追赶结果的决定性因素。Mathews认为,要重视企业间研发联盟,以中国台湾地区企业为研究对象,结果发现,企业间研发联盟是影响行业创新和技术追赶有效性的重要辅助工具。Cho和Lee认为,在发展中国家的企业技术追赶过程中,企业的网络能力发挥着极为关键的作用。

1.3.4.2 政府对技术追赶影响的相关研究

复杂产品系统的技术追赶难度远高于大规模制成品,其成功与系统集成能力的发展和政府主体的影响紧密相关。程钧谟等认为,后发企业技术追赶存在较强的博弈阻力,集中表现在能力、资源和政府政策的多重约束下后发企业技术追赶的惰性。

为了克服后发企业技术追赶的惰性,首先,政府要在复杂产品的技术追赶上处于主导地位,在塑造企业能力的变异方向、选择标准与复制概率等方面发挥着重要作用,推动企业在复杂产品的研发和生产上缩小与发达国家的差距。其次,政府可以创造出一个大规模的一体化市场,为产业介入基础研究提供了强有力支撑,缩小与发达国家在基础研究上的差距。再次,作为信息和技术来源的提供者,政府可以建立科学园区、集群,协调企业和大学/研究机构间的关系,引导对后发企业的财政支持,形成与整体市场状况和竞争结构有关的激励机制。在追赶起步、追赶提升和后追赶三个阶段中,政府技术战略"引进消化吸收—技术升级—创新驱动"演化与后发企业"技术模仿和二次创新—技术集成—提高自主创新能力"战略演进同步发生,共同推动了社会环境的改变,对后发企业技术追赶有着持续性的影响。Guennif 和 Ramani 以印度和巴西的医药企业为研究对象,结果发现国家扶持政策在技术追赶中发挥着非常重要的作用,有效地缩小了相关产业技术与发达国家间的差距。Ahmadvand 等分析了伊朗纳米技术公司的追赶过程,政府的大力支持对于企业的技术追赶和创新系统有着重要的作用,尤其是在受制裁的国家中。最后,政府可以与其他技术发达国家建立积极的合作关系,引进其他国家相对先进的技术,为实现技术追赶提供必要的技术来源。Narula 和 Sadowski 认为,新兴工业化国家的企业与发达国家间建立的关系对其技术提升具有重大影响,好的关系是实现技术追赶的重要基础。其中,最典型的例子就是 20 世纪 50 年代新中国接受苏联的大规模工业援建,由此构建出比较完整的工业体系,为改革开放后实现对西方发达国家的技术追赶乃至超越奠定了重要基础。

Rasiah 等指出,要从价值链低端提升到价值链高端需要东道国给予必要的制度支持。政府的产业政策对后发国家产业成长十分重要,后发国家的政府必须在不同的经济发展阶段,把握追赶的"机会窗口",并根据技术-经济范式演化特征,不断促使国家创新系统转型并适时调整产业政策。国家创新系统是基础性的技术追赶框架,中国企业可以在此框架中充分利用相关资源以成功实现技术追赶。在政府的领导下,国家研发通过吸收进口技术并使其适应当地情况,有效地解决了大量相关技术问题,最终转化成为自主掌握的技术。由此可见,政府在实现技术追赶方面所起到的重要作用获得了国内外学者的广泛认可。

1.3.4.3　全球价值链视角下技术追赶的相关研究

全球价值链(Global Value Chain,简称 GVC)是一个涵括该行业所有企业的网络组织,贯穿了包括设计、生产、营销、分销以及售后服务的整个产品生命周期。Nawrot 认为,跨越式发展的成功取决于技术能力建设的过程,有赖于复杂创新体系和不同主体之间的相互作用。后发企业在全球价值链的升级具有战略性和紧迫性,其升级并不是独立自发的,而是受到了全球价值链中各经济主体之间的组织形式和关系安排的统一约束。Poon 以中国台湾地区 IT 产业为研究对象,结果发现,全球价值链在行业发展的初期阶段起到了非常重要的作用。Lyu 等基于 2001—2012 年的企业层面数据,得出相关结论:中国政府鼓励本土企业与外国合作伙伴接触,并进入全球供应链,希望促进外国合作伙伴进行技术转让,就整个中国私营企业而言,技术追赶最强劲的时期是21世纪中期。由此可见,全球价值链战略对发展中国家经济发展及其企业技术追赶是十分重要的。

一方面,全球价值链发展战略不仅为产品带来了新的市场,而且随着国际合作的不断深入,全球价值链对企业,特别是新兴国家企业的技术知识获取、学习和创新能力提升发挥重要作用。Fu等认为,通过全球价值链战略获取国外技术能够影响技术变革和追赶。Fung和Wong认为,各国间科学合作是创新的主要刺激因素,是开发本土技术的主要组成部分,特别是在处于技术追赶阶段的东亚和东南亚等区域的国家。Pietrobelli和Puppato指出,根据环境的变化(例如全球产业链和创新的出现),技术预测联系产业政策有助于后发企业实现技术追赶。另一方面,全球价值链的嵌入,为产业集群生命周期增添了创新升级的环节。作为产业集群的显著特征,自主创新和知识溢出是技术落后企业提高知识存量、实现技术追赶的两个主要途径。在快节奏的全球竞争和技术发展中,企业和大学间的有机联系已成为实现技术追赶的关键。蒋瑜洁和钮钦认为,中国汽车企业更多地依赖隐性知识的积累,通过少数关键人才的重点培养以及产学联盟强化企业人才基础,利用外部资源在短时间之内实现技术追赶。

除此以外,企业的非科研活动在全球价值链中的作用也是无法忽视的,逐步开始受到一些学者的关注。比如,Lopez-Rodriguez和Martinez-Lopez试图将非研发创新活动纳入经济模型中,并以2004—2008年期间欧盟26个国家为研究样本,结果发现,研发活动和非研发活动在技术追赶中都具有统计学意义和经济重要性。

1.3.5　文献评述

综上所述,目前国内外学者着眼于如何提升工程技术标准在东道国的合法性,相关研究文献集中于技术标准竞争、企业海外合法性、技术追赶等多领域,研究视角趋于多元化,初步具备了比较完整的研究体系。但是,就目前国内外文献而言,对于如何提高中国工程技术标准在东道国的合法性,相关研究依然存在以下几个问题亟待解决。

(1) 现有文献将工程技术标准混同于产品技术标准,没有关注到工程技术标准的特殊性,限制了相关研究的拓展空间。

与一般产品技术相比,工程技术是有特殊性的。一方面,工程不是某种单一技术的产物,而是由多种技术集合的产物,每一种技术必须达到一定的标准,否则无法保证整个工程的质量。另一方面,工程建设不仅对相关施工技术有一定的要求,也对相关工作流程、人员管理有要求。由此可见,工程技术标准不是单一维度的,而是多层次的,不能仅仅关注技术层面,还应该涉及其他层面的多种标准,从而形成比较完整的标准体系,为中国工程企业海外工程建设提供更为完整的指导框架。

目前,大量文献在研究中国企业"走出去"或国际化时,聚焦于技术标准,而忽略了工程技术标准的重要性,没有深入关注工程技术标准的特殊性,是相关学术研究的局限性。因此本研究着力于研究工程技术标准的特殊性,挖掘工程技术标准的多层次性,进一步开拓中国企业"走出去"或国际化相关领域的研究空间。

(2) 长期以来中国工程企业"走出去"过于关注"效率"因素,而忽略了"非效率"因素,有待从新的研究视角加以进一步的完善。

长期以来中国工程企业"走出去"过于关注并购绩效、技术追赶、投资效率等"效率"因素,而忽略了合法性等"非效率"因素。在海外东道国,中国工程企业不仅需要在技术创新上赶超欧美工程企业,更需要在工程所在国获得当地政府、公众与企业的认可,从而使中国工程技术标准取代欧美工程技术标准,成为工程所在国的技术标杆与领军者。

与"效率"因素相比,长期而言,中国工程技术标准在东道国的合法性,可能对中国工程企业"走出去"产生更为重要的影响。目前,关注中国工程技术标准海外合法性的国内外学者比较少,亟待更多学者加以挖掘与拓展此方面的研究。因此,本研究基于合法性视角,界定中国工程技术标准在东道国的合法性,在此基础上,准确识别提升工程技术标准在东道国的合法性与一般性技术追赶之间存在的差异性,强调从"非效率"的视角看待中国工程技术标准是否有竞争力,更为关注中国工程技术标准在东道国所获得的当地政府、公众与企业的认可。

(3) 现有文献较少关注工程技术标准在东道国的合法性及其影响因素,相关研究依然有限,有待挖掘更多的影响因素。

就本质而言,提升中国工程技术标准在海外东道国的合法性,就是要取代欧美工程技术标准,实现技术标准的追赶与超越,使中国工程技术标准成为东道国的主导技术标准。根据研究综述可知,技术标准竞争和技术追赶的驱动因素是多元化的和多层次的,不仅包括宏观层面因素(比如全球价值链、政府),也涉及微观层面因素(比如企业)。现有文献较少关注工程技术标准在东道国的合法性及其影响因素,有待挖掘更多的影响因素,为实践提供更多的客观依据。因此,本研究基于工程技术标准的特征,考察多层次、多元化的工程技术标准如何影响当地政府、公众与企业的认可程度,最终为提升中国工程技术标准在海外东道国的合法性提出建议。

(4) 未来研究更应该从内外部视角关注外部环境和国际经验在提升工程技

术标准海外合法性过程中的重要作用,进一步拓展相关研究的深度,为中国工程企业开拓海外市场提供更为科学的依据。

在海外东道国市场,中国工程企业想要获得比较理想的业绩,必须关注一些内外部要素。就外部要素而言,企业必须重点关注东道国的客观环境,比如当地政治局势是否动荡、当地市场是否持续性增长等;而就内部要素而言,经过几十年的探索,中国工程企业在海外工程承包实践过程中积累了很多有价值的经验,依靠这些实践经验可以有效规避一些风险,比如当地宗教文化矛盾、种族矛盾可能会给工程建设带来的消极影响。

由此可见,识别国际经验和环境不确定性对工程技术标准特征与中国工程技术标准在东道国的合法性间关系的影响十分必要。现有文献缺乏对工程技术标准特征在环境不确定性作用和国际经验指导下如何影响其在东道国的合法性的探讨。因此,引入环境不确定性和国际经验作为调节变量,可以更好地考察如何提升中国工程技术标准在东道国的合法性,进一步拓展相关研究的深度,为中国工程企业开拓海外市场提供更为科学的依据。

1.4 研究内容、方法与技术路线

1.4.1 研究内容

第一章为绪论。本章介绍研究的背景,提出研究问题及研究意义,对国内外相关研究文献进行综述及评述。阐明研究内容、研究方法、技术路线与创新点。

第二章为概念界定与理论基础。本章对工程技术标准、中国工程技术标准海外合法性的内涵及特征进行分析。在此基础上,基于资源基础理论、信息不对称理论、组织学习理论和权变理论构建理论框架。

第三章为案例研究与概念模型构建。本章通过探索性案例研究的方式,研究了8个海外工程项目,涉及12个中国工程企业。通过开放性编码、主轴性编码和选择性编码的方式提出了相关理论命题。同时,将理论命题所涉及的范畴进行概念化,并对概念间的关系进行了讨论。最终形成了基于环境不确定性和国际经验的工程技术标准特征对标准海外合法性影响的概念模型。

第四章为研究假设提出与理论模型构建。本章从工程技术标准特征对标准海外合法性直接影响、环境不确定性的调节效应、国际经验的调节效应三方面提出研究假设。随后对研究假设进行总结,构建工程技术标准特征对标准海外合法性影响的理论模型。

第五章为工程技术标准特征对标准海外合法性影响的实证研究。本章按照研究设计与方法、小样本预测、共同方法变异检验、信度和效度分析、描述性统计和相关分析、多元回归分析的步骤,得出相关结论。

第六章为研究结果讨论与启示。本章对假设检验结果加以讨论,并对中国工程企业"走出去"的非效率因素、中国工程技术标准海外合法性获取框架进行了讨论。在此基础上,结合我国工程企业所在东道国外部环境及其相关国际经验,从国家、行业、企业层面为我国工程企业更好地实现"走出去"战略提供相应的改善策略与建议。

第七章为结论与展望。本章总结主要研究结论,并描述研究的不足与未来研究展望。

1.4.2　研究方法

根据本研究的选题和研究目的,将主要采用以下方法展开研究。

(1) 文献分析法

本研究首先对海外工程、工程技术标准竞争、工程企业海外合法性、工程技术追赶相关领域文献进行梳理,特别注意搜索相关领域经典著作。为了尽可能掌握相关领域最新研究进展,本研究还对 ScienceDirect、Web of Science、Google Scholar、CNKI 等国内外多个数据库进行了长期跟踪检索,通过深入阅读、归纳和总结相关文献研究脉络和进展,梳理了本研究的理论框架。

(2) 探索性案例研究方法

按照 Eisenhardt、Yin 的相关研究,本书案例研究将依据如下步骤实施:第一,通过探索性案例研究的特点以及整本书的研究内容,细化出了一系列研究问题。第二,按照可行性以及代表性原则对案例进行适当的选择以及进行相关数据的搜集和整理工作。通过探索性案例分析,得出了工程技术标准特征如何提升中国工程技术标准在东道国的合法性、环境不确定性和国际经验对二者关系的影响作用等理论命题。

(3) 定量实证研究

在通过案例研究和理论探讨形成研究假设的基础上,本研究采用对样本企业进行问卷调查的方式获取所需的样本数据;并且运用 Mplus 8.3 与 SPSS 22.0 等软件进行信度效度检验、描述性统计及相关分析,定量地检验研究假设,为提升中国工程技术标准在东道国的合法性提供必要的量化依据和数据支撑。

1.4.3　技术路线

本研究的技术路线如图 1-1 所示。

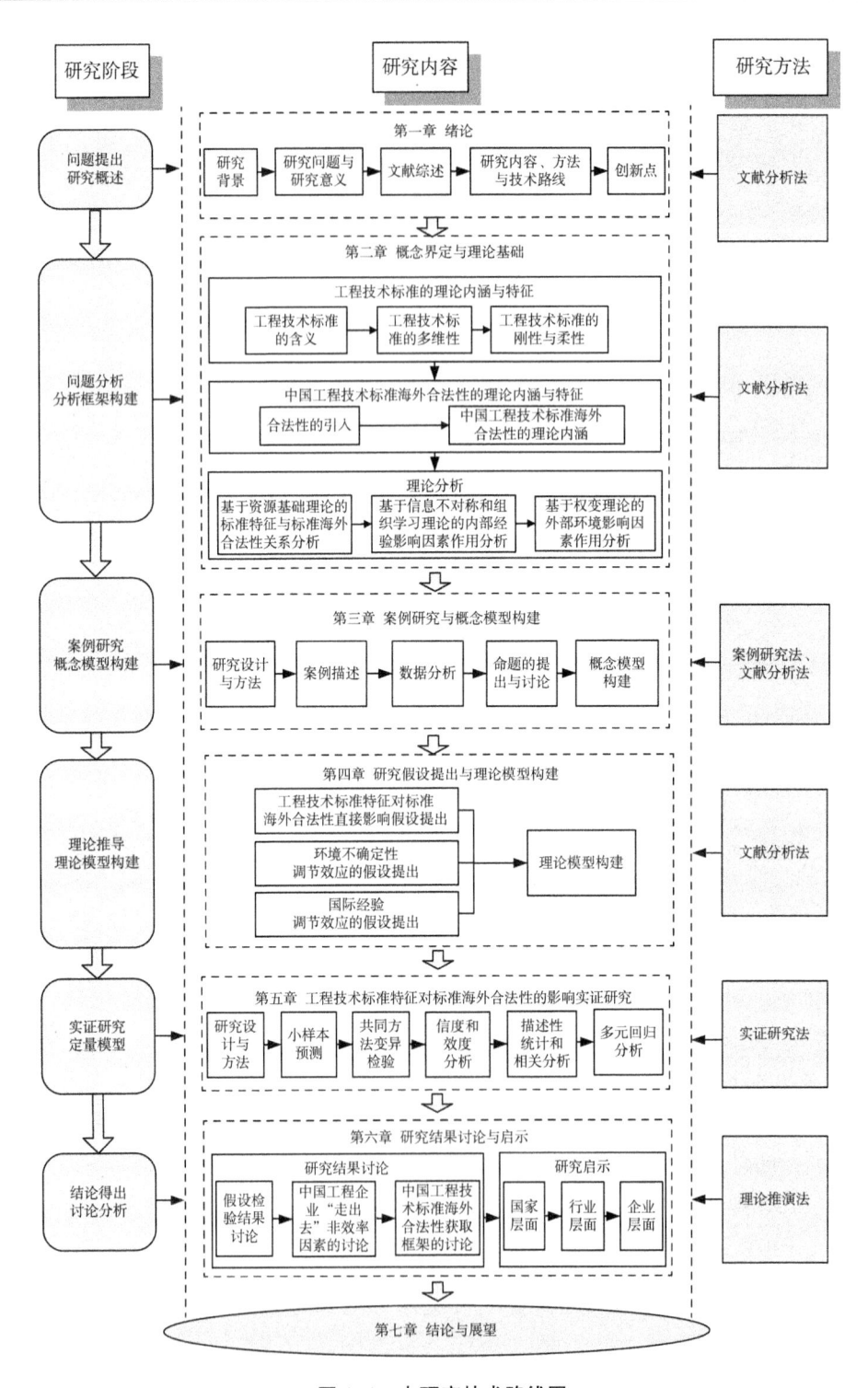

图 1-1　本研究技术路线图

1.5 创新点

（1）本研究发现，工程技术标准海外合法性具有特殊性，更为关注"非效率"要素，即提高东道国政府、公众、企业的认可程度。本研究以中国工程技术标准在海外工程项目中受认可程度为研究现象，通过理论逐级构建，从"标准合法性"这个"非效率"视角，研究了中国工程技术标准如何走向国际市场，突破了以往"唯效率"的绩效局限。以往相关研究一味注重"效率"要素，而忽略了"非效率"要素，尤其是东道国政府、公众、企业对工程技术标准的认可程度，是相关研究领域的主要缺陷。本研究认识到以往技术标准竞争研究"唯效率论"的局限性，开始关注"非效率"要素，是对中国技术标准竞争相关研究的重要突破。

（2）本研究发现，与一般性技术标准不同，工程技术标准包含技术标准、管理标准和工作标准三个维度。本研究认识到工程技术标准的特殊性。研究结果表明，技术标准刚性、管理标准刚性和工作标准刚性对标准海外合法性会产生直接的积极影响；技术标准柔性、管理标准柔性和工作标准柔性对标准海外合法性会产生直接的积极影响。实证结果支持了工程技术标准的特殊性，不仅需要重视技术标准，也需要重视管理标准和工作标准。以往关于技术标准与其合法性间关系的研究仅仅重视技术层面，忽略了其他层面对标准海外合法性的直接影响，是相关研究的主要不足。本研究认识到，仅仅关注工程技术标准的技术层面是不够的，必须深入了解工程技术标准的多维性。

（3）本研究构建了内外部影响因素下工程技术标准特征对标准海外合法性影响的完整框架。工程企业在海外东道国负责项目工程的建设与运营时，必然要面对极为复杂的内外部环境与要素。这意味着只关注工程技术标准刚性、工程技术标准柔性与标准海外合法性间关系是不够的，既不符合客观实际，也无法满足工程企业在海外东道国运营的实际需求。因此，本研究根据信息不对称和组织学习理论以及权变理论，在工程技术标准特征对标准海外合法性影响的研究中，引入环境不确定性（外部环境因素）和国际经验（内部经验因素），从外生和内生两个方面构建出更为完整的研究框架。基于内外部影响因素构建工程技术标准刚性、工程技术标准柔性对标准海外合法性影响的理论框架，不仅从理论上更具科学性与完整性，也为中国工程企业在海外东道国的工程实践提供了指引。

第二章 概念界定与理论基础

2.1 工程技术标准的理论内涵与特征

2.1.1 工程技术标准的含义

工程不仅是一个不断演变的概念，而且是一个多义的概念。李伯聪发现工程是"对人类改造物质自然的完全的、全部的实际活动和过程的合称"。徐匡迪指出"工程是人类具有创造性的活动，是人类为了提高自身生存、生活条件，并依照当时对自然规则的认识而实行的一项物化劳动的过程"。殷瑞钰等也认为"工程是人类为了提升自身的生存技能、生活条件，并依照当时对自然的认知水平而发展的各类造物活动，是一个物化劳动的过程"。上述定义的核心在于，工程是一种造物活动，但并非所有造物活动都属于工程。对于哪些类型的造物活动属于工程，沈珠江的定义做了限制：工程是"有目的、有组织"地改造世界的活动。这个定义中的限定词"有目的"淘汰了无意识活动，限定词"有组织"淘汰了个体自发活动。所以改造由随地丢垃圾而造成的环境污染的活动才称为环境工程。祖先尚未有组织地进行将野生稻变成栽培稻的驯化，所以不是工程。但此定义还是过于宽泛，因为并非所有这样改造世界的活动都属于工程。何继善等的定义与此类似，"工程是一类集成性活动，是为了生存和发展、实现专门的目的，应用科学和技术、有组织地利用资源所进行的造物或改变事物性状的过程"，并强调"工程应当是特定过程而不是特定工程产物或其实施后果"。工程活动及其过程应被理解为一个整体。大型工程和特大型工程表现为综合性的工程体系，具有相当复杂的结构。这类工程往往有主次或主辅之分，正如蒋其恺所说："大庆油田开发工程是巨大的工程体制，它的主体工程是建造采油注水井网系统与持续调整改造其系统以适应变化的地下油藏；配套工程是注水设施、聚合物配注站和油气集输处理站等；支持保障体系是油藏动态监督系统；辅助工程则有水、电、机、运、路、讯等。"

"技术标准"是随着"标准"的发展而出现的。标准的发展是一个不断完善的过程，大多数标准表现为对产品或服务在质量与技术方面的要求。在我国科技水平快速发展的今天，许多高新技术脱颖而出，其标准也在逐步发生转变。这不仅丰富了标准的内容，还把技术方案归到标准当中。因此"技术标准"这种叫法也随之出现，它属于标准的范畴，其内容包括一定的技术解决方案。技术标准的概念可以划分成广义与狭义两种。狭义的技术标准是通过公认组织批准的、非强制性的、可反复使用的，对产品或相关工艺与生产方法规定、指导的技术文件。技术标准提供了不同技术之间比较的参考体制或因需要协调统一的技术事项而编制的技术规定，它是公司生产、建设以及商品流通活动的技术基础。欧盟对其定义是产品或服务的技术规范体制。广义上技术标准是一种或一系列具有强制性与指导性意义的产品或服务的细节性技术规定与相关技术方案文件，是一种技术方法、方案以及路线，是体现性能指标的、公司应当遵循的、法定的技术文件。技术标准包含了狭义与广义两个层面的含义，囊括了法律层面和法规层面，具有规范性和指导意义。技术标准包括专业用语、标志以及标签规定要求等方面。根据上述对技术标准的描述可以发现，其本质是对生产技术设立的实施要求，技术标准的特性包括以下几点：(1)统一性。需要达到一定技术水平，在此水平以下的技术为不合格。(2)方便性。技术标准中的技术一般是完整的。但如果生产过程中出现标准中未含的技术，可以向标准制定者申请技术许可，使标准满足生产需要。(3)公开性。技术标准重视在某个领域的应用并通过公开的方式让领域内相关人员熟知。(4)垄断性。根据专利权的性质，只要专利权进入技术标准行列并普及到一定的程度就会产生垄断。(5)网络外部性。可以令核心产品和辅助产品的价格更低、便捷性更高，进而提升产品价值、增加市场需求量。(6)风险与收益性。技术标准在用户规模没有超过市场最大容量前，投入资金量大、风险偏高。然而当技术标准设立之后，其复制成本就会有一定程度降低，同时带来的市场扩大能够为公司带来更加可观的经济效益。

根据以上对工程与技术标准的相关阐述可知，工程技术标准是在工程领域一种或一系列具有强制性与指导性意义、公司应当遵循的、法定的产品或服务细节性技术规定与相关技术方案文件。工程技术标准由国家标准、行业标准、企业标准三个层次构成。在海外项目中，中国工程企业面临复杂的外部环境，需要因地制宜地对企业标准进行调整。因此，本研究中的"工程技术标准"为企业标准。

2.1.2　工程技术标准的多维性

目前对于"工程技术标准特征"的研究,学术界只是进行了标准在工程实际操作层面的讨论,并没有对其进行严格界定。根据上文对于"工程"这一概念的实质的阐释可知:工程本质上是一种活动。对于某项活动的运行,其内在逻辑为"物理"、"事理"和"人理",参与的元素分为"人""事""物"三类。通常意义上的技术标准是对"物"的标准,它规定了产品所必须符合的技术参数。但在"工程技术标准"中,除了通过技术标准规范"物"之外,还需要通过管理标准来规范"事"、工作标准规范"人"。因此工程技术标准包括了技术标准、管理标准、工作标准。

从标准的作用范围来看,我国的工程技术标准分为国家标准、行业标准和企业标准,本研究将从"企业标准"的角度展开。选取此角度的原因为:本书研究如何提高中国工程技术标准在海外的合法性的问题。合法性是一个认知的范畴,因此也会存在认知主体。在海外工程项目中我国工程技术标准的认知主体主要是海外的业主、海外工程咨询公司、当地民众等。这些群体对"中国工程技术标准"的感知实质上是通过我国海外项目中的"中国工程企业"的"企业标准"体现的。因此本研究中讨论的中国工程技术标准是"企业"的工程技术标准。

综上所述,"工程技术标准"是参与某项工程项目的工程企业所使用的技术标准、管理标准和工作标准。这三大标准的详细分析如下:①技术标准的含义是"对标准化领域中需要协调统一的技术事项所制定的标准"。技术标准所规定的对象包括生产对象、生产环境以及生产模式等方面。例如产品标准、原材料标准、包装标准、环境标准以及能源标准等。②管理标准指的是"对企业标准化领域中需要协调统一的管理事项所撰写的标准",另一种说法是在生产、技术管理活动中相关的公司运营策略管理、生产管理、人事管理、财政管理、物流管理等多个方面为技术标准的实施提供帮助的事物与观念。③工作标准指的是"对企业标准化领域中需要协调统一的工作事项所制定的标准",是在遵循管理标准与技术标准的过程中,和工作人员的岗位职责、相关技能、工作内容、工作方式、督察、考察以及相关记录表格等相关的标准,通常包括部门工作标准与岗位工作标准等。

从上述三者的相关概念可发现,这三种标准具有一定的共性:都是规范性文件,同时还有共享与反复使用的特点。关于标准化的领域,技术标准的范围更大,是根据国家、行业、公司需要而统一编制、统一协调的技术事项。而管理标准与工作标准的范围与技术标准相比较就要窄。这三种标准之间有相同特征,也存在一定差异。怎样看待这三者之间的联系对合理地厘清其作用范围尤为重要。

从理论层面可以把公司的工程技术标准当作一个具备特定功能的系统,其内部各构成元素之间存在一定联系。此整体可以划分成多个子系统,并同时隶属于公司这个更为庞大的系统。系统的功能应当具备集合性、层次性以及目的性等特性。因此在公司的工程技术标准体制当中这三种标准不是三个独立的部分,而是通过三种标准内在的联系产生的与三种标准相应的子系统。三个子系统共同发挥作用、相辅相成,发挥每个标准各自的优势与功能,从而作用于公司的标准体系。

(1) 技术标准是主体

人类发展历程中出现过数次社会化分工,例如有农业和畜牧业的划分、手工业与农业的划分以及工业革命等。每次进行分工的过程中,技术都发挥了不可替代的作用。分工不仅促进了社会发展,同时推动了技术发展、加快了标准化进程。分工与协作是相互依存的关系,在技术生产过程中对部分需要协调统一的技术事项制定相关的规定,并将其统一化、普遍化、简易化以及系列化。在全世界信息技术快速发展的大环境下分工更加细化,需要协调统一的技术事项也随之增加。相应技术标准呈现出数量递增和内容精细化的特点,并逐渐成为生产过程中重要的组成部分。实现产品质量的基础是技术标准。技术标准水平一方面标志着公司生产技术的水平,另一方面代表公司技术创新水准,同时是公司核心竞争力的构成要素。其余标准都是以技术标准为核心,辅助技术标准的实施。因此技术标准是公司工程技术标准体制的重要组成部分。

(2) 管理标准是技术标准的延伸

生产过程的复杂化不但令分工更加细化,也令协调工作量迅速增加。如果协调工作做得不好,生产秩序也会受到负面影响,使得技术标准所带来的优势地位也因此而消失,从而使得公司成本提升、经济效益明显下降。在技术标准规定相关技术事项以后,也不会立刻就带来最优秩序与最高收益。规定后最主要的问题是谁来执行与如何执行,以及在每个部分按规定执行后能否达到预期效果。怎样处理好优化配置资源的相关问题也不属于技术标准的范畴。涉及的众多管理问题需要在管理过程中对重复性事项与观念制定标准,使不同的执行人员能够按照同样的规定执行,也就是通过管理标准处理好上述提到的几个问题。因此管理标准是生产经营活动与实现技术标准的重要手段,它将公司管理的各个部门、各个单位以及岗位紧密地联系,在产品质量的层面上进行管理,以此达到使公司所获利益最大化的目的。管理标准就是围绕技术标准的一种具有辅助作用的标准。

（3）工作标准是技术标准与管理标准的细化与支撑

工作标准因人而设,主要是为了明确工作范围、工作责任、工作能力以及工作质量等多个方面的要求。工作标准一方面应当和技术标准相联系,引用技术标准中的技术要求与质量要求;另一方面应当结合管理标准中的要求,将管理标准中的要求联系到实际工作职责、范围等内容中。工作标准的实施不但能够有效简化技术标准以及相关的管理标准,还能够促进各个标准顺利实施。与技术标准以及管理标准相结合的工作标准表现出更高的可操作性。此外工作标准在一定程度上是技术标准中技术要求的有效实施以及管理标准中各项相关指标准确落实的体现。

综上所述,工程技术标准包含技术标准、管理标准和工作标准,具有明显的多维性的特征。它是工程企业在东道国参与工程项目时所体现出的标准特征,因此本研究将从企业标准层面探究工程技术标准的多维性。

2.1.3　工程技术标准的刚性与柔性

工程作为一种实践活动,其过程包括工程决策活动、工程实施操作活动、工程评价活动等一系列活动。从某种程度上来说,每个工程通常是唯一的,是强对象化的,几乎没有可重复性,是具有独创性的,并不是批量化产出的,如青藏铁路工程、南京长江大桥建设工程、长江三峡大坝工程等。与一般的产品不同,工程是特定主体在特定时间和空间进行的具体的实践活动,具有浓厚的地域特质,是相关决策者、设计者、施工者与特定环境空间相互作用的特殊产物。工程不仅要适应所在地区的地形地貌、气候环境、生态环境、矿产资源等自然因素,也会受到所在地区经济结构、产业结构、基础设施、政治生态、社会组织结构、文化习俗、宗教关系等社会因素的影响。任何工程都是以工程设计为出发点,存在于设计者对未来行为举止的预期之中,会根据时间的推进和空间条件的变化而做出相应的反应、调整与创新,解决工程实施过程中不断发生的问题,不断向工程目标推进,直至在未来的某个时点上完成目标。因此,工程主体、工程决策、实施操作过程和工程评价等,都具有浓厚的地域特质,这也决定了工程技术标准的空间场域性。工程是技术的产物,但却不是单纯的技术应用成果,而是工程技术科学、经济学、管理学、社会学、政治学等跨学科知识的集成结果。这种多学科知识的综合集成必须依赖于特定的场域或情境,而非简单的多种知识堆砌。在这些因素的综合影响下,相关工程技术不仅需要符合一般性技术标准的要求,也需要因地制宜,符合特定空间场域所带来的差异性技术标准。一方面,工程符合一般性技术标准,是对工程质量的基础保证,是工程质量的底线;另一方面,工程符合特定空间场域性，为工程技术创新带来了广阔空间，是工程质量的上线。以青藏铁路为例，青藏铁路采用国际标准，其直线轨距是 1 435 mm，是工程技术标准一般性的体现；相关工程技术还需要适应青藏高原多年冻土的地温高、厚度薄等特点，因此要采用符合特定场域性的特殊标准，是工程技术标准特殊性的体现。许多大型工程通常需要改造、重塑该地区某些自然、社会环境结构与功能，这些与工程直接相关的因素已经构成了工程活动的内在要素和内生变量。一般性技术标准是工程活动计划性的体现，差异性技术标准是工程活动空间场域性的反映，将二者相结合服务于工程行动，共同促进工程目标的实现。可见在多种因素的综合影响下，工程技术标准既要带有必要的刚性，也要带有适应特定环境的柔性。

工程技术创新的本质是集成性创新，而非首创性创新，需要全部或者大部分地使用已有的知识体系和技术体系。工程技术涉及原理设计、机器设备、生产流程、生产工艺、操作细则等多方面，依托于已有的知识体系和技术体系，经过不断的调整与优化，往往会形成某种固定程式和刚性标准。这一切不是凭空发生的，也不是一蹴而就的。这种刚性标准不仅有助于实现工程技术的通用性和系列化，使得工程建设的可重复性成为可能，并极大地提高生产效率、服务效率和经济效益，也有助于形成一系列验收标准，为保障工程的整体质量提供了必要的参考，是工程质量的底线，也是工程技术创新的重要基础。从理论角度看，工程活动应该重视数学中的最优化原则与方法，重视伦理学中的所谓"绝对命令伦理学"的合理含义。

但是，工程是特定主体在特定时间和空间进行的具体的实践活动，刚性工程技术标准只是工程建设的参考要素，而非一成不变的教条。工程技术标准的确定还需要考虑到地形地貌、气候环境、生态环境、矿产资源等自然因素和所在地区经济结构、产业结构、基础设施、政治生态、社会组织结构、文化习俗、宗教关系等社会因素。有些时候，在特定区域的工程技术标准甚至会远高于平均水平，这种情况在极寒、极热、极度缺氧的极端气候地区经常出现。为了避免中国工程技术标准在项目东道国"水土不服"的情况，工程技术标准就需要根据实际情况进行调整，这是标准柔性的体现。根据特定区域，做出工程技术标准的调整，既不能完全不考虑经济成本，也不能随意妥协，对偷工减料、降低标准等丑恶、不道德甚至违法的行为和现象要坚决杜绝。海外情境下工程企业通过技术标准、管理标准和工作标准对工程实施过程中的各项事宜进行严格要求，是标准刚性的体现。标准柔性和标准刚性相辅相成，同时存在。

虽然目前针对这种刚性柔性同时存在的情况还没有统一的概念界定，然而从目前研究成果中能够发现相关研究都存在几个明显特点:第一,具有两种可以选择的行为,选择的行为不同将实现不同的目标。第二,两种行为之间存在着明显差异性,甚至两者是互相对立和冲突的。第三,两种行为往往都存在一些让组织难以取舍的内容,从不同角度来看两种行为对于企业都有非常重要的作用和意义。事实上在管理相关研究当中,这种情况广泛存在。例如在创新研究中,内部知识与外部知识这两者就具有这样的特点和关系,战略管理研究中延续与变革的关系及组织设计研究中柔性与效率的关系等都是近年来的研究热点。再如双元创新,其主要分为探索式创新与利用式创新。其中前者更加注重当前的知识和技能,注重在当前的基础之上进行创新。而后者主要是通过利用现在已经配置的资源来进行技术创新。这两种创新方式在模式上存在着本质不同,在早期研究当中更加注重对两者的替代关系进行分析,然而目前更多学者倾向于认为两者实际上是可以并存的。

因此,中国工程技术标准在海外情境下体现出刚性与柔性的特点,既要对实施过程中的各项事宜进行严格要求,又要根据实际情况进行调整。与多维性类似,工程技术标准的刚性和柔性也是工程企业在东道国参与工程项目时所体现出的标准特征,因此本研究从企业标准层面探究工程技术标准的刚性与柔性。

2.2 中国工程技术标准海外合法性的理论内涵与特征

2.2.1 合法性的引入

本研究从竞争优势、技术采用、污名理论三个角度,从理论层面对合法性这一概念进行引入。以此来说明为什么需要基于合法性的视角来研究工程技术标准问题。

2.2.1.1 竞争优势与合法性

在对工程技术标准竞争相关理论的研究中发现,无论是网络效应、占优设计还是技术社会进化,都是技术标准市场占有因素对其后续市场占有的自我反馈过程,属于企业外部因素。对此过程的深入研究要打开工程技术标准的"黑箱",探寻哪些与技术标准相关的企业内部因素影响中国工程技术标准的推广。

工程技术标准的本质是通过制度形式保证一种技术集合的规范性文件在组织中得到贯彻。对技术标准如何获得竞争优势的解答需要基于制度理论展开探讨,对技术标准如何被接受的解答则要基于技术采用理论来研究。制度理论下企业为获得竞争优势,需要在保持效率的同时争取合法性。制度学派认为企业在战略选择过程中受到制度影响,并在制度环境的作用下迎接挑战、寻找机遇。由于国家、地区在法律法规、制度规范等方面存在差异性,外来企业需要承受更多制度压力。合法性可以提高企业在不同制度下的适应能力,避免负面影响的产生。企业为形成竞争优势需要克服制度方面带来的压力,尽可能建立便于企业投资的制度资本。在与外部组织、利益集团进行合作时,可通过建立关系的方式获得自身合法性。企业可采取回避等措施力争通过制度力量获得所需资源,以此不断增强自身竞争实力。在此过程中企业可不断地积累自有资本、阻碍新进入者、保持市场优势地位。企业在长期竞争过程中若能对制度环境进行有效分析并形成指导企业行动的准则,则在与对手竞争时将有更多制度竞争优势。可见企业是否存在合法性及合法性的高低,将直接影响该企业能否获得优势资源。因此,合法性和竞争优势间存在因果关联。

合法性作为企业竞争优势的构成要素,与产品和服务质量因素一样都是客户购买的决策因素。在合法性的要求和影响下,企业提供产品、服务既要符合正式制度(比如法律法规)、非正式制度(比如消费者体验)的要求,又会对消费者的购买行为产生影响。考虑到产品本身的合法要素与结果合法性间存在密切关联,以及结果合法性会对消费者购买决策产生重要影响,产品本身合法性成为企业生存发展、赢取更多消费者信赖的必要基础。此外,企业在经营活动过程中也要注重合法性。有社会责任担当的企业将从两个方面对消费者的购买决策产生影响:一是消费者会认为企业社会责任担当是其获得实际好处的比较基础,比如产品质量的可靠性;二是消费者在购买有责任担当企业产品或服务时,能从中获得满足感与自豪感。企业主动承担社会责任的表现可被称为规范合法性。企业合法性高低已经成为消费者是否购买的重要判据。企业合法性越高,消费者越容易做出购买决定,企业越可能创造竞争优势。

2.2.1.2 技术采用与合法性

技术采用的相关研究主要集中于技术因素、技术-组织因素及组织因素三方面。其中技术因素、技术-组织因素属于管理学研究范畴,而组织因素既属于社会学领域也属于管理学理论范畴。技术自身特点对技术应用有直接影响。技术接受模型认为技术有用性和易用性影响技术使用范围和使用方式;创新扩散理论认为技术相容性、复杂性及可观察性等特点与技术在企业组织中的应用有直接关系。技术应用方面研究关注技术在企业生产中的应用情况,但无法解释同样技术在不同组织中的不同应用结果。技术-组织因素强调信息技术对企业组织等的影响,从而保证技术在企业生产过程中的成功应用。从组织角度有技术因素及非技术因素两种形式,前者强调技术在企业中的扩散情况,后者强调组织文化或领导、沟通及团队赋权等管理要素对技术应用的影响。可见技术的成功应用不仅取决于技术本身,也取决于企业内人的主观因素,即需要足够的合法性作为支撑。分析技术在企业中的合法应用对新技术的应用有极大的影响。技术应用绩效并非通过客观测量获得,而是通过企业员工关于绩效的看法。员工对新技术的接受程度直接关系到企业资产的应用效率,而合法性直接关系到新技术的生存环境。新技术在企业组织中的应用初期具有一定的不确定性及风险性,对企业的组织决策等也有极大的影响。而技术应用过程中的某些变数也会对企业资源的分配和技术应用造成极大的影响。系统、复杂的技术在发展过程中的应用范围和绩效都有不确定性,因此引导员工加强对技术绩效的认识,就成为企业当前应当关注的重点问题。它直接关系到技术的应用环境,也有助于保证技术在组织内部的合法性。但一直以来新技术在企业内的合法性问题未受到相应的重视,这与合法性的研究大多聚焦于宏观层面有直接关系。

企业组织的合法性关系到企业组织的认可和支持态度,关系到企业资源在生产过程中的应用效率。而生产技术的革新将对企业组织结构造成极大冲击,且这样的冲击是持续性、长期性的,对企业资源消耗较大。合法性指标同时被大量用于维护同环境间的兼容性。合法性的"法"即根据生产所需创建的价值、理念及生产习惯,或者被视作具有广泛基础、能被广泛认可的理论。其中组织规范、个人价值观念应当根据具体的情境和研究对象而决定,这是对合法性最为合理的解释。因此,从技术采用角度,合法性是工程技术标准需要考虑的重要因素。

2.2.1.3　污名理论与合法性

中国工程技术标准核心技术水平已达到世界领先,却依然在各东道国认可程度低。过去中国工程技术标准缺乏对环保、安全等方面的重视,虽然通过多年与国际市场的接轨已经对相关内容进行了严格规定,但仍会被赋予"不安全""破坏环境""偷工减料"等刻板印象,这可以借助污名理论进行解释。污名是导致"声誉严重败坏的属性"。当个体拥有或被认为拥有某种能传递在特定社会背景下被贬低的社会身份的属性或特质时,个体就会被污名化。可见中国工程技术标准在海外项目中不被认可似乎是被污名化。根据污名理论,争取政府、媒体、公众的认可,即获得合法性是被污名化组织摆脱污名的重要途径。获得组织合法性是组织应对外部压力与期望的结果,能让组织重新获得关键外部利益相关者的支持。因此,合法性是解决中国工程技术标准"实至名归"问题的重要理论视角。

2.2.2 中国工程技术标准海外合法性的理论内涵

在海外工程的某项工程中一旦选用了某个国家的标准,其他国家的标准就要在这项工程中依附于此标准,这说明工程技术标准具有排他性。Suarez指出,标准制定的竞争实际上就是组织在技术中争取主导权的竞争。为了实现中国工程技术标准"走出去"的最终目标,我国工程技术标准在合法性上要逐步缩小与发达国家的差距,最终赶超发达国家。

2.2.2.1 中国工程技术标准海外合法性的含义

合法性意指具有强制意义的法律体系和在道德层面对人起约束作用的社会规则。柏拉图和亚里士多德最早开始合法性研究,当时称为规范主义合法性。20世纪40年代,Weber认为所有组织都不愿意使感情和组织因素决定组织内部所有指标,而是倾向于建立一种基于正当性的万能系统,在社会中唯有遵循法律才有持续发展的可能。20世纪60年代,Parsons曾用合法性规则判定组织是否可长期存在于社会环境中,主张组织唯有在理念上与社会规则保持一致才有存在可能。

合法性是新制度理论的重要概念,是存在于社会中的隐形规则。它高度强调实体价值和社会价值一致性,并支撑组织在社会中与其他社会主体间的沟通。Maurer认为合法性的获得可使组织上级和合作伙伴认可该组织。Dowling和Pfeffer认为组织与社会价值体系间若产生不可忽视的分歧,则组织的合法性将不再稳固,将面临从社会中退出的风险。Meyer和Rowan基于"文化-认知"角度进行研究,发现组织在外部制度环境约束之下开始与外部环境呈现极高相似度,这是组织获取合法性的必要过程。

战略管理领域将合法性归于社会资源。Ashforth和Gibbs进一步将其划分为实质性资源和符号性资源两大范畴,并认为战略研究目的包括如何提高组织合法性获得概率。随后,Suchman对此观点进行补充,从获得、位移和修补三方面提出组织如何克服获得合法性的困难。Barney从异质性角度提出组织在获取合法性过程中遇到的阻碍因素和化解方案。武亚军对合法性框架进行了精准构建,从战略和制度角度提出,合法性就是在获取民众、社会和合作伙伴认可之后所具有的经营资质。即当组织符合各个社会主体给它提出的要求和规范后,其发出活动被认为是合理而正当的一种假定。这一解释为之后的合法性研究打下坚实基础。合法性并非仅是被动跟随其所在环境中共同价值观的控制，而是会主动参与到社会活动中并努力赢得各种能获取合法性的资源。Zimmerman 和 Zeitz 认为组织应发挥其内部驱动作用，通过调整其内部能动性发挥方向的方式取得社会认同并获得合法性。Washington 和 Zajac 认为，合法性可以被归为资源之列，而众多组织获得合法性的最终目的便是获取社会地位和名誉。

中国工程技术标准海外合法性是对一般合法性的延伸，即中国工程技术标准在海外市场所获得的合法性。中国工程技术标准海外合法性是由"地理＋主体＋属性"等三个部分组成的，其中，中国工程技术标准是主体，海外是具体的地理位置，合法性是属性，"中国工程技术标准（主体）""海外（地理）""合法性（属性）"共同构成了中国工程技术标准海外合法性。由此可见，中国工程技术标准海外合法性不仅符合一般合法性的基本内涵，也具有中国工程技术标准主体特征与海外地理特征。因此，本研究将"中国工程技术标准海外合法性"定义为：中国工程技术标准（包括技术标准、管理标准以及工作标准）在海外东道国受到当地各利益相关者的认可程度（"中国工程技术标准海外合法性"在书中简称"标准海外合法性"）。由于本研究从企业层面探究工程技术标准特征，因此本研究中的"标准海外合法性"也对应为工程企业的工程技术标准在海外的合法性。

2.2.2.2 中国工程技术标准海外合法性的"非效率"特征

新制度理论认为，任何组织在其成长与发展过程中所面临的环境影响主要来源于技术和制度两个方面。其中技术环境将对组织战略选择的效率产生一定的影响，而制度环境则会更多对组织社会结构等方面产生影响。如果组织接受一般社会中认可的形式或者战略，那么这些影响所产生的作用也将出现一定程度的减少与降低。

在新制度理论中，合法性可以大致分为两大类，主要是从效率和非效率这两个不同视角来展开的。这样分类的原因主要是企业同时面临着技术环境以及制度环境这两种完全不同的环境，这两种环境都将对企业产生重要的影响。在技术环境之下，企业能够通过市场进行产品买卖，从而能够获得相应利益。企业最终获得的利益与自身经营水平等多种因素都有非常重要的关系。因此从技术环境角度来看，效率因素的影响将更注重企业获得的财务回报方面。在制度环境之下评价一个企业是否被市场认可，考虑更多的应当是对于一般准则等的依从性。也就是企业是否具备相应合法性，并不是通过效率来进行判定。因此根据新制度理论，可以将"中国工程技术标准海外合法性"理解为：在海外东道国，中国工程技术标准海外合法性是"非效率"因素，即受到当地各利益相关者的认可程度,而并不是传统研究所考量的"效率"因素。因此在本研究中,要着重分析工程技术标准竞争的"非效率"特征。

2.3 理论分析

本部分将通过资源基础理论、信息不对称理论、组织学习理论和权变理论,构建本研究的理论框架,为后文的研究奠定理论基础。

2.3.1 基于资源基础理论的标准特征与标准海外合法性关系分析

工程技术标准是对企业工程技术的标准化成果,是工程企业的重要资源,具有价值性、稀缺性、难以模仿、难以替代等基本特征,对企业在东道国的生存与发展有着十分重要的作用。受到欧美数百年殖民历史的影响,欧美标准在广大发展中国家大行其道,直接影响到中国工程技术标准在海外市场的快速推广。资源基础理论解释了中国企业如何发挥工程技术标准特征,以获得东道国更多利益相关者的认可,最终将中国工程技术标准逐步推广到海外市场,打破欧美工程技术标准在广大发展中国家的垄断性地位,因此需要通过资源基础理论对中国工程技术标准在海外市场替代欧美标准加以深入的理论分析。

2.3.1.1 资源基础理论的基本内涵

Wernerfelt 于 1984 年发表了《企业的资源基础论》,资源基础理论由此诞生。Wernerfelt 将资源定义为"企业可以在较长时间内拥有的无形或者有形的资产",包括企业品牌、知识经验、高技能的雇员、社会资本、内部管理流程等。Barney 扩展了 Wernerfelt 的概念,进一步强调,资源必须能够在战略层次为企业带来效率和效能上的改变,包括资本、信息、知识或者能力等,具备价值性、稀缺性、难以模仿、难以替代等多个基本特征。Grant 将资源视为生产过程中的要素投入,包括固定资本资源、财务资源、人力资源、技术知识、组织声誉和企业社会资源等六类资源。资源基础理论认为,企业是由一系列资源组成的集合,造成企业绩效差异的根本原因源于企业内部,而不是企业所处的特定外部环境,这使得传统对于企业外部环境的重视逐渐转变为对企业内部资源和能力的重视,更多地将企业内部的资源配置和能力培养作为企业竞争优势的根本源泉。简而言之,资源基础理论的主要观点如下。

(1) 独特的异质性资源是企业竞争优势的来源

企业的经营决策从本质上来说就是企业配置资源的组合以及围绕各种组合进行最优判断的过程。这就意味着一旦选定某一资源运用的特定组合,企业经营决策就完成了，而且由于资源的稀缺性，这种经营决策是不可逆的，或者说如果改变的话机会成本将会大大增加。由于企业是各类资源的整合组织形式，加之企业所拥有资源在质上的差异性，以及控制或者利用资源的方式和方法上的差异，因此企业间资源就出现了普遍的异质性，而企业拥有了这种异质性资源，会直接影响到获取企业竞争优势的方式和路径。

（2）具备无法模仿的资源特性是持久竞争优势的来源

独特的异质性资源是企业竞争优势的来源，同时这种竞争优势又可使企业获得超额的经济利润。因此，为了同样能够获取超额经济利润，没有拥有独特异质性资源的企业必然积极试图模仿优势企业。而这一模仿行为的结果是产业内企业资源趋向雷同，也使得超额经济利润难以保持。资源基础理论对于竞争优势来源于企业内部资源或者能力而非来源于企业所处的外部产业环境的研究结论，对现代企业的长远发展产生了非常积极的引导作用。在资源基础理论的指导下，很多企业都着力于打造其自身的独特异质性资源，培养企业具有与同行竞争的核心能力。

2.3.1.2 工程技术标准特征与标准海外合法性关系分析

跨国企业进入海外市场，通常会处于先天的外来者劣势地位，导致跨国企业难以在东道国获取合法性，进而遭遇歧视危害和关系危害。Zaheer认为，外来者劣势本质上是一种制度性危害，即作为外来者，跨国企业难以在东道国建立并维持合法性。一方面，受到制度差异的限制，跨国企业进入海外市场后，没有能力准确解读东道国当地法律法规，难以在东道国获取规制合法性；另一方面，受到文化差异的影响，跨国企业进入海外市场后，往往受到东道国利益相关者的民族中心主义和消极的刻板印象影响，难以获取认知合法性。简而言之，资源基础理论认为，跨国企业应该培养和利用具有异质性和无法模仿性的相关资源，以克服其在海外市场的先天劣势地位，从而在东道国获得更多利益相关者的认可。

Abdullah基于资源基础理论研究跨国企业如何在东道国弥补劣势、获得合法性。其研究结果表明，跨国企业在东道国可以通过竞争优势（如技术、品牌以及规模经济等）来弥补外来者劣势的负面影响，以获得当地利益相关者的认可。Nachum通过实证研究发现，转移母公司竞争优势不仅能够弥补外来者劣势，甚至能使跨国企业的经营绩效超越东道国本土企业，获得更高水平的合法性。对于输出何种资源和技术更容易帮助跨国企业克服外来者劣势、获得更多合法性，Asmussen和Goerzen通过研究发现，转移无形资源比有形资源更有利于帮助跨国企业获得更多合法性。Barnard认为发达国家跨国企业通常拥有比较丰富的资源和技术,能够有效地帮助企业在东道国市场弥补外来者劣势、获得更多合法性,进而在东道国市场竞争中取得主导性地位。根据资源基础理论,跨国企业会根据行业特点与已有技术体系,制定或调整符合东道国情境的工程技术标准,与其他企业的工程技术标准体系形成一定的差异性与异质性,使得无法被其他企业轻易模仿,这是跨国企业克服其在海外市场的先天劣势地位、获得更多利益相关者认可的重要竞争力。

经过数十年的实践探索,中国工程企业已经具有了一定的工程技术储备,在一些特定的工程技术领域,甚至已经赶超了欧美发达国家,比如特高压技术。中国工程技术标准因其特殊性已成为可以对海外市场输出的具有价值性、稀缺性、难以模仿、难以替代等基本特征的资源。在东道国追求更高的品质和客户体验,获得东道国更多利益相关者的认可,最终将中国工程技术标准逐步推广到海外市场,打破欧美工程技术标准在广大发展中国家的垄断性地位。因此,基于资源基础理论,研究工程技术标准特征(多维性、刚性和柔性)如何影响其在东道国合法性是具有一定理论价值和现实意义的。因此必须进一步深入研究技术标准刚性、技术标准柔性、管理标准刚性、管理标准柔性、工作标准刚性和工作标准柔性对其合法性的影响。

2.3.2 基于信息不对称和组织学习理论的内部经验影响因素作用分析

工程企业进入一个新的海外市场,通常无法第一时间全面了解当地的政治、经济、文化等基本情况,所拥有的相关信息往往是有限的。由此可见,在海外工程项目中,工程企业内部与外部往往存在信息不对称的现象,特别是工程企业进入新的东道国时,信息不对称的情况更是时有发生,对此工程企业往往通过组织学习来克服信息不对称。因此,工程企业如何解决信息不对称问题以促进工程技术标准特征与标准海外合法性关系,需要通过信息不对称理论和组织学习理论加以深入的研究分析。

2.3.2.1 信息不对称和组织学习理论的基本内涵

在20世纪70年代,信息不对称现象开始受到关注,为市场经济提供了一个新的视角。东道国对跨国企业往往是陌生的,企业所处的外部环境具有很多的不确定因素,在外部环境的相关信息与企业所掌握信息间通常会存在着很大的鸿沟,形成不对称性。根据组织学习理论,企业经验的积累可以使组织获益良多,来自经验学习的相关知识可以被存储在组织惯例中。当企业再次面临相似情况时，这些经验和知识可以被重新读取出来用以处理与新决策情境相关的不确定性和风险，抵消初始劣势、规避一些代价很大的错误。Denk 等认为，跨国企业对外直接投资进程中面临着信息不对称、合法性缺失等因素导致的外来者劣势。信息不对称和组织学习理论重点关注跨国企业如何降低信息缺失，以更好地了解东道国的市场环境和众多利益相关者，从而克服外来者劣势，提升在当地的受认可程度。由于跨国企业与东道国之间的信息缺失呈现双向性，跨国企业可以通过加强组织学习、积累国际经验，更好地实现与东道国之间的双向信息沟通，以提升在当地的受认可程度（合法性）：一方面，跨国企业通过组织学习获取东道国信息，积累必要的应对经验，以降低不熟悉危害，获得当地利益相关者的更多认可；另一方面，跨国企业根据以往跨国投资、跨国建设过程中所积累的实践经验，主动向东道国披露当地利益相关者所关注的企业信息，帮助东道国利益相关者更为全面地了解跨国企业，以降低歧视危害和关系危害，获得当地利益相关者的更多认可。

2.3.2.2　内部经验影响因素的作用分析

蔡灵莎等通过实证研究证明，跨国企业通过组织学习可以获得大量的有效经验，能够显著降低外来者劣势，跨国企业可以采取"利用式"和"探索式"两种学习方式降低外来者劣势。Sethi 和 Guisinger 通过研究发现，那些具备丰富国际经验和环境阅读技能并能够迅速适应东道国环境的跨国企业，甚至可以将劣势转化为优势。跨国企业可以凭借丰富的国际经验，主动与东道国各利益相关者沟通，降低东道国利益相关者对跨国企业的不熟悉。比如，Bell 等通过研究发现，在海外上市，跨国企业积累的国际经验越多，越容易通过"捆绑（bonding）""信号显示（signaling）""背书（endorsement）"等方式向东道国投资者释放积极的信息，进而获得当地利益相关者的更多认可。中国企业的海外并购常常面临显著的外来者劣势，赵君丽和童非以并购经验为调节变量，研究了并购经验对于外来者劣势与中国企业海外并购绩效之间关系的影响，并基于 2003—2015 年 319 家中国上市公司海外并购样本加以实证检验，其研究结果表明，海外并购经验能减少外来者劣势对于企业海外并购绩效的不利影响。

来自同一母国、进入同一东道国的不同企业"先天"遭遇不同水平的外来者劣势这一现象，通常与不同企业所积累的国际经验以及对东道国各利益相关者的了解情况有关。经过数十年的实践探索，中国工程企业在国际承包市场上，不但取得了重大的成绩，也通过组织学习能力积累了大量的"走出去"国际经验。中国工程企业凭借这些国际经验，不仅能够全面地了解东道国各利益相关者的基本概况和主要需求,也可以找到有效的方式使东道国各利益相关者尽可能地了解自己。在国际经验的指导下,中国工程企业凭借自身的技术标准输出和技术标准管理,是否能够有效地提升产品品质和客户体验,获得东道国更多利益相关者的认可,最终打破欧美工程技术标准在广大发展中国家的垄断性地位,显然是需要加以进一步研究与讨论的。因此,基于信息不对称和组织学习理论,研究内部经验影响因素对工程技术标准特征与其在东道国合法性关系的作用是具有一定理论价值和现实意义的。

2.3.3 基于权变理论的外部环境影响因素作用分析

在广大的发展中国家市场,存在着政治体制不完善、经济发展不稳健、宗教文化矛盾激烈等现象,使新进入的工程企业必须面对具有极大不确定性的外部环境。由此可见,工程企业在东道国面临的外部环境通常是不确定的,组织需要根据外部环境的变化加以调整,以适应外部环境的变化。权变理论提供了如何在动态变化的外部环境下主动优化调整自身资源和能力以适应环境变化的方法,因此需要通过权变理论加以深入的研究分析。

2.3.3.1 权变理论的基本内涵

权变理论是西方管理理论与管理实践交织的产物,形成于二十世纪六七十年代。"权变"一词译自英文"contingency",通常是指偶然事件或偶然性。在权变理论研究中,环境被定义为存在于组织边界之外的并对组织整体或者某一部分具有潜在影响的因素,即具有不确定性,这种不确定性可以被认为是风险或者机会,对实现组织目标有着十分重要的影响。权变理论认为,外部环境是不断变化的,是充满诸多不确定性的,组织战略管理方式、组织结构等应该与外部环境保持动态平衡。权变理论主张随机制宜的管理,强调偶然性、应急性、自适应性、灵活性和随机性,其基本思想是:没有任何一种管理方式或组织结构是普适性的、能够持续发挥效用的,需要及时调整管理对象、手段以及目的,做出最适宜具体情况的组织设计和管理行动,以快速适应外部环境的变化与不确定性。

权变学派为管理实践提供了一个理论框架,其基本理论框架由三个重要部分构成:环境变量、管理变量和权变关系。根据基本理论框架可知,当外部环境、技术、规模等背景因素(即环境变量)发生变化时,组织必须采取必要的管理措施(即管理变量),做出相应的调整(即权变关系),以求更好地达到目标。权变理论认为,组织绩效优势来自内部组织设计变量与外部情境变量间的匹配,是组织外生变量和组织内生变量协调组合的结果。也就是说,有效匹配其所处的外部环境是组织获得竞争优势的重要基础。Lumpkin和Dess依据权变理论,在"创业导向-绩效关系"的相关研究中加入两类权变因素:环境因素(外部)和组织因素(内部),前者包括环境和产业特征等因素,后者包括公司资源、文化、高管团队等因素。"五种力量模型"具有明显的权变理念,强调对外部环境的分析,根据外部环境的具体情况,适时地采取"成本领先""差异化""独树一帜"等战略来寻求适应外部环境变化的应对方式,从而获得各方利益相关者的认可。

2.3.3.2 外部环境影响因素的作用分析

中国工程企业进入海外市场后,会面临诸多外部风险与不确定性,涉及市场波动、国内政治、国际关系、资源脆弱性、资源变异性、资源恶化、不均衡分配等。尤其是在市场经济体制不完善、政治局势动荡的部分发展中国家,其市场环境的变化更为剧烈,会给中国工程企业获取当地利益相关者认可带来更为严峻的现实挑战。事实上,与发达经济体的跨国企业相比,新兴经济体跨国企业国际化面临的外部环境和外来者劣势更为严峻。因此,基于权变理论视角,在高度不确定性与未来不可预测性的东道国环境下,中国工程企业需要不断进行自我调整和自我变革,采用更为适宜的技术以适应东道国环境的变化。这意味着呆板、固守、一成不变的管理原则和方法是无法有效解决东道国环境不确定性的,中国工程企业为获得东道国利益相关者的更多认可必须遵循权变原理。Chesnutt等认为,大多数战略规划都会要求管理者处理好外部不确定性,只有更清晰地理解不确定性,才能够做出使各方利益相关者更容易接受的决策。刘业鑫和吴伟伟分析了环境动荡性对技术管理能力与突破性技术创新行为间关系的调节作用,以及竞争敌对性对环境动荡性调节作用的调节效应,其研究结果表明,环境动荡性在技术管理能力与突破性技术创新行为的关系中起正向调节作用,竞争敌对性能够强化环境动荡性的正向调节作用。

在中国工程企业"走出去"的情境下,中国工程技术标准在东道国的合法性是管理变量,东道国环境是中国工程企业必须面对的环境变量,在外部环境影响因素的作用下,探讨工程技术标准特征与中国工程技术标准在东道国的合法性之间的权变关系。在外部环境影响因素的作用下,中国工程企业凭借自身的技术标准输出和技术标准管理,是否能有效地提升产品品质和客户体验,获得东道国更多利益相关者的认可,最终打破欧美工程技术标准在广大发展中国家的垄断性地位,显然是需要加以进一步研究与讨论的。因此,基于权变理论,研究外部环境影响因素对工程技术标准特征与其在东道国合法性关系的作用是具有一定理论价值和现实意义的。

综上所述,本研究通过资源基础理论、信息不对称理论、组织学习理论和权变理论对理论框架进行构建,形成了基于内外部视角的完整理论框架:工程技术标准特征影响标准海外合法性;在外部环境影响因素和内部经验影响因素的双重作用下,工程技术标准特征对标准海外合法性的影响会存在一定的差异性。

2.4 本章小结

本章首先通过文献分析法,分析了工程技术标准的理论内涵与特征,提出了工程技术标准的刚性、柔性与多维性的特征。随后通过"竞争优势""技术采用""污名理论"引入了合法性,在此基础上分析了中国工程技术标准海外合法性的含义:中国工程技术标准(包括技术标准、管理标准以及工作标准)在海外东道国受到当地各利益相关者的认可程度。并结合新制度理论提出了工程技术标准的"非效率"特征。随后通过资源基础理论、信息不对称理论、组织学习理论和权变理论,得出了本研究的理论框架:工程技术标准特征影响中国工程技术标准海外合法性;在外部环境影响因素和内部经验影响因素的双重作用下,工程技术标准特征对标准海外合法性的影响会存在一定的差异。

第三章 案例研究与概念模型构建

根据第二章理论框架,工程技术标准特征影响中国工程技术标准海外合法性,在外部环境影响因素和内部经验影响因素的双重作用下,工程技术标准特征对标准海外合法性的影响会存在一定的差异性。尽管前文已对相关概念进行了梳理,但由于"工程技术标准特征""中国工程技术标准海外合法性"等概念的新颖性,以及在构建各概念之间的关系时相关研究文献不足,因此本章将通过探索性案例研究的方法进行进一步分析。

3.1 研究设计与方法

3.1.1 方法选择

案例研究作为一种质性研究方法,适用于构建和验证理论。它能够深入管理实践中的新现象、新问题而展开对已有理论的检视和探讨,并在此基础上丰富和完善新理论。案例研究法主要通过应用分析和探索对象的背景因素设立或完善当前研究理论,同时可较好地解释各种成因复杂现象。案例研究方法包括探索性案例研究、描述性案例研究、解释性案例研究及评价性案例研究。本研究根据 Eisenhardt、Yin 等相关理论开展探索性案例研究。在案例选取中遵循启发性和典型性的原则,以中国工程企业在海外市场中积累的大量案例为支撑,选用多案例研究确保归纳的广度和深度,并依据反复验证的方式来增强分析的有效性,以此实现较高理论饱和度。

3.1.2 案例选择

本研究选用多案例研究的方法,并依据反复验证的方式来增强案例有效性。通过大量的数据搜集、整理和分析。由于本研究中的工程技术标准特征是"工程企业在东道国参与工程项目时所体现出的标准特征",因此本文从企业层面进行研究。最终选取 8 个海外工程项目相关的 12 个工程企业案例作为最后的案例集。此案例选择按照标准是:(1)样本公司必须参与过海外工程项目建设;(2)样本公司必须拥有一套完整的工程技术标准;(3)样本公司在海外市场试图推出已有工程技术标准以替代当地占据主导地位的工程技术标准,获得当地政府、企业、民众更多的认可。基于以上三个标准,最终选取样本的描述性内容见表3-1。

表3-1 案例项目及涉及企业简介

项目	项目领域	涉及企业	企业类型
柬埔寨甘再水电站BOT项目	水电	中国水电甘再项目公司(中国电力建设集团海外投资有限公司控股子公司)(A)	总承包方
		中国水利水电第八工程局(B)	施工方
		中国电建集团西北勘测设计研究院(C)、福建省水利水电勘测设计研究院(D)	设计方
土耳其安伊高速铁路二期项目	铁路	中铁第五勘察设计院(E)	设计方
		中国土木工程集团有限公司(F)	施工方
沙特阿拉伯利雅得水泥公司二期项目	化工	中国中材国际工程股份有限公司(G)	设计方、施工方
沙特阿拉伯麦加轻轨项目	铁路	中国铁建股份有限公司(H)	总承包方
沙特阿拉伯拉比格燃油电站项目	燃油电站	山东电力建设第三工程有限公司(I)	总承包方
埃塞俄比亚阿达玛风电一期项目	风电站	中国水电工程顾问集团有限公司(J)	总承包方
塞尔维亚泽蒙-博尔察大桥及附属连接线项目	路桥	中国路桥工程有限责任公司(K)	总承包方
赞比亚卡里巴北-凯富峡西输变电线路项目	输变电	中国水利水电第十一工程局有限公司(L)	施工方

注:涉及企业后缀的字母为企业在本研究中的代号,方便下文编码时进行识别。

实施案例选择时,主要依据如下标准具体实施:(1)为了能够真实体现代表性原则,本研究在案例选择方面主要考虑行业内的分散度。8个海外工程项目涉及水电、铁路、化工、燃油电站、风电站、路桥、输变电等多个领域。(2)为了能够体现多重验证效果,本研究在实际挑选案例公司时,考虑到企业类型(比如工程总承包企业、设计企业、施工企业)的多样化。(3)为了考虑地域的覆盖范围,本研究选取的项目位于亚洲、非洲、东欧等中国工程企业"走出去"的主要东道国。(4)为了能够充分提升案例研究在内容上的可信度以及充裕度,本研究在挑选案例企业时考虑到信息内容的准确性以及公司代表性。

3.1.3 数据收集

为了能够有效提升研究的效度以及信度,本文在实际数据搜集时通过各种渠道搜集数据从而进行"三角验证"。不但可以对当前研究现象进行多视角分析和研究,而且还能得到科学准确的数据结果。数据收集的内容主要涉及工程技术标准特征影响中国工程技术标准海外合法性、外部环境影响因素作用下工程技术标准特征对中国工程技术标准海外合法性产生影响、内部经验因素作用下工程技术标准特征对中国工程技术标准海外合法性产生影响等内容。本研究从以下几个渠道收集相关数据:

(1) 半结构化访谈。这是本文数据搜集的一个重要渠道。访谈内容主要涉及工程技术标准特征与海外工程技术标准海外合法性的关系。在访谈对象的选择过程中充分考虑了多样性的要求,针对设计方主要选择总工程师、副总工程师、专业负责人。对于施工方,选取的访谈对象为:项目经理、商务经理、技术部经理、安全总监、质量总监。对于总承包方,选取的访谈对象为:总经理、副总经理、工程部经理、技术质量部部长。访谈时间集中在 2020 年 12 月—2021 年 2 月。在本次研究当中总共进行了 26 次访谈,平均每次的访谈时间达到了 60 分钟。26 次访谈中还包含了 9 次补充访谈,主要是由于在第一次调研中因为各种因素的影响导致没有调研成功,补充访谈主要通过电话或微信的方式进行。为了进一步确定细节问题,还通过电子邮件的方式与访谈者进行了进一步的沟通和交流。所有访谈都进行了现场录音,并根据录音整理出了相应的文稿。

(2) 二手资料。本研究依据搜集和整理二手资料的方式获得有效的数据,二手资料来源主要有:①企业出版的书籍、报纸等。②和企业信息有关的一系列新闻报道内容。③公司网站更新的详细数据资料。④学术会议的资料。⑤一些上市公司已经发布的资料。

(3) 档案文件。主要包含内部资料以及相关的印刷品两部分。例如企业相关的项目介绍,以及企业内部的宣传手册等资料。此外还有企业相关体系认证的证明、管理流程文件等。

案例研究的数据收集过程如表 3-2 所示。

3.1.4 数据分析方法

本研究先对案例进行描述,然后进行数据分析。数据分析的目的是对观察和收集到的数据在逐步归纳过程中发现和产生理论,这一思想同扎根理论的编码流程异曲同工。故本章将以理论构建为研究目标,采用规范、严谨而受到学界

表 3-2 案例研究数据收集过程

项目	涉及企业	访谈地点	半结构化访谈 访谈岗位	半结构化访谈 访谈人次	半结构化访谈 访谈时长（分钟）	半结构化访谈 访谈字数（万字）	二手资料来源	档案文件来源
柬埔寨甘再水电站BOT项目	甘再项目公司	四川成都	副总经理	1	67	1.2	企业报道(2)；新闻报纸(2)；公司网站资料(1)	项目介绍(2)；内部刊物(3)；对外宣传手册(2)；认证体系(1)
	中国水利水电第八工程局	江苏南京	质量总监	1	55	0.9	企业书籍(2)；企业报纸(3)；公司网站资料(2)	荣誉(2)；内部宣传手册(2)
	中国电建集团西北勘测设计研究院	江苏南京	专业负责人	1	78	1.2	公司网站资料(1)；学术会议资料(4)；上市公司资料(2)	项目介绍(1)；荣誉(2)；对外宣传手册(1)；认证体系(3)
	福建省水利水电勘测设计研究院	福建福州	副总工程师	1	63	1.1	企业报道(2)；新闻报纸(3)；公司网站资料(1)	内部刊物(2)；管理流程(4)；认证体系(1)
土耳其安伊高速铁路二期项目	中铁第五勘察设计院	江苏南京	总工程师	1	53	0.9	企业报纸(1)；公司网站资料(2)；学术会议资料(2)	项目介绍(2)；荣誉(3)；管理流程(1)；认证体系(1)
	中国土木工程集团有限公司	北京	安全总监，质量总监	2	126	1.9	企业书籍(1)；企业报纸(2)；公司网站资料(4)	项目介绍(2)；荣誉(2)；内部刊物(2)；对外宣传手册(2)；管理流程(2)；认证体系(2)
沙特阿拉伯利雅得水泥公司二期项目	中国中材国际工程股份有限公司	江苏南京	副总工程师，商务经理，技术部经理	3	174	2.8	企业报纸(1)；新闻报道(3)；公司网站资料(2)	项目介绍(3)；荣誉(1)；内部刊物(2)；对外宣传手册(1)；认证体系(1)
沙特阿拉伯麦加轻轨项目	中国铁建股份有限公司	北京	总经理，副总经理，技术质量部部长	3	182	3.1	企业书籍(2)；企业报纸(3)；公司网站资料(2)	项目介绍(1)；荣誉(2)；内部刊物(1)；对外宣传手册(2)；管理流程(2)

续表

项目	涉及企业	访谈地点	半结构化访谈				二手资料来源	档案文件来源
			访谈岗位	访谈人次	访谈时长（分钟）	访谈字数（万字）		
沙特阿拉伯拉比格燃油电站项目	山东电力建设第三工程有限公司	江苏南京	总经理、副总经理、工程部经理	3	193	3.3	企业书籍(1)；新闻报道(2)；学术会议资料(3)	对外宣传手册(2)；管理流程(2)；认证体系(2)
埃塞俄比亚阿达玛风电一期项目	中国水电工程顾问集团有限公司	北京	总经理、副总经理、技术质量部部长	3	171	3.2	企业书籍(1)；公司网站资料(2)；学术会议资料(2)	荣誉(2)；内部刊物(2)；对外宣传手册(2)
塞尔维亚泽蒙－博尔察大桥及附属连接线项目	中国路桥工程有限责任公司	江苏南京	副总经理、工程部经理、技术质量部部长	3	188	3.3	企业报纸(2)；新闻报道(2)；公司网站资料(2)	对外宣传手册(2)；管理流程(4)；认证体系(2)
赞比亚卡里巴北-凯富峡西输变电输电线路项目	中国水利水电第十一工程局有限公司	河南郑州	项目经理、商务经理、技术部经理	3	206	3.4	企业书籍(1)；公司网站资料(2)；上市公司资料(1)	项目介绍(2)；荣誉(3)；对外宣传手册(3)；认证体系(2)

注：括号内数字为资料份数。

广泛应用的程序化扎根编码操作流程,通过开放性编码(open coding)、主轴性编码(axial coding)和选择性编码(selective coding)3个步骤对案例样本数据进行分析,归纳、提炼相关概念与范畴,从而挖掘理论内涵,以期从实践层面探索工程技术标准特征对标准海外合法性的影响。具体过程如图 3-1 所示。

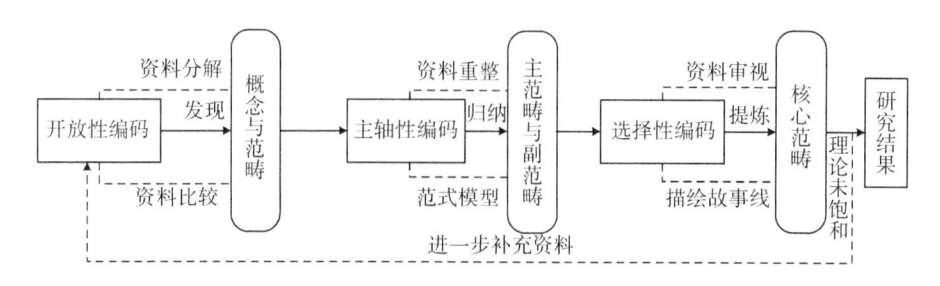

注:根据 Strauss 和 Corbin(1990)等相关文字资料整理绘制。

图 3-1 扎根理论编码过程

在进行以上研究时还要注意:应该对所有的数据进行相互验证,以确保数据的权威性和可信度。更为重要的是针对工程案例实施比较分析的方法也属于对命题进行相互印证的过程,类似于自然科学中的重复试验。当开始对数据进行陈列时,往往会出现一些自我命题思路。此时就需要重新结合搜集的资料进行理论和语境的结合,从而确定当前命题思路是否具有一定的价值。只有当此命题思路得到确认后才可以将其和实际研究的主题相结合,并试探性地提出切实有效的命题。

3.2 案例描述

本部分涉及工程技术标准特征影响中国工程技术标准海外合法性、外部环境影响因素作用下工程技术标准特征对中国工程技术标准海外合法性产生影响、内部经验因素作用下工程技术标准特征对中国工程技术标准海外合法性产生影响等内容,对其加以简单描述,为下文案例分析提供素材。案例描述见附录 A。

3.3 数据分析

3.3.1 开放性编码

在开放性编码过程中:首先,由于企业 H 与企业 I 在国别与行业上与其他企业有一定重复性,因此选取企业 A—企业 G、企业 J—企业 L 进行编码。首先,对从10个工程企业所观察和收集到的现象进行"贴标签",共得到前缀为"a"的108个"自由节点";其次,通过对"自由节点"的归纳整合,将同属一类的自由节点赋予抽象的"本土化概念",得到54个前缀为"A"的初始范畴;最后,将初始范畴做进一步抽象归属,得到27个前缀为"AA"的副范畴。开放性编码表见附录B。

3.3.2 主轴性编码

主轴性编码是在开放性编码对资料进行"贴标签"、概念化和抽象出范畴的基础上,依据Strauss和Corbin提出的"因果条件—行动或互动策略—结果"逻辑,寻找若干范畴间关系的过程。其中,"因果条件"是指一个现象产生的条件或特定情境,"行动或互动策略"是指在上述条件或特定情境下对该现象采取的处理或执行策略,"结果"则是对上述行动或互动策略产生的回应。例如,通过开放性编码形成"业主要求""初期确立机制""贯彻标准"等副范畴,可以在范式模型下整合为一条逻辑关系明确的"轴线",纳入主范畴"项目初期严格执行标准"当中:案例企业为进一步满足业主的要求,通过在项目初期确立机制,从而使标准得到贯彻。这一轴线完整描述了案例企业如何在项目初期严格执行标准的逻辑链条。

按照"因果条件—行动或互动策略—结果"这一逻辑,通过不断地归纳和挖掘,本研究最终将开放性编码得到的27个副范畴归纳为"逐步严格执行标准""项目初期严格执行标准""利用多种资源以制定新标准""通过内部协调以制定新标准""外部环境的威胁性""外部环境的不可预知性""在东道国的规制层面受认可程度""在东道国的规范层面受认可程度""在东道国的认知层面受认可程度"9个主范畴,详见表3-3。

表3-3 主轴性编码结果

主范畴	副范畴		
	因果条件	行动或互动策略	结果
逐步严格执行标准	质量需要	逐渐成为规范	形成制度
项目初期严格执行标准	业主要求	初期确立机制	贯彻标准
利用多种资源以制定新标准	适应新要求	利用多种资源	制定新标准
通过内部协调以制定新标准	适应新环境	内部协调	调整已有标准
外部环境的威胁性	环境压力	环境影响工程	环境产生威胁
外部环境的不可预知性	环境不熟悉	环境陌生感	环境难以预测

续表

主范畴	副范畴		
	因果条件	行动或互动策略	结果
在东道国的规制层面受认可程度	东道国政府压力	政府要求	政府认可程度
在东道国的规范层面受认可程度	东道国民众压力	群众习惯	民众认可程度
在东道国的认知层面受认可程度	东道国行业压力	行业惯例	行业认可程度

注：作者根据扎根理论整理。

3.3.3 选择性编码

选择性编码是在结构化处理范畴与范畴间关系基础上，以"故事线"形式将在开放性编码和主轴性编码基础上发展出的范畴，进一步整合到一个可以涵盖全部核心现象的简明理论框架中，进而分析、提炼出能集中反映所有主范畴的"核心范畴"，并发掘核心范畴间关系的过程。

将已有研究成果与主轴性编码得到的 9 个主范畴进行比较分析，可发现主范畴"逐步严格执行标准""项目初期严格执行标准"反映了工程企业严格执行标准的多维层次结构。具体来看，主范畴"逐步严格执行标准"下的 3 个副范畴是对工程企业为了质量需要，在项目过程中逐步形成规范并最终制度化的过程概括；主范畴"项目初期严格执行标准"下的 3 个副范畴是对工程企业在项目初期由于业主要求而确立机制并严格贯彻的过程概括。加之，上述两个主范畴同 Lee 等对标准刚性定义的维度契合，故将"逐步严格执行标准""项目初期严格执行标准"归入"严格执行标准"这一核心范畴。

类似的，主范畴"利用多种资源以制定新标准"和"通过内部协调以制定新标准"反映了工程企业根据环境制定新标准的多维层次结构。主范畴"利用多种资源以制定新标准"下的 3 个副范畴是对工程企业为了适应新要求，通过多种资源的利用来制定新标准的过程概括；主范畴"通过内部协调以制定新标准"下的 3 个副范畴是对工程企业为了适应新环境，通过内部协调来调整已有标准的过程概括。加之，上述两个主范畴同 John、项国鹏等、Sanchez 等学者对柔性的定义维度基本吻合，故将"利用多种资源以制定新标准""通过内部协调以制定新标准"归入"根据环境制定新标准"这一核心范畴。

主范畴"外部环境的威胁性"和"外部环境的不可预知性"反映了工程企业面对的外部环境的特性。主范畴"外部环境的威胁性"下的 3 个副范畴是对外部环境压力通过影响工程进度而对工程的顺利实施产生威胁的过程概括；主范畴"外部环境的不可预知性"下的 3 个副范畴是对因工程企业对东道国的陌生环境不熟悉而造成的外部环境难以预测的过程概括。加之,上述两个主范畴同 Kohli 和 Jaworski、Sirmon 等、王玲玲等学者对环境不确定性的定义维度基本吻合,故将"外部环境的威胁性""外部环境的不可预知性"归入"外部环境的威胁性与不可预知性"这一核心范畴。

同理,主范畴"在东道国的规制层面受认可程度""在东道国的规范层面受认可程度"和"在东道国的认知层面受认可程度"反映了中国工程技术标准在东道国受认可程度的不同维度,每个主范畴下均有 3 个副范畴。其中,"在东道国的规制层面受认可程度"下的副范畴是对在东道国政府的压力下,通过完成政府的要求从而获得政府层面认可的过程的概括;"在东道国的规范层面受认可程度"下的副范畴是对在东道国民众的压力下,通过符合民众的习惯而获得民众认可的过程的概括;"在东道国的认知层面受认可程度"下的副范畴是对在东道国行业压力下,通过符合行业惯例而获得行业认可的过程的概括。加之,上述三个主范畴同徐二明等、高明瑞等学者对合法性内涵的多维复杂定义相符,故将"在东道国的规制层面受认可程度""在东道国的规范层面受认可程度""在东道国的认知层面受认可程度"归入"中国工程技术标准在东道国受认可程度"这一核心范畴。

基于选择性编码的归纳和探索,本研究故事线呈现出的基本逻辑为:案例中工程企业通过逐步严格执行标准和项目初期严格执行标准以实现严格执行标准,通过充分利用多种资源和内部协调以实现根据环境制定新标准,严格执行标准和根据环境制定新标准影响中国工程技术标准在规制、规范、认知层面的受认可程度,它们之间的关系受到外部环境的威胁性与不可预知性的影响。

3.3.4　理论饱和度检验

为有效验证扎根研究的理论饱和度,基于逐项复制和差别复制需要,本研究同样对 H 企业和 I 企业采用程序化扎根编码流程,挖掘概念与概念、范畴与范畴间的逻辑关系,以形成完整故事线。在对 2 个案例样本企业展开程序化扎根编码的过程中,上述 9 个主范畴内部并未发现新的概念维度。但需要说明的是,在对 H 企业和 I 企业进行程序化编码操作过程时,还挖掘出了"从相关方直接获取的经验"和"在实践中向相关方学习的经验"两个新主范畴,主要体现为"与东道国各利益相关者互动往来的经验"。

从案例样本的数据资料(非结构化访谈)来看,当工程企业积累了更多与东道国各利益相关者互动往来的经验时,严格执行标准和制定新标准对中国工程技术标准在规制、规范、认知层面的受认可程度的影响作用会增强。

3.3.5 认知图谱构建

综上所述，本研究过对10个案例样本的程序化扎根编码操作流程以及2个案例样本的逐项复制和差别复制实现了理论饱和，最终确立了5个核心范畴和下属的11个主范畴。至此，模型中的关系类别已发展得较为完善，案例研究认知图谱如图3-2所示。

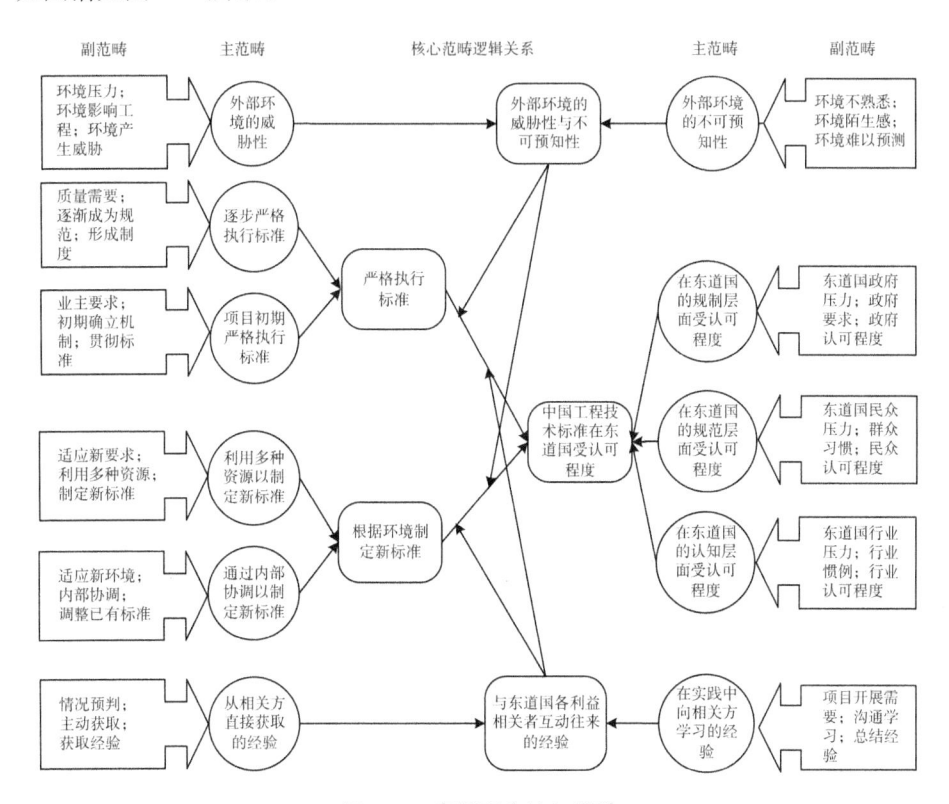

图 3-2 案例研究认知图谱

以上认知图谱可描述为：工程企业为了质量需要，在项目过程中逐步成为规范并最终制度化的过程可概括为"逐步严格执行标准"；工程企业在项目初期由于业主要求而确立机制并严格贯彻的过程可概括为"项目初期严格执行标准"。"逐步严格执行标准""项目初期严格执行标准"归入"严格执行标准"这一核心范畴。

工程企业为了适应新要求，通过多种资源的利用来制定新标准的过程可概括为"利用多种资源以制定新标准"；工程企业为了适应新环境，通过内部协调来调整已有标准的过程可概括为"通过内部协调以制定新标准"。"利用多种资源以制定新标准""通过内部协调以制定新标准"归入"根据环境制定新标准"这一核心范畴。

外部环境压力通过影响工程进度而对工程的顺利实施产生威胁的过程可概括为"外部环境的威胁性";外部环境的不熟悉而造成了工程企业在东道国的陌生感,从而造成的外部环境难以预测的过程可概括为"外部环境的不可预知性"。"外部环境的威胁性""外部环境的不可预知性"归入"外部环境的威胁性与不可预知性"这一核心范畴。

工程企业在项目前期进行情况预判,通过主动获取的方式获得经验的过程可概括为"从相关方直接获取的经验";工程企业出于项目开展的需要,通过沟通学习来总结经验的过程可概括为"在实践中向相关方学习的经验"。"从相关方直接获取的经验""在实践中向相关方学习的经验"归入"与东道国各利益相关者互动往来的经验"这一核心范畴。

东道国政府的压力下,通过完成政府的要求,从而获得政府层面认可的过程可概括为"在东道国的规制层面受认可程度";在东道国民众压力的情境下,通过符合民众的习惯而获得民众认可的过程可概括为"在东道国的规范层面受认可程度";在东道国行业压力下,通过符合行业惯例而获得行业认可的过程可概括为"在东道国的认知层面受认可程度"。"在东道国的规制层面受认可程度""在东道国的规范层面受认可程度""在东道国的认知层面受认可程度"归入"中国工程技术标准在东道国受认可程度"这一核心范畴。

在此基础之上可得到一条更为完整的逻辑故事线:工程企业通过逐步严格执行标准和项目初期严格执行标准以实现严格执行标准,通过充分利用多种资源和内部协调以实现根据环境制定新标准,严格执行标准和根据环境制定新标准影响中国工程技术标准在规制、规范、认知层面的受认可程度,它们之间的关系受到外部环境的威胁性与不可预知性的影响。同时,它们之间的关系还受到由从相关方直接获取的经验和在实践中向相关方学习的经验组成的与东道国各利益相关者互动往来的经验的影响。

3.4　命题的提出与讨论

3.4.1　命题的提出

3.4.1.1　范畴维度划分的命题提出

在赞比亚卡里巴北-凯富峡西输变电线路项目中,中国水利水电第十一工程局有限公司鉴于中国国内原材料供应商以及生产商与国外的要求很难统一,尤其是中国国内钢板厚度标准与欧洲钢板厚度标准存在着不小的差异,因此要求生产厂家和原材料供应商逐步与国际标准接轨,继而严格执行国际标准。在沙特阿拉伯利雅得水泥公司二期项目中,中国中材国际工程股份有限公司从项目起始阶段,充分考虑沙方的要求,严格按照欧洲相关标准(即进行回填的土颗粒度应小于 75 mm,且每层回填土的实际高度大约为 300 mm),实施分层回填模式,经过洒水以及碾压使得土层变得更加密实。在每层回填土密实后,必须由第三方机构加以检测,符合要求后才可以实施新一层作业,完全符合欧洲行业标准。由此可见:

命题 1:工程企业"严格执行标准"的方式有两类:"逐步严格执行标准"及"项目初期严格执行标准"。

在沙特阿拉伯利雅得水泥公司二期项目中,一方面,中材国际工程股份有限公司大胆利用新技术、新工艺,包括过滤有害成分技术、节水降温技术、环保绿色技术、自动化控制技术及重油燃料技术等,将原料先进行预处理,去除原料的有害成分,不仅体现了绿色节能环保的项目特点,也优化了原材料的使用标准,重点加强国际标准的人员培训工作,使其可以依据国际标准实施项目设计与施工。另一方面,中材国际工程股份有限公司对内进行了产业链整合,将研发、工程设计、技术咨询与服务、设备制造、工程建设等各个分散环节,整合为一个完整的产业链,采用工程总承包模式,实施交钥匙工程。由此可见:

命题 2:工程企业"根据环境制定新标准"的方式有两类:"利用多种资源以制定新标准"及"通过内部协调以制定新标准"。

在沙特阿拉伯拉比格燃油电站项目中,沙特阿拉伯政府和业主强烈要求机组协助度过用电高峰期,并保持 500 兆瓦以上的高负荷。山东电建三公司在对机组进行了高效的局部改造和数十次实验之后,圆满完成了两个月高负荷运行的任务,受到沙特阿拉伯政府和业主的一致好评。在土耳其安伊高速铁路二期项目中,中国土木工程集团公司运用精细化管理,在质量控制上做到更加科学,对当地居民的生活影响较小,得到了当地民众的称赞。由此可见:

命题 3:"中国工程技术标准在东道国受认可程度"分为三类:"在东道国的规制层面受认可程度""在东道国的规范层面受认可程度""在东道国的认知层面受认可程度"。

在柬埔寨甘再水电站 BOT 项目中,受到多种原因的影响,当地民众对中国企业不信任,导致中国企业在征地问题上花费了更大的代价。对于中国企业来说,这就是具有不可预知性的外部环境因素。在沙特阿拉伯麦加轻轨项目中,中国铁建股份有限公司遇到了皇宫门工程的重大挑战,山高崖陡,地势险要,地质复杂,地表一层为硬度很大的花岗岩,夹层为风化岩,巨型卵石夹杂其中,承载力极差,极易造成塌方滑坡。对于中国企业来说,这就是具有重大威胁性的外部环境因素。由此可见:

命题 4:"外部环境的威胁性与不可预知性"分为两类:"外部环境的威胁性"和"外部环境的不可预知性"。

在沙特阿拉伯麦加轻轨项目中,麦加轻轨项目的咨询公司是由世界顶级的英国达汉德森公司以及德国德铁国际组成的联合体,要求中国铁建接受第三方欧美双标准追溯性的全面安全认证,使中国铁建历经坎坷,变得逐渐成熟、适应和完善,得到来自第三方认证机制颁发的安全双重认证证书,从此具有了运营实施的全部技术以及基础条件。在沙特阿拉伯拉比格燃油电站项目前期,业主不认可中国技术标准,要求使用欧美标准。山东电建三公司为了使全体员工迅速学习和掌握欧美标准,通过各种渠道收集和积累各项相关标准,最终形成了上千册的欧美标准系列库,使大家有了学习资料的来源,并主动与业主、咨询公司、分包队伍进行工作交流和互动,在实践中进一步掌握欧美标准。由此可见:

命题 5:"与东道国各利益相关者互动往来的经验"分为两类:"从相关方直接获取的经验"和"在实践中向相关方学习的经验"。

3.4.1.2 范畴间关系的命题提出

在沙特阿拉伯利雅得水泥公司二期项目中,中国中材国际工程股份有限公司为了适应欧洲标准的要求,公司加强了技术标准的转换工作和国际标准的培训工作。最终公司通过自身努力取得了 ISO9000 质量管理体系等多个相关专业的认证工作,提升了中国工程技术标准的受认可程度。又如在赞比亚卡里巴北-凯富峡西输变电线路项目中,中国工程企业严格执行标准、严把质量关,经过长期合作已经与所在国高层成为战略合作伙伴。他们对中国企业的信任程度和友好程度也逐步加深,从而使中国工程技术标准的受认可程度得到了提升。由此得出:

命题 6:工程企业严格执行标准有助于提高工程技术标准的受认可程度。

在柬埔寨甘再水电站 BOT 项目中,设计方中国电建集团西北勘测设计研究院和福建省水利水电勘测设计研究院在进行了项目的详细勘察和调研后,发现地质情况、地形情况、料源情况等与原可行性报告提供的资料有很大的差别。为了保证总投资基本可控而进行了大量的设计优化,突破了一些国内水电工程技术标准规定,从而保证了工程的顺利实施。最终得到了柬埔寨国家领导人的称赞,提高了中国工程技术标准的受认可程度。又如在沙特阿拉伯拉比格燃油电站项目中,山东电建三公司积极主动与国际化安全环境管理接轨。通过引进安全国际咨询,学习欧美企业在沙特阿拉伯的成功做法,将国际标准与公司实际管理相结合,于2001年1月成功建立了符合欧美标准国际化安全环境管理体系,为项目部安全健康环境管理工作提供了依据。从而充分展示了中国企业在国外中高端市场的过硬履约能力与良好工程总承包的形象,提高了中国工程技术标准的受认可程度。由此得出:

命题7:工程企业根据环境制定新标准有助于提高工程技术标准的受认可程度。

土耳其安伊高速铁路二期的建设项目技术难度不高,在国内仅算中等水平。然而商务方面的难度却远远超过国内任何一项工程,中国土木工程集团公司的资源调配能力与国内完全不同。国内3个月能完成的工作,在海外工程中半年都没有做完。在工人的调配方式上,国内与国际范围工人的调配方式完全是两个概念。而且护照、路费等环节对于公司来说都是不小的负担。同时企业在施工装备和材料调配方面也有显著差异。这些问题不仅影响了正常工期,而且由于商务上的摩擦,影响了国外业主及企业对中国工程技术标准的认可程度。在土耳其,外部环境给企业所带来的威胁性和不可预知性,通常使相关工程企业必须花费大量时间与精力加以适应。在这种东道国的外部环境下,中国工程企业通过严格按照相关标准执行,打造有责任的国际企业形象,从而影响中国工程技术标准在东道国的受认可程度。由此得出:

命题8:当工程企业面临诸多外部环境的威胁性与不可预知性时,工程企业严格执行标准对工程技术标准受认可程度的影响效果会产生差异。

在沙特阿拉伯麦加轻轨项目中,有一部分内容交于当地承包商以及外国分包商负责实施,当地与我国的文化差异以及对项目施工工期紧迫性认识的欠缺,给项目顺利建设带来了一定的不确定性和不可预知性,造成分包商的施工进度相对迟缓,严重影响了整体项目进度。当公司派出一部分施工人员协助其完成施工任务,针对那些大客户以及大型的分包商,则需要依据商谈形式并且签署重要的协议,以此来设立长久的协作关系,从而得到分包商和供应商的欢迎和理解,为抢工期奠定了坚实基础。这不仅保证了工程的正常进度,还避免了中国工程技术标准与当地风俗习惯的冲突,使得当地民众更认可中国工程技术标准。在这种东道国的外部环境下,中国工程企业根据东道国环境制定新标准,以克服"水土不服"的问题,从而提高中国工程技术标准在东道国的受认可程度。由此得出:

命题9:当工程企业面临诸多外部环境的威胁性与不可预知性时,工程企业根据环境制定新标准对工程技术标准受认可程度的影响效果会产生差异。

在沙特阿拉伯拉比格燃油电站项目中,业主和咨询公司非常注重以合同规定为依据,严格执行管理体系和程序,强调工作的闭环管理、文件化管理,以及工程管理重心在事前预防等。项目前期,山东电力建设第三工程有限公司项目部开展了有针对性的学习培训,加强与业主和咨询公司的紧密沟通和交流,逐渐改变自身的管理程序、优化管理流程、提高管理意识。为了使全体员工迅速学习和掌握欧美标准,项目部通过各种渠道收集和积累各项相关标准,最终形成了上千册的欧美标准系列库,使大家有了学习资料的来源。通过在项目部内部进行标准研讨、中外标准对比、标准学习竞赛等一系列有效手段,促进员工学习和掌握欧美标准。这不仅保证了工程的正常进度,还满足了当地利益相关者的现实诉求,使得当地利益相关者更认可中国工程技术标准。中国工程企业积累了大量与东道国各利益相关者互动往来的经验,严格执行标准,打造有责任的国际企业形象,从而提高中国工程技术标准在东道国的受认可程度。由此得出:

命题 10:当工程企业积累了与东道国各利益相关者互动往来的经验时,工程企业严格执行标准对工程技术标准受认可程度的影响效果会产生差异。

在沙特阿拉伯麦加轻轨项目中,项目所在地与国内存在较大的制度差异。麦加是穆斯林的圣地,中国铁建尤其需要尊重伊斯兰教的宗教习惯。麦加轻轨项目的合同工期中经历了朝觐活动,还要面对公司聘用的当地员工每日必须做的五次祷告。由于在项目前期,公司已经对当地的朝觐习俗有了深入了解,中国铁建制定了周密的计划和应急预案,把教育和严管相结合,使员工队伍管理处于可控状态。特别是对穆斯林员工的朝觐活动,经过多次研究决定,变"封堵"为"疏导"。这不仅保证了工程的正常进度,还避免了中国工程技术标准与当地风俗习惯的冲突,使得当地民众更认可中国工程技术标准。中国工程企业积累了大量与东道国各利益相关者互动往来的经验,根据东道国环境制定新标准,以克服"水土不服"的问题,从而提高中国工程技术标准在东道国的受认可程度。由此得出:

命题 11:当工程企业积累了与东道国各利益相关者互动往来的经验时,工程企业根据环境制定新标准对工程技术标准受认可程度的影响效果会产生差异。

3.4.2 命题的讨论

3.4.2.1 范畴的概念化及维度划分的讨论

在建立概念模型时,应该尽可能使用现有文献和与相关统计数据相一致的衡量方法,从而得到科学化、结构化以及编码化的数据内容。因此,需要将命题中的范畴进一步概念化,并通过与文献对话的方式讨论维度划分的合理性。

(1) 标准刚性

命题1提出,工程企业"严格执行标准"的方式有两类:"逐步严格执行标准"及"项目初期严格执行标准"。本研究使用"标准刚性"这个概念来描述企业在工程实施过程中"严格执行标准"。学者们对"标准刚性"的含义研究如下:Cyert指出企业属于一种适应性机制,主要表现为通过诸多行为规则而实施短期行为方式,将所谓的行为规则叫作标准操作程序。正是因为当前这些规则属于公司对以前所遇问题的具体解决方法,是企业的有效知识存储。因此,标准刚性的本质是按照企业的内部规章制度以及惯例形式充分协调自身利益和相关组织利益之间的联系,达到积极调动个体行为的积极性从而较好地实现目标。标准刚性意义主要涵盖以下两点:第一,标准刚性通过管理方面具有的一致性以及通用性原则,充分做到节约公司内部协调资本。当前大型企业就属于管理标准刚性实施的产物。根据美国企业管理革命相关研究,钱德勒指出应该使用一种全新工作方法去有效协调当前新经济时代企业。此种转变所具有的实质意义为小型企业转向大型企业提供了理论依据。因此,所谓标准刚性被普遍认为是减少成本、增加产量的有效预见性,并能够做到保持质量控制的有效方法。第二,充分考虑公司内部不同员工之间具有不同行为方式,使得标准刚性和客观性有着一定的关联。这里的客观性主要指的是个体行为不由某个人的意志而决定,在生产技术领域能够按照共同的计量方式、惯例以及试验标准对不同的实验数据进行分析和探讨。Berg 和 Timmermans 指出标准旨在引起"随时间和地点而变化的可比较性",标准刚性还能够当作是一种管理方法。由此可见,企业通过标准刚性达到了管理上的一致性。这与编码中"严格执行标准"本质上是一致的,因此可以使用"标准刚性"来反映企业"严格执行标准"的程度。

根据多个案例研究结果可知,在工程实践中,"严格执行标准"按照时间线可以划分为"逐步严格执行标准"与"项目初期严格执行标准"。但是,在海外市场,中国企业究竟是选择"逐步严格执行标准",还是选择"项目初期严格执行标准",主要取决于中国企业对海外东道国的了解程度以及东道国政府、公众、企业对中国工程技术标准的信任与了解程度。如果中国企业对海外东道国的政治、经济、社会、文化等有着深度了解,东道国政府、公众、企业对中国工程技术标准有充分的了解和高度的信任,那么中国企业通常会在项目初期就开始严格执行标准。相反,如果东道国政府、公众、企业对中国工程技术标准抱有极大的怀疑,那么中国企业就必须花费大量的时间与资金学习符合东道国政府、公众、企业期望的技术标准,继而逐步严格执行标准。因此在后续研究中将"严格执行标准"概念化为"标准刚性",不再对"标准刚性"进行维度划分。

(2)标准柔性

①标准柔性的内涵

命题2提出,工程企业"根据环境制定新标准"的方式有两类:"利用多种资源以制定新标准"及"通过内部协调以制定新标准"。本研究使用"标准柔性"这个概念来描述企业在工程实施过程中"根据环境制定新标准"。标准柔性源自柔性。目前,国内外学者们对"柔性"已经开展了广泛的研究。他们认为,仅仅利用企业内部资源、发挥企业主动性是不足以应对外部环境变化的,应该将企业内部资源与外部环境相结合,强调利用企业内部资源以有效适应外部环境。Nadkarni和Narayanan认为,企业柔性是构建或继续保持竞争优势的基础,可以快速进行资源部署和展开竞争行动,从而应对外部竞争环境的高频率变化。Kortmann等指出,柔性是企业通过自适应性使用资源和重新配置流程以快速响应外部环境变化的动态能力。可见,柔性体现了企业应对外界的环境变化而调整内部的能力。Chen等认为,柔性是企业改变和调整其自身使用资源的方式,建立战略选择的投资组合,以主动应对持续变化环境的能力。这与本研究编码中"根据环境制定新标准"本质上相符。因此,本研究借鉴"柔性"二字,再加入调整的对象"标准",构成了"标准柔性"这一概念。本研究将标准柔性界定为:工程企业根据已有资源与工程所在环境的场域性特征,规范和调整现有工程技术标准,以适应工程所在环境变化的能力。因此可以使用"标准柔性"来反映工程企业"根据环境制定新标准"的程度。

②标准柔性的维度划分

柔性是多维度的概念,在不同的情境下,柔性意味着不同的内容。目前,在柔性维度问题的相关研究中,最具代表性的成果是"十一维分析框架"。这种柔性维度分析框架是比较全面且系统的,对不同维度的概念和内涵的界定也是比较明确的,对科学构建企业柔性具有重要的指导意义。除此以外,柔性还有多种维度划分。比如,Vokurka等将供应链生产柔性划分为信息系统柔性、营销柔性、运营系统柔性、组织柔性以及供应柔性。Sanchez基于产品竞争的视角,将柔性划分为资源柔性和协调柔性。Zhang将柔性划分为产品柔性和协调柔性两个方面。对工程技术标准的规范和调整不仅需要工程企业有效协调内部资源,也需要工程企业有效适应所在环境的场域性。陈力田基于内外部视角,将战略柔性划分为外部战略协调柔性和内部战略协调柔性,其中,内部协调柔性是以适应内部情境为导向的,持续关注企业内部已有的资源,通过优化配置已有资源、调整已有资源链和组织制度/流程；外部协调柔性是以企业外部情境协调为导向的，持续关注外部环境的变化与差异，对外部环境的场域性要有快速且精准的反应。前者着眼于内部资源的整合，后者着眼于对外部环境的适应性，二者相辅相成。韩晨和高山行将战略柔性划分为资源柔性和协调柔性，其中，资源柔性指企业所拥有资源的柔性，表现为企业资源自身所具有的多用途、可共享性和可转化性，协调柔性体现为组织共享、转化和网络化其内部资源的能力。基于以上论述，可以使用"资源柔性"来反映工程企业"利用多种资源以制定新标准"的程度；使用"协调柔性"来反映工程企业"通过内部协调以制定新标准"的程度。由此可见，案例研究结论中探讨的资源柔性与协调柔性同现有研究情境基本一致，因此可以将标准柔性划分为两个维度，即"资源柔性"与"协调柔性"。

(3) 中国工程技术标准海外合法性

①中国工程技术标准海外合法性的内涵

命题3提出，"中国工程技术标准在东道国受认可程度"分为三类："在东道国的规制层面受认可程度"、"在东道国的规范层面受认可程度"和"在东道国的认知层面受认可程度"。本研究采用"中国工程技术标准海外合法性"来描述"中国工程技术标准在东道国受认可程度"。中国工程技术标准的提高，不仅仅体现在技术层面，也体现在提升国外政府、企业、公众对中国工程技术标准的认可程度。经过几十年的努力，中国工程技术已经获得了巨大的进步，三峡工程、南水北调工程、青藏铁路工程等令全球瞩目，极大地缩小了中国工程技术与西方发达国家工程技术的差距。但是由于历史原因，西方政府、企业、公众对中国工程技术标准一直抱有极大的敌意，不愿意彻底对中国工程技术标准放开市场。

Maurer认为，合法性的获得可使组织上级和合作伙伴对该组织认可。Pollock等认为，合法性是企业行为遵从产业规范和更大的社会期望而被广大公众认为可接受和合意的程度。Dowling和Pfeffer认为，若组织与社会价值体系间发生不可忽视的分歧，组织的合法性将不再稳固，将面临从社会中退出的风险。中国工程技术标准在中国以外地区被当地政府、企业、公众接受和支持程度与欧美工程技术标准被当地政府、企业、公众接受和支持程度的差距不断缩小，甚至在局部地区，中国工程技术标准已经取代了欧美工程技术标准。从上述内容可以看出，"中国工程技术标准海外合法性"是反映"中国工程技术标准在东道国受认可程度"的较为贴切的学术概念。

②中国工程技术标准海外合法性的维度划分

合法性并不是单一的维度，乐琦认为合法性可分为内部合法性和外部合法性。外部合法性由规制合法性、规范合法性和认知合法性三部分组成。目前，根据 Scott、高明瑞和黄义俊，以及徐二明和左娟的相关研究结果，将合法性划分为三个维度是广泛获得认可的：第一，规制合法性。主要是要求相关企业和组织必须服从政府及相关部门制定的法律法规，这是对企业是否"正确做事"的合理考察。其评判主体为政府部门相关单位或是经过权威认证的机构等，具有极强的刚性。相关企业在规制合法性的执行方面，不仅要服从相关主管部门的法律制裁，还要遵守各种相关规范及规章制度。第二，规范合法性。其主要来源包括相关道德规范、传统惯例等方面。与规制合法性的对比可以看出，规范合法性在反映社会公众对相关企业"是否正确做事"方面的判断，更加偏向于表明一个事物被社会公认价值观和道德取向的认可程度。在现实中规范合法性在来源方面具有较大的主观性，组织和企业可以通过具有权威性的第三方认证机构的认证结果来获取公众对于自身实力的认可或是借用权威认证机构的正面宣传作用来提升自身的规范合法性。例如，公众对于公共交通设施建设普遍持有积极态度，在此基础上交通设施建设方向的施工团队则具备了一定的规范合法性。第三，认知合法性。认知合法性是指在社会成员的认知和理解中，某个组织、行为、观念等被认为是合理、可接受的状态。从与规范合法性的对比可以看出，认知合法性的基础是"广泛接受"，而规范合法性强调的主要观点是符合道德和价值规范，两者并不相同。

基于以上论述，可以使用"规制合法性"来反映"中国工程技术标准获得东道国政府及相关部门的承认和接受程度"；使用"规范合法性"来反映"中国工程技术标准获得东道国公众的承认和接受程度"；使用"认知合法性"来反映"中国工程技术标准获得东道国相关企业的承认和接受程度"。因此可以将中国工程技术标准海外合法性划分为"规制合法性"、"规范合法性"和"认知合法性"。

（4）环境不确定性

命题 4 提出，"外部环境的威胁性与不可预知性"分为两类："外部环境的威胁性"和"外部环境的不可预知性"。本研究使用"环境不确定性"这个概念来描述企业在工程实施过程中"外部环境的威胁性与不可预知性"。企业面对的环境复杂多变，审视并理解环境的变化已经渐渐成为制定和应用战略的第一步，企业外部环境最显著的特点就是环境的不确定性。环境不确定性代表着与企业经营活动相关的、可觉察到的环境不稳定的程度。关于企业环境的研究，有两种主要的分析思路：一是根据环境的具体内容与主体进行研究，如经济环境、技术环境、政治环境、文化环境、自然环境以及波特的五种竞争力等；另一种是根据环境的特征，即对环境的确定性程度进行研究，如环境的动荡程度、复杂程度、竞争程度等。环境内容具有太多的个体差异性，而环境特征则具有一定程度的共同性，特征视角的研究则能实现研究的可比性与传承性，更适于学术研究拓展。对于环境不确定性的解释有着诸多观点，Robbins 将环境不确定性划分为复杂性和动态性，前者是指环境要素的数量，后者是指环境要素的变化程度。Tan 和 Litschert 认为，可以用威胁性、复杂性和动态性等维度来描述外部环境。Pfeffer 和 Salancik 描述了外部环境的六大特性：①集中性，即环境中权力和权威的分散程度；②宽松性，即关键资源的可用性和稀缺性；③相互联系性，即机构间联系的数量和模式；④矛盾性，即系统中主体目标的不统一性；⑤相互依赖性，即环境中某个机构对其他机构的影响程度；⑥不确定性，即未来环境能够准确预测的程度。环境的不确定性使企业面临的战略失败的风险加大，也使企业的规划和决策选择受到限制，因此在外部环境动荡不定的情况下，企业必须再三考虑各种可能影响战略实施效果的环境因素，以便实现企业的最终目标。由此可见，"环境不确定性"与本研究编码中"外部环境的威胁性""外部环境的不可预知性"本质上相符。

在海外市场，中国企业通常会面临诸多威胁性和不可预知性，比如东道国战乱、反华情绪升温等。环境威胁性是指对企业生存与发展起到阻碍作用的外部环境因素，环境不可预知性是指企业无法完全事先预料、识别的外部环境因素。从某种程度上说，环境威胁性和环境不可预知性通常是紧密联系的，环境威胁性因素往往具有极大的不确定性与不可预知性，环境不可预知性一般也会对企业生存与发展产生相当的威胁。因此在后续研究中将"外部环境的威胁性"和"外部环境的不可预知性"概念化为"环境不确定性"，不再对"环境不确定性"进行维度划分。

（5）国际经验

命题 5 提出，"与东道国各利益相关者互动往来的经验"分为两类："从相关方直接获取的经验"和"在实践中向相关方学习的经验"。本研究使用"国际经验"这个概念来描述企业在工程实施过程中"与东道国各利益相关者互动往来的经验"。海外市场与母国市场的市场环境有着很大的差异性，进行国际扩张的跨国企业在海外市场面临更多的不确定性和限制，需要获取和积累东道国市场经验。在东道国积累的以往经验对企业的跨国行为有重要的影响。国际经验可以有效地"桥接"距离，在特定情境中运营的经验可以弥补海外市场与母国市场间巨大差异的影响。Arslan 和 Larimo 认为，通过经验的积累跨国公司对东道国的环境更加熟悉。一方面，国际经验丰富的跨国企业由于在实践中积累了足够多的经验和知识，有能力降低与海外投资建设所涉及利益相关者的协调和沟通成本，从而更多地从国际化中获益。另一方面，丰富的国际经验有助于提升跨国公司应付复杂和动态国际环境的能力,对普遍缺乏国际市场运作经验的新兴市场企业尤为重要。根据组织学习理论,先前在海外市场的国际经验为跨国企业在东道国的管理与经营提供了必要的反馈及参考依据,使企业今后在面临相似或者相同的客观情景时,具备处理问题的能力,提高跨国企业在东道国的受认可程度。可见在国际工程承包市场中,跨国工程企业所积累的国际经验是不可或缺的,通常会起到重要的建设性作用。"国际经验"与本研究编码中"与东道国各利益相关者互动往来的经验"本质上相符。

根据多个案例研究结果可知,在工程实践中,"国际经验"按照获取来源可以划分为"从相关方直接获取的经验"和"在实践中向相关方学习的经验"。但是,在海外市场,"从相关方直接获取的经验"是"学中干","在实践中向相关方学习的经验"是"干中学",本质上都是中国企业通过自己的方式与方法获取如何满足东道国利益相关者主要诉求的相关信息和知识。因此在后续研究中将"从相关方直接获取的经验"和"在实践中向相关方学习的经验"概念化为"国际经验",不再对"国际经验"进行维度划分。

3.4.2.2 概念间关系的讨论

理论命题中范畴间关系是通过对案例进行归纳所得,尽管在案例选择、数据收集、数据分析的过程中尽量保证了研究的科学性,但由于案例数量有限,依旧存在普适性低等问题。为了降低上述质疑,本研究在范畴概念化的基础之上,通过理论命题与文献的对话,为案例研究提供进一步的理论支撑,从而得到概念间的关系。

(1) 标准刚性与标准海外合法性

命题6提出,工程企业严格执行标准有助于提高工程技术标准的受认可程度。对范畴进行概念化后可得:标准刚性对标准海外合法性有正向影响。合法性与治理成效有着极为密切的联系,治理成效是合法性外部化的结果。杜亚灵等认为,适当程度的刚性通常会起到一种保护功能,对当事企业的行为与选择加以必要的约束和限制条款,对工程项目管理绩效具有更大的直接影响。由此可见,案例研究结论中探讨的标准刚性与合法性关系虽然同现有研究情境存在一定差异,但在影响路径的整体架构上具有一致性,可视为对现有研究范式的又一有益补充。综上所述,标准刚性对标准海外合法性有正向影响。

(2) 标准柔性与标准海外合法性

命题7提出,工程企业根据环境制定新标准有助于提高工程技术标准的受认可程度。对范畴进行概念化后可得:标准柔性对标准海外合法性有正向影响。

企业合法性关系到企业的竞争优势与经营绩效。Ying 等以中国浙江省 151 家创业企业为研究对象,通过实证分析发现,和静态的普通资源相比,企业的动态能力(如战略柔性)会对国际化战略绩效产生更为积极的影响。由此可见,案例研究结论中探讨的标准柔性与合法性关系虽然同现有研究情境存在一定差异,但在影响路径的整体架构上具有一致性,可视为对现有研究范式的又一有益补充。综上所述,标准柔性对标准海外合法性有正向影响。

(3) 环境不确定性对标准刚性与标准海外合法性关系的影响

命题 8 提出,当工程企业面临诸多外部环境的威胁性与不可预知性时,工程企业严格执行标准对工程技术标准受认可程度的影响效果会产生差异。对范畴进行概念化后可得:当工程企业面对不同的环境不确定性时,标准刚性对标准海外合法性的影响会产生差异。其中,合法性与企业价值创造效果有着极为密切的联系,严格执行工程技术标准是企业重要的内部控制措施。林琳和潘琰认为,内控规范体系能够提升企业价值创造效果,并考察了不确定经营环境下内部控制与价值创造效应的关系。目前探讨环境不确定性同其他变量交互作用对企业行为变量的影响研究尚有待补充。由此可见,案例研究结论中探讨的环境不确定性在标准刚性与合法性关系的积极影响效用虽然同现有研究情境存在一定差异,但在影响路径的整体架构上具有一致性,可视为对现有研究范式的又一有益补充。综上所述,当工程企业面对不同的环境不确定性时,标准刚性对标准海外合法性的影响会产生差异。

(4) 环境不确定性对标准柔性与标准海外合法性关系的影响

命题 9 提出,当工程企业面临诸多外部环境的威胁性与不可预知性时,工程企业根据环境制定新标准对工程技术标准受认可程度的影响效果会产生差异。对范畴进行概念化后可得:当工程企业面对不同的环境不确定性时,标准柔性对标准海外合法性的影响会产生差异。组织所处的外部环境以及外部环境与组织行为间的契合度在决定组织所获得回报方面有着重要作用。Martínez-Sánchez 等基于 864 家西班牙工业企业商业策略的调查问卷,实证检验了环境(市场)动态性对相关治理措施与创新绩效关系的调节作用。Dey 等认为,在具有不确定性因素的外部环境中,制造柔性有助于企业寻求超越竞争对手的战略意图,以促进绩效的提升。Fan 等以 180 家中国制造企业为研究对象,结果显示,环境变化率显著正向调节主动性战略柔性与创新绩效的关系,而环境变化波动显著正向调节了反应性战略柔性与创新绩效之间的关系。目前探讨环境不确定性同其他变量交互作用对企业行为变量的影响研究尚有待补充。由此可见,案例研究结论中探讨的环境不确定性在标准柔性与合法性关系的积极影响效用虽然同现有研究情境存在一定差异,但在影响路径的整体架构上具有一致性,可视为对现有研究范式的又一有益补充。综上所述,当工程企业面对不同的环境不确定性时,标准柔性对标准海外合法性的影响会产生差异。

(5) 国际经验对标准刚性、标准柔性与标准海外合法性关系的影响

命题10提出,当工程企业积累了与东道国各利益相关者互动往来的经验时,工程企业严格执行标准对工程技术标准受认可程度的影响效果会产生差异。对范畴进行概念化后可得:当工程企业拥有不同的国际经验时,标准刚性对标准海外合法性的影响会产生差异。命题11提出,当工程企业积累了与东道国各利益相关者互动往来的经验时,工程企业根据环境制定新标准对工程技术标准受认可程度的影响效果会产生差异。对范畴进行概念化后可得:当工程企业拥有不同的国际经验时,标准柔性对标准海外合法性的影响会产生差异。中国企业在海外市场承包工程,是中国对外投资的直接结果。刘娟考察了累积学习经验调节作用下中国OFDI与新进入者劣势关系。目前探讨累积国际经验同其他变量交互作用对企业行为变量的影响研究尚有待补充。由此可见,案例研究结论中探讨的国际经验在标准刚性、标准柔性与合法性关系的积极影响效用虽然同现有研究情境存在一定差异,但在影响路径的整体架构上具有一致性,可视为对现有研究范式的又一有益补充。综上所述,当工程企业拥有不同的国际经验时,标准刚性对标准海外合法性的影响会产生差异;当工程企业拥有不同的国际经验时,标准柔性对标准海外合法性的影响会产生差异。

3.5　概念模型构建

首先,本文依据Strauss和Corbin提出的"因果条件—行动或互动策略—结果"逻辑,将"质量需要""贯彻标准"等27个副范畴归纳为"逐步严格执行标准""项目初期严格执行标准"等9个主范畴。其次,本文通过选择性编码,以"故事线"形式将在开放性编码和主轴性编码基础上发展出的范畴,进一步整合到一个可以涵盖全部核心现象的简明理论框架中,提炼出"严格执行标准"等5个核心范畴。最后,为了科学化、结构化以及编码化的数据内容,将得到的范畴进一步概念化,获得"标准刚性"、"标准柔性"、"环境不确定性"、"国际经验"和"中国工程技术标准海外合法性"等概念。由于以上5个概念均有明确的概念界定和科学的衡量指标,因此可选取这5个概念构建工程技术标准特征对标准海外合法性影响的概念模型。如图3-3所示。

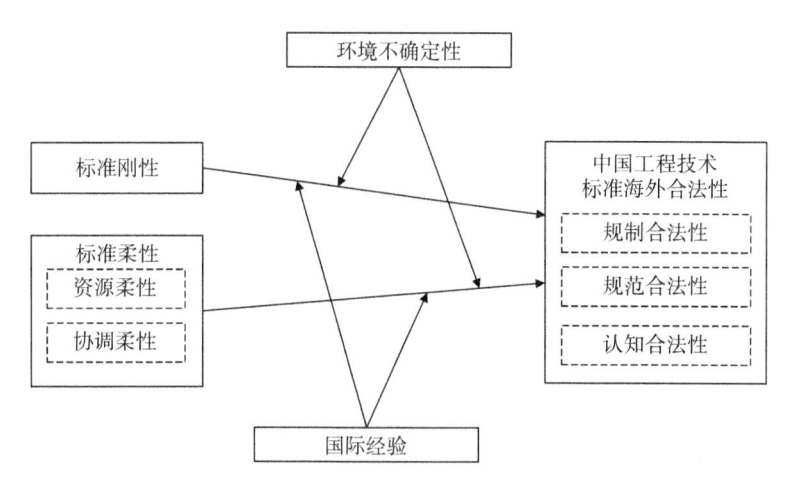

图 3-3　工程技术标准特征对标准海外合法性影响的概念模型

在此概念模型中,标准刚性、标准柔性直接影响了标准海外合法性;标准柔性分为资源柔性和协调柔性。当工程企业面对不同的环境不确定性时,标准刚性、标准柔性对标准海外合法性的影响会产生差异;当工程企业拥有不同的国际经验时,标准刚性、标准柔性对标准海外合法性的影响会产生差异。

3.6　本章小结

本章通过探索性案例研究的方式,研究了 8 个海外工程项目,涉及 12 个中国工程企业。通过开放性编码、主轴性编码和选择性编码的方式提出了相关理论命题。同时,将理论命题所涉及的范畴进行概念化,包括标准刚性、标准柔性、环境不确定性、国际经验和中国工程技术标准海外合法性,并对概念间的关系进行了讨论。最终形成了基于环境不确定性和国际经验的工程技术标准特征对标准海外合法性影响的概念模型,为第四章的假设提出奠定了基础。

第四章 研究假设提出与理论模型构建

由第三章的概念模型可知,标准刚性、标准柔性直接影响中国工程技术标准海外合法性。同时,标准柔性和工程技术标准海外合法性都不是单一维度。标准柔性划分为资源柔性和协调柔性,工程技术标准海外合法性划分为规制合法性、规范合法性、认知合法性。基于此,首先提出工程技术标准特征对标准海外合法性影响的研究假设,随后在研究假设的基础上构建本研究的理论模型。

4.1 工程技术标准特征对标准海外合法性直接影响假设提出

4.1.1 标准刚性与标准海外合法性

4.1.1.1 技术标准刚性与标准海外合法性

经过几十年的发展,中国工程企业摸索了一套比较完整的技术规范体系,形成了区别于其他国家的技术标准体系,这是中国工程企业自身技术特色与技术优势的集中体现。一方面,严格执行、落实技术标准是整个工程质量的重要保证;另一方面,整个工程质量是中国工程技术标准的具体产物。高质量的工程离不开对相关技术标准的严格执行与落实,体现出中国工程技术标准的可行性与权威性。大批严格执行、落实技术标准的高质量工程才能逐步促使工程所在国相关政府部门重视中国工程技术标准,让他们更为深刻地体会到中国工程技术标准与欧美技术标准间的差异性。只有当工程所在国的相关政府部门充分认识到中国工程技术标准对提高相关工程质量的重要作用,他们才会对中国工程技术标准产生更多的认可。经过一段时间的实践积累,工程所在国的相关政府部门才有可能通过立法形式确立中国工程技术标准的权威性与合法性,将中国工程技术标准进一步推而广之,最终取代欧美技术标准,成为其他工程企业施工的重要规范。由此可见,技术标准刚性会对规制合法性产生积极的影响。

工程与东道国公众的生产生活有着密切的联系。对工程技术标准的严格执行与落实不仅关系到整个工程的质量,更决定着相关工程为当地公众提供的产品或服务的品质。公众对中国工程技术标准的认可程度甚至会直接影响到当地政府对中国工程技术标准的态度。大批严格执行、落实技术标准的高质量工程才能逐步促使工程所在国的公众重视中国工程技术标准,让他们亲身体验到中国工程技术标准的巨大优越性。工程是否成功需要通过相关社会公众的认可程度来表现。只有当工程所在国的公众充分认识到中国工程技术标准对提高他们生产生活质量的重要作用,他们才会更多地认可中国工程技术标准。规范合法性反映了社会公众对相关企业"是否正确做事"方面的判断,对工程技术标准的严格执行与落实不仅减少了工程企业可能存在的偷工减料和与施工场地周围环境与人的冲突问题,也可以在工程所在国形成品牌效应,增加社会公众对中国工程技术标准的认可。由此可见,技术标准刚性会对规范合法性产生积极的影响。

对于当地企业来说,海外工程可能在它们的上下游产业链中扮演者重要的角色。对工程技术标准的严格执行与落实不仅关系到整个工程的质量,更决定着当地企业与整个工程的无缝链接。大批严格执行、落实技术标准的高质量工程才能逐步促使工程所在国的当地企业重视中国工程技术标准,让他们更深刻地感知到与中国工程技术标准精密对接的巨大优势与必要性。对工程技术标准的严格执行与落实增强了标准在行业内部的适用性,更容易为其他企业模仿和接受。由此可见,技术标准刚性会对认知合法性产生积极的影响。基于以上论述,本研究提出相关假设:

假设1:技术标准刚性对标准海外合法性有正向影响。

假设1a:技术标准刚性对规制合法性有正向影响;

假设1b:技术标准刚性对规范合法性有正向影响;

假设1c:技术标准刚性对认知合法性有正向影响。

4.1.1.2 管理标准刚性与标准海外合法性

管理标准涉及事物的处理方法、工作程序和规章制度等。工程建设日趋复杂,分工趋于精细化,对工程管理工作提出了更高的要求。生产失调、管理无序会造成窝工、浪费、内耗等消极现象,进而抵消先进的技术标准所带来的优势,导致企业成本上升,经济效益受损,甚至影响国家形象。可见,管理标准在工程建设过程具有十分重要的作用,工程企业必须予以同等的重视。

中国工程企业目前已经形成了一套比较完整、科学的管理标准体系,对工程建设的工作程序和规章制度有着明确的规定,是海外工程质量和实现技术标准优势的重要保证。虽然新兴市场企业具有成本优势,但相对较差的管理能力、技术水平、质量管控、品牌信誉和营销渠道等都增加了企业处理跨国管理问题的成本,但严格执行、落实管理标准有助于将先进技术成果固化成标准并推广标准,是将先进技术标准转化为高质量工程的重要保证。高质量的工程离不开对相关管理标准的严格执行与落实,体现出中国企业管理标准的可行性与权威性。高质量工程建设所体现出的管理标准,是技术标准落实的关键所在,具有明显的"程序正确",可以逐步促使工程所在国相关政府部门不仅关注到中国工程的技术标准,也开始重视中国工程的管理标准,从而显示出中国工程技术标准与欧美工程技术标准间的区别与优势。只有当工程所在国的相关政府部门充分认识到中国工程的管理标准对提高相关工程质量的重要作用,他们才会给予中国工程的管理标准更多的赞许和认可,打破他们对欧美工程企业标准的迷信。经过一段时间的实践积累,工程所在国的相关政府部门才有可能通过立法形式确立中国工程的管理标准在当地的权威性与合法性,将中国工程的管理标准进一步推而广之。由此可见,管理标准刚性会对规制合法性产生积极的影响。

　　工程与工程所在国公众的生产生活是息息相关的。严格执行与落实工程的管理标准不仅直接影响到技术标准的实施效果乃至整个工程的质量,更影响到当地公众对相关工程的接受程度。科学的管理标准可以有效协调各部门的工程进度,有序推进工程建设,提升管理效率。从工程管理角度来说,严格执行、落实管理标准确保整个工程的质量,逐步促使工程所在国的公众关注到中国工程企业的管理规范、工作程序和规章制度,让他们亲身体会到管理标准的现实作用和卓越性,感受到中国工程标准的特殊性。只有当工程所在国的公众充分认识到中国工程企业管理规范、工作程序和规章制度在保障工程建设质量的重要作用,他们才会更多地认可中国企业所使用的工程标准。对管理标准的严格执行与落实不仅能够消除窝工、浪费、内耗等消极现象,提升管理效率,保证工程建设的质量,也可以在工程所在国形成品牌效应,增加社会公众对中国工程标准的认可,将中国工程标准的权威性与合法性深植于当地公众的心中。由此可见,管理标准刚性会对规范合法性产生积极的影响。

　　对于当地企业来说,中国海外工程既离不开当地上下游企业的支持,也影响着当地上下游企业的发展。对管理标准的严格执行与落实不仅关系到整个工程的质量,也可以体现出中国工程企业的现代化与规范化。只有严格执行、落实管理标准,才能逐步促使工程所在国的当地企业重视管理标准的重要作用,让他们更深刻地体会到企业管理规范化、现代化的积极作用,并认识到与中国工程企业合作对其正规化发展的重要意义。由此可见,管理标准刚性会对认知合法性产

生积极的影响。基于以上论述,本研究提出相关假设:

假设 2:管理标准刚性对标准海外合法性有正向影响。

假设 2a:管理标准刚性对规制合法性有正向影响;

假设 2b:管理标准刚性对规范合法性有正向影响;

假设 2c:管理标准刚性对认知合法性有正向影响。

4.1.1.3 工作标准刚性与标准海外合法性

工作标准是指对标准化领域中需要协调统一的工作事项(尤其是指工作岗位职责、作业程序、运行操作要求)所制定的标准,主要指在执行相应技术标准和管理标准时与具体工作事项有关的统一规定。工作标准体系是整个标准化系统的一大子体系,是技术标准体系和管理标准体系的落脚点和承载平台,体现了对技术标准和管理标准中各项要求的分解。可见,工作标准在工程建设过程具有十分重要的作用,工程企业必须予以同等的重视。

工作标准不仅对岗位相关信息、工作关系、岗位职责与工作权限、工作内容与考核标准等(如学历、培训、工作经验、技能与能力、个性与品质、从业资质、身体要求等)做了规定,而且详细阐明了从事本岗位的职业资格和岗位能力素质要求(包括知识,如通用知识、技术基础知识、专业知识等;能力,如操作能力、通用能力、专业技能等;态度/素养,如工作态度、职业素养等)。中国工程企业严格执行、落实工作标准,才能够科学确定"人与岗位"的关系,选拔符合岗位能力要求的优秀员工,精确考核岗位绩效,从而保证整个工程建设的质量,提高工程的推进效率,实现各项技术标准。严格工作标准所带来的高质量工程体现出中国企业工作标准的可行性与权威性,可以逐步促使工程所在国相关政府部门不仅关注到中国工程的技术标准,也会开始重视中国工程的工作标准。严格执行、落实工作标准既体现出中国工程企业高度的责任心,也彰显出中国工程技术标准与欧美工程技术标准间在价值观上的差异性。只有当工程所在国的相关政府部门充分认识到员工素质、员工培养等操作层面对相关工程质量所起到的重要作用,他们才会真正认识到中国工程标准的全面性,从而给予中国工程的工作标准更多的赞许和认可。经过一段时间的实践检验,工程所在国的相关政府部门才有可能通过立法形式确立和维护中国工程的工作标准在当地的权威性与合法性,甚至将中国工程企业所实行的工作标准树立为其他工程企业的效仿标杆。由此可见,工作标准刚性会对规制合法性产生积极的影响。

每个工程都不是孤立存在的,势必会对工程所在国公众的生产生活产生或大或小的影响。严格执行与落实工程的工作标准不仅直接关系到科学的"人与岗位"匹配关系,更会影响到整个工程的质量以及当地公众对相关工程的认可程度。从工程管理角度来说,严格执行、落实工作标准意味着中国工程企业在人才选拔和人才培养等软实力层面具有很大的理念优势和实践经验,可以促使工程所在国的公众关注到中国工程企业在人才选拔和人才培养等软实力层面的巨大作用和卓越性,意识到工作标准对整个中国工程标准体系的特殊意义。只有当工程所在国的公众充分认识到人才选拔和人才培养等软实力层面对保障工程建设质量的重要作用,他们才会更多地认可中国企业所使用的工作标准。对工作标准的严格执行与落实不仅能够消除"能不配位""消极怠工""培训滞后"等负面现象,提高员工的主动性与积极性,加快工程建设的进度,保证工程建设的质量,也可以在工程所在国形成品牌效应,增加社会公众对中国工程标准的认可(尤其是对中国工程建设人才的认可),将中国工程标准的权威性与合法性深植于当地公众的心中。由此可见,工作标准刚性会对规范合法性产生积极的影响。

对于当地企业来说,中国海外工程无法独立于当地上下游企业链之外,势必会对当地上下游企业的发展产生或大或小的影响。工作标准体系结构的合理确定理顺了决策层、管理层、业务人员之间的关系,确立了每个岗位在整体服务质量形成中的定位。只有严格执行、落实工作标准,才能逐步促使工程所在国的当地企业重视中国工程企业工作标准的重要作用,让他们更深刻地体会到企业管理规范化、现代化对企业发展的重要意义,并认识到与中国工程企业合作有助于其加强在员工选拔、员工培养等操作层面的具体工作。对工作标准的严格执行与落实进一步提升了当地企业员工基本素质,优化了"人与岗位"的匹配关系,增强了工作标准在行业内部的形成与推广。由此可见,工作标准刚性会对认知合法性产生积极的影响。基于以上论述,本研究提出相关假设:

假设3:工作标准刚性对标准海外合法性有正向影响。

假设3a:工作标准刚性对规制合法性有正向影响;

假设3b:工作标准刚性对规范合法性有正向影响;

假设3c:工作标准刚性对认知合法性有正向影响。

4.1.2 标准柔性与标准海外合法性

4.1.2.1 技术标准柔性与标准海外合法性

(1) 技术标准的资源柔性与标准海外合法性

中国海外工程通常具有投入资金大、建设周期长、不确定性风险频发等特点。因此没有工程所在国政府对整个工程的大力支持和中国工程技术标准的认可,中国海外工程最终是难以完成的。尤其是在亚洲、非洲、拉丁美洲等地区,相关工程通常会坐落在或经过野生动物频繁出没或生态环境脆弱的地方,这使得当地政府对相关工程在生态保护方面的技术标准上有着更为严苛的要求。当企业资源柔性较低时,企业资源具有很强的专有性,导致已有资源只能在小范围内使用,很难在新的技术中得到运用。因此,拥有一定资源柔性的工程企业会有一定的优势。一方面,经过数十年的发展,中国工程企业已经具备了雄厚的技术资源。在资源配置上拥有了更多的选择,可以在短时间内以较低的成本,按照工程所在国政府的实际需求,重新进行资源组合,以制定出更为符合实际情况的新标准,从而获得工程所在国政府的更多认可。另一方面,通过几十年海外工程建设的经验积累,中国工程企业已经具备了适应多种复杂甚至极端环境的技术资源和技术能力,可以根据工程所在国政府的具体需求,迅速重新整合工程团队成员及其技术资源,组建具有类似环境下工程建设经验的工程团队,确定符合特殊环境的技术标准,体现出新技术标准与其他国家工程技术标准的不同与优势,从而获得工程所在国政府的更多认可。由此可见,技术标准的资源柔性会对规制合法性产生积极的影响。

工程建设不可避免地会对所在地公众的生产生活产生或大或小的影响,甚至会引起当地媒体和非政府组织的重点关注。如果工程建设的相关技术标准没有符合当地公众的现实需求,通常会对工程建设过程带来很大的负面影响,甚至导致工程建设停滞。因此,资源柔性有助于工程企业获得当地民众、媒体、非政府组织的更多认可。一方面,中国工程企业利用自身多元化资源的优势,深入接触当地公众,更多地了解当地公众对相关工程技术标准的要求以及相关工程不可触碰的文化敏感问题,以便其重新进行资源组合,以制定出更为符合当地公众诉求的新标准,从而获得当地民众、媒体、非政府组织的更多认可。另一方面,中国工程企业已经具备了适应各种宗教、风俗相互交织环境的技术资源和技术能力,确定符合当地民众、媒体、非政府组织主要的技术标准,迅速重新整合工程团队成员及其技术资源,组建具有适应类似文化复杂性下工程建设经验的工程团队,体现出中国工程企业尊重当地文化差异性的态度,展现出中国工程技术与当地公众融洽相处的期望,取得符合社会公众的价值观、信仰和认知,从而获得当地公众的更多认可,为当地有关媒体以及其他机构正面宣传中国工程技术标准提供例证。由此可见,技术标准的资源柔性会对规范合法性产生积极的影响。

工程建设离不开当地上下游企业的配合与支持。如果没有当地上下游企业的密切配合,中国工程企业的运营成本可能会更高,完成工程建设的周期也会更长,削减了中国工程企业在当地的竞争力和盈利能力。因此,资源柔性有助于工程企业获得当地上下游企业的更多认可。一方面,中国工程企业利用自身多元化资源的优势,深入接触当地上下游企业,制定适宜的工程技术标准,以实现与上下游企业的对接,既可以带动当地企业的发展,促进当地经济发展与民众就业,也可以加强中国工程技术标准在当地企业的影响,从而获得当地企业的更多认可。另一方面,中国工程企业可以迅速重新整合工程团队成员及其技术资源,尽可能地寻求当地企业可以实现的工程技术标准,尽可能地吸收更多当地企业进入上下游产业链,既可以进一步将自身融入当地产业链,与当地企业形成密切的合作关系,获得当地企业的更多认可,也可以有效地缩短生产链条,降低企业工程建设的成本。由此可见,技术标准的资源柔性会对认知合法性产生积极的影响。

(2) 技术标准的协调柔性与标准海外合法性

与资源柔性相比,协调柔性更多强调的是企业内部协调机制的灵活性。一般来说,高协调柔性水平的企业会具有畅通的内部沟通渠道和机制、成熟的内部运营,以保持在资源配置与运用上的灵活性和动态性。因此协调柔性对于工程企业是非常重要的。一方面,中国工程企业可以通过内部的沟通渠道和机制,相互快速分享信息,通过充分的沟通与讨论,就工程所在国政府对工程建设的主要利益诉求(比如,是侧重于推动经济发展,还是尽可能地考虑到环境保护等其他因素)迅速达成一致意见,最终形成对新工程技术标准的基本共识,在此基础上,将新工程技术标准运用到工程建设中,从而不触碰当地法律法规的底线,获得当地政府更多的认可;另一方面,中国工程企业可以通过成熟的内部运营,打破正规工作程序,挑选更为熟悉工程所在国法律法规的员工,组建新的工程建设团队,因时制宜、因地制宜,有针对性地调整工程技术标准,从而获得当地政府更多的认可。Clark 和 Gilbert 认为,协调柔性有利于打破原有流程,开发新流程,保证技术和市场知识的实时互动与共享,进而促进技术能力和市场能力。由此可见,技术标准的协调柔性会对规制合法性产生积极的影响。

当地公众既是工程建设的直接获益者,也是工程建设的评价者。他们对工程建设的评价不仅会影响到当地政府对相关工程的态度,也会对工程建设的进度产生直接的影响。比如在缅甸,密松水电站的建设因当地民众反对而搁置。因此,协调柔性有助于工程企业获得当地民众、媒体、非政府组织的更多认可。一方面,中国工程企业可以通过内部的沟通渠道和机制,充分沟通与讨论当地公众的利益诉求,迅速达成一致意见,最终形成与当地公众诉求不冲突的新工程技术标准,在此基础上,将新工程技术标准运用到工程建设中,从而获得当地公众更多的认可;另一方面,中国工程企业可以通过成熟的内部运营,打破正规工作程序,从各个部门临时挑选更为熟悉工程所在国风俗习惯、宗教文化等方面的员工,组建新的工程建设团队,集中讨论当地公众可能存在的利益诉求以及可能出现的抵制行为,有针对性地调整工程技术标准,从而获得当地公众更多的认可。由此可见,技术标准的协调柔性会对规范合法性产生积极的影响。

中国工程企业可以通过成熟的内部运营,打破正规工作程序,从各个部门临时挑选更为熟悉工程所在国上下游企业的员工,集中讨论当地上下游企业的实际能力以及对整个工程的适应性,有针对性地调整工程技术标准,从而获得当地上下游企业更多的认可。由此可见,技术标准的协调柔性会对认知合法性产生积极的影响。基于以上论述,本研究提出假设:

假设4:技术标准柔性对标准海外合法性有正向影响。

假设4a:技术标准的资源柔性对规制合法性有正向影响;

假设4b:技术标准的资源柔性对规范合法性有正向影响;

假设4c:技术标准的资源柔性对认知合法性有正向影响;

假设4d:技术标准的协调柔性对规制合法性有正向影响;

假设4e:技术标准的协调柔性对规范合法性有正向影响;

假设4f:技术标准的协调柔性对认知合法性有正向影响。

4.1.2.2 管理标准柔性与标准海外合法性

(1) 管理标准的资源柔性与标准海外合法性

中国海外工程企业所遇到的外部环境通常是极为复杂的,尤其是在广大的亚非拉地区,既可能包括高温高寒等极端气候环境,也可能包括政变、人质劫持等极端政治环境,具有极大的不确定性。在这种外部环境下,中国海外工程企业坚持一成不变的管理标准,是完全无法在当地生存并发展的。因此,在管理标准上拥有一定资源柔性的工程企业会有一定的优势,有助于中国工程企业获得当地政府的更多认可。中国工程企业已经储备有雄厚资源,建立起完整的柔性化管理体系,为企业战略决策和日常经营提供更为多元化的管理保障,根据外部环境变化,及时调整对生产、技术、决策、质量、财务、设备等方面的管理标准要求,既满足当地政府的利益诉求,也避免触碰当地的法律红线,体现出中国工程标准的韧性和对其他国家工程技术的优势,从而获得工程所在国政府的更多认可。由此可见,管理标准的资源柔性会对规制合法性产生积极的影响。

很多工程所在国在文化、信仰、风俗等多方面与我国都有着极大的差异,甚至许多微小的文化事件都可能引发当地公众的高度警觉与反感。这些都是中国工程企业必须面对的不确定性因素。这些不确定性因素极有可能会对工程建设过程带来很大的负面影响,甚至导致工程建设停滞。因此,在管理标准上拥有一定的资源柔性,有助于中国工程企业获得当地民众、媒体、非政府组织的更多认可。由此可见,管理标准的资源柔性会对中国工程技术标准的规范合法产生积极的影响。

在管理标准上拥有一定的资源柔性,有助于工程企业获得当地上下游企业的更多认可。中国工程企业利用自身多元化资源的优势,构建柔性化管理体系,及时调整对生产、技术、决策、质量、财务、设备等方面的管理标准要求,在确保工程建设进度与质量的前提下,尽可能照顾到当地企业,将他们纳入上下游产业链中,带动当地企业共同发展,从而获得当地企业的更多认可。Joseph 和 Debrah 认为,后发企业应增强其在东道国的本地化特征,以克服来源国劣势和提升合法性。由此可见,管理标准的资源柔性会对认知合法性产生积极的影响。

(2) 管理标准的协调柔性与标准海外合法性

中国工程企业可以通过内部的沟通渠道和机制,快速获取相关信息,明确当地政府的主要诉求,通过柔性化管理体系,为企业战略决策和日常经营提供更为多元化的管理保障,及时调整对生产、技术、决策、质量、财务、设备等方面的管理标准要求,既满足当地政府的利益诉求,也避免触碰当地的法律红线,体现出中国工程标准与其他国家工程技术的韧性与优势,从而获得工程所在国政府的更多认可。由此可见,管理标准的协调柔性会对规制合法性产生积极的影响。

中国工程企业必须尊重工程所在国的文化、信仰、风俗等,许多微小的文化事件都可能引发当地公众的高度警觉与反感。这些不确定性因素极有可能会对工程建设过程带来很大的负面影响,甚至导致工程建设停滞。因此,在管理标准上拥有一定的协调柔性,有助于中国工程企业获得当地民众、媒体、非政府组织的更多认可。中国工程企业可以通过内部的沟通渠道和机制,快速获取相关信息,充分沟通与讨论当地公众的利益诉求,迅速达成一致意见,通过柔性化管理体系,为企业战略决策和日常经营提供更为多元化的管理保障,及时调整对生产、技术、决策、质量、财务、设备等方面的管理标准要求,避免与当地公众诉求相抵触,从而获得当地公众的更多认可。由此可见,管理标准的协调柔性会对规范合法性产生积极的影响。

工程建设不是独立存在的,必须与当地上下游企业密切配合,才能够削减运营成本,缩短建设周期,增强中国工程企业在当地的竞争力和盈利能力。因此,在管理标准上拥有一定的协调柔性,有助于工程企业获得当地上下游企业的更多认可。中国工程企业可以通过内部的沟通渠道和机制,运用柔性化管理体系,及时调整对生产、技术、决策、质量、财务、设备等方面的管理标准要求,在确保工程建设进度与质量的前提下,尽可能照顾到当地企业,将他们纳入上下游产业链中,带动当地企业共同发展,从而获得当地企业的更多认可。由此可见,管理标准的协调柔性会对认知合法性产生积极的影响。基于以上论述,本研究提出假设:

假设5:管理标准柔性对标准海外合法性有正向影响。

假设5a:管理标准的资源柔性对规制合法性有正向影响;
假设5b:管理标准的资源柔性对规范合法性有正向影响;
假设5c:管理标准的资源柔性对认知合法性有正向影响;
假设5d:管理标准的协调柔性对规制合法性有正向影响;
假设5e:管理标准的协调柔性对规范合法性有正向影响;
假设5f:管理标准的协调柔性对认知合法性有正向影响。

4.1.2.3 工作标准柔性与标准海外合法性

(1) 工作标准的资源柔性与标准海外合法性

场域性是因地而异的,会对工程建设造成很大的影响。尤其是在高寒、高温的地区,极端气候不仅对工程的技术标准提出了更多的新要求,也对工程企业的工作标准有了更多、更高的要求。比如,在高寒、高温等地区,相关技术标准会比在气候适宜地区的技术标准更为苛刻,对参与工程建设工作人员的素质也相应更严格。尤其是极端气候条件更考验相关工作人员的身体要求、工作态度、职业素养等。因此在工作标准上拥有一定资源柔性的工程企业会有一定的优势。一方面,中国工程企业已经储备有雄厚的人才资源,在人力资源配置上拥有很多的选择。可以在短时间内以较低的成本,根据工程所在国环境,科学确定"人与岗位"的关系,以制定出更为符合实际情况的新工作标准,从而保证整个工程建设的质量,获得工程所在国政府的更多认可。另一方面,通过几十年海外工程建设的经验积累,中国工程企业已经储备有大量复合型人才,既具备扎实的技术基础,能够设计出与复杂甚至极端环境相适应的技术标准,也具备极强的耐力与意志力,以有效应对复杂气候条件对生理、心理的巨大影响。在此基础上,迅速重新整合相关人力资源,体现出中国工程标准的韧性和对其他国家工程技术的优势,从而获得工程所在国政府的更多认可。魏江和赵齐禹指出,新兴经济体跨国企业面临着来自第三国政府等管制机构的合法性正向和负向溢出。由此可见,工作标准的资源柔性会对规制合法性产生积极的影响。

工程建设不可避免地会对所在国公众的生产生活产生一定程度的影响,甚至可能会引起当地媒体和非政府组织的重点关注。很多工程所在国在文化、信仰、风俗等多方面与我国都有着极大的差异,甚至许多微小的文化事件都可能引发当地公众的高度警觉与反感。如果中国工程企业所派遣的工作人员无法适应这种文化差异,极有可能会对工程建设过程带来很大的负面影响,甚至导致工程建设停滞。因此,在工作标准上拥有一定的资源柔性,有助于工程企业获得当地民众、媒体、非政府组织的更多认可。一方面,中国工程企业利用自身多元化资源的优势,可以在工作标准上提出更多关于文化交流等层面的要求,尽可能地挑选出了解工程所在国基本国情、文化风俗、宗教信仰的工作人员,或者加强相关文化培训,防止工作人员触碰文化敏感问题,造成不必要的麻烦,从而获得当地民众、媒体、非政府组织的更多认可。另一方面,中国工程企业可以根据宗教、风俗相互交织的外部环境,确定符合当地民众、媒体、非政府组织的诉求,在岗位设计、工作权限等方面做出相应的调整,迅速重新整合工程团队成员,组建具有类似文化复杂性下工程建设经验的工程团队,甚至可以按照符合当地公众接受的习惯与方式,积极宣传中国及其工程标准,体现出中国工程企业尊重当地文化差异性的态度,从而获得当地公众的更多认可。由此可见,工作标准的资源柔性会对规范合法性产生积极的影响。

当地上下游企业是中国工程企业产业链的重要组成部分。中国工程企业只有与当地上下游企业开展密切配合,才能够有效降低运营成本,缩短工程建设周期,进而增加中国工程企业在当地的竞争力和盈利能力。当企业资源柔性较低时,企业资源具有很强的专有性,导致已有资源只能在小范围内使用,很难在新的技术中得到运用。因此在工作标准上拥有一定的资源柔性,有助于中国工程企业获得当地上下游企业的更多认可。由此可见,工作标准的资源柔性会对认知合法性产生积极的影响。

(2) 工作标准的协调柔性与标准海外合法性

灵活的内部协调机制是企业机动应对外部环境复杂性的重要保证。一般来说,具有高协调柔性水平的企业通常会具有成熟的内部运营,以保持在"人岗匹配"上的灵活性和动态性。因此,在工作标准上拥有一定协调柔性的工程企业会有一定的优势。中国工程企业可以通过内部的沟通渠道和机制,通过充分的沟通与讨论,全面分析工程所在国的场域性,就岗位设计、职责与工作权限、工作内容、人员素质要求等迅速达成一致意见,最终形成对新工作标准的基本共识。在此基础上将新工作标准运用到工程实践中,促成"人岗匹配"的最优解,组建新的工程建设团队,因时制宜、因地制宜,既能够保证工程建设的顺利推进,也可以尽量避免与当地法律法规相抵触,从而获得当地政府的更多认可。由此可见,工作标准的协调柔性会对规制合法性产生积极的影响。

当地公众虽然不是工程建设的直接参与者,但依然会对工程建设产生很大的影响。一方面,当地公众可以通过舆论影响到当地政府对相关工程的态度;另一方面,当地公众可以直接干预工程建设进度。因此,在工作标准上拥有一定协调柔性的工程企业会有一定的优势,有助于工程企业获得当地民众、媒体、非政府组织的更多认可。一方面,中国工程企业可以通过内部的沟通渠道和机制,充分沟通与讨论当地公众的利益诉求,迅速达成一致意见,从各个部门临时挑选更为熟悉工程所在国风俗习惯、宗教文化等方面的复合型人才,组建新的工程建设团队,集中讨论当地公众可能存在的利益诉求以及可能出现的抵制行为,有针对性地加以应对,从而获得当地公众的更多认可;另一方面,中国工程企业可以通过成熟的内部运营,尽可能调整工作标准,使岗位设计、员工素质、岗位培训等适应工程所在国的复杂环境,在复杂乃至极端环境下最大限度地保证工程建设效率和工程建设质量,从而获得当地公众的更多认可。由此可见,工作标准的协调柔性会对规范合法性产生积极的影响。

工程建设不是独立存在的,需要大量相匹配的上下游企业。如果没有当地上下游企业的密切配合,中国工程企业的运营成本可能会更高,完成工程建设的周期也会更长,削减了中国工程企业在当地的竞争力和盈利能力。中国工程企业可以通过内部的沟通渠道和机制,在充分沟通与讨论当地上下游企业概况(包括企业规模、企业技术实力等)的基础上,进一步优化"人与岗位"的匹配关系,增强工作标准在行业内部的形成与推广,尤其是在同行业中塑造中国工程企业工作标准的权威性,逐步打破对欧美工程标准的迷信,形成必要的话语权,从而带动上下游企业的发展,使当地企业更多地认可中国工程企业工作标准。由此可见,工作标准的协调柔性会对认知合法性产生积极的影响。基于以上论述,本研究提出假设:

假设6:工作标准柔性对标准海外合法性有正向影响。

假设6a:工作标准的资源柔性对规制合法性有正向影响;

假设6b:工作标准的资源柔性对规范合法性有正向影响;

假设6c:工作标准的资源柔性对认知合法性有正向影响;

假设6d:工作标准的协调柔性对规制合法性有正向影响;

假设6e:工作标准的协调柔性对规范合法性有正向影响;

假设6f:工作标准的协调柔性对认知合法性有正向影响。

综上所述,工程技术标准特征对标准海外合法性直接影响的研究假设如图4-1所示。

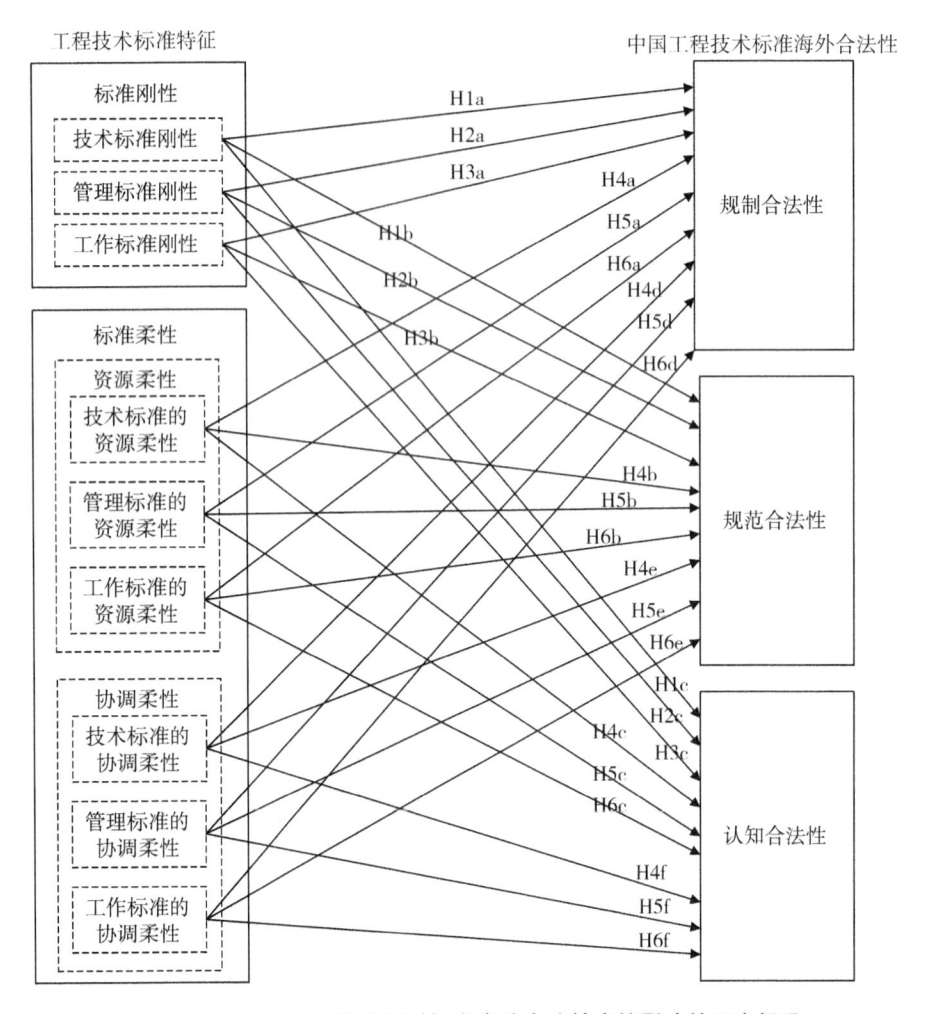

图 4-1 工程技术标准特征对标准海外合法性直接影响的研究假设

4.2 环境不确定性调节效应的假设提出

环境不确定性是由于企业决策所需的信息与可用信息之间存在差距而导致的,代表着企业所面临外部力量变化的复杂性与动态性。任何企业都不是脱离外部环境而独立存在的,中国工程企业在海外必须面对比较陌生的东道国市场环境。由于目前中国工程企业开辟大多数海外市场处于亚非拉等地区,因此中国工程企业在这些地区面临着远比国内市场更多的不确定性。在长时间的融合与适应过程中,中国工程企业必须对东道国环境的不确定性做出必要的回应,而这种战略性的变化与发展必然需要反映在中国工程技术标准海外合法性上。

Schreyogg 和 Sydow 认为,在未预料到的情境和时间压力下,企业需要通过敏捷和超前行动性地调整自己的战略方向。为了探究环境不确定性会对工程技术标准特征与标准海外合法性关系产生怎样的影响,仍然需要深入环境不确定性的调节作用,进行理论分析与实证检验。

4.2.1 环境不确定性对标准刚性与标准海外合法性关系的调节作用

在具有高度不确定性的东道国,严格执行、落实技术标准虽然可以有效地保证整个工程的进度与质量,体现出中国工程技术标准的可行性与权威性,但是这并不意味着中国工程技术标准就可以成为工程所在国政府认可的操作规范。首先,在经济环境高度不确定的东道国,混乱的市场经营环境和不可持续的经济增长势头无法为中国工程技术标准的推广提供足够的市场需求,当地政府不具备认知到中国工程技术标准的基本条件;其次,在政治环境高度不确定的东道国,局势动荡,政权更迭频繁,当地政府易受到欧美发达国家的干涉与挑拨,无法为中国工程技术标准的推广提供稳定的外部环境;再次,在宗教矛盾激烈的东道国,不同宗教派别无法形成统一的认知,使当地政府无力大规模接受和推广中国工程技术标准。环境不确定性意味着缺乏信息或者没有能力区别相关和不相关的数据,个体没有能力精准地评估和预测外部环境的状态和发展趋势。在具有高度不确定性的环境下,东道国政府将主要精力集中于解决环境不确定性所带来的冲突与风险,无法深入认识到中国工程技术标准的权威性,导致中国工程技术标准难以获得当地政府的进一步认可。环境不确定性对中国工程技术标准权威性的负面影响远远超过标准刚性所带来的高质量和快进度对中国工程技术标准权威性的正面影响。由此可见,环境不确定性会负向调节标准刚性与规制合法性间的关系。换言之,环境不确定性越大的东道国,标准刚性对规制合法性的正向影响越小。

中国工程技术标准难以成为工程所在国公众认可的操作规范。首先,在经济环境高度不确定的东道国,混乱的市场经营环境和不可持续的经济增长势头无法形成稳定的市场需求,难以使当地公众具备主动识别和认知中国工程技术标准优势的动力与动机。以拉丁美洲国家为例,自 20 世纪 90 年代以来,拉美各国政府纷纷采取新自由主义发展模式,主张减少政府对经济活动的直接干预,放宽对外资的监管和限制,大力推行国有企业私有化、金融贸易自由化,导致拉美不少国家出现金融体系和抗风险能力弱、基础设施建设落后、经济增长乏力、收入分配不公、贫富差距加大、社会治安恶化等一系列经济和社会问题。其次,在政治环境高度不确定的东道国,局势动荡,政权更迭频繁,当地公众无暇顾及欧美工程技术标准与中国工程技术标准的区别,难以为中国工程技术标准的推广提供稳定的外部环境;再次,在宗教矛盾激烈的东道国,纯粹的技术标准取舍问题可能会被相关利益集团泛政治化与宗教化,使当地公众把是否选取中国工程技术标准看作不同宗教派别的严格区分,极大地削弱了具有宗教倾向的广大公众对中国工程技术标准的认可。多种环境不确定性的相互交织,使东道国的公众无法深入认识到中国工程技术标准的权威性,导致中国工程技术标准难以获得当地公众的认可。王卓甫等认为,海外重大基础设施投资项目面临着巨大的社会文化风险,包括项目所在地形式各异的社会环境、宗教信仰、风俗习惯以及公众素质等方面对项目建设和运营的负面影响,特别是那些在项目决策时没有被识别的负面因素的影响。环境不确定性越大的东道国,标准刚性对规范合法性的正向影响越小。

中国工程技术标准难以成为工程所在国企业认可的操作规范。首先,在经济环境高度不确定的东道国,混乱的市场经营环境和不可持续的经济增长势头使当地企业难以真正融入中国工程企业的产业链中,丧失了主动识别和认知中国工程技术标准优势的动力与动机。查锐和李小刚认为,当前部分非洲国家正面临严重的政府财务危机,大多数公共债务已达到甚至超过经济产出的一半,政府无力也不愿再大规模举债开发大型基础设施项目。其次,在政治环境高度不确定的东道国,局势动荡,政权更迭频繁,当地企业难以生存,更无法集中精力来考察和认可中国工程技术标准,妨碍了中国工程技术标准推广。再次,在宗教矛盾激烈的东道国,纯粹的技术标准取舍问题可能会被相关利益集团泛政治化与宗教化,任何标准的取舍都可能被看作对既有宗教利益集团的背叛,使当地企业不敢轻易使用中国工程技术标准替代欧美工程技术标准,以避免可能由此带来的风险,这也严重削弱了当地企业对中国工程技术标准的认可度。环境不确定性使东道国各利益相关者无法深入认识到中国工程技术标准的权威性,导致中国工程技术标准难以获得当地利益相关者的认可。环境不确定性对中国工程技术标准权威性的负面影响远远超过标准刚性所带来的高质量和快进度对中国工程技术标准权威性的正面影响。环境不确定性越大的东道国,标准刚性对认知合法性的正向影响越小。

综上可知,标准刚性分为技术标准刚性、管理标准刚性、工作标准刚性。基于以上论述,本研究提出相关假设:

假设7:环境不确定性会对技术标准刚性与标准海外合法性关系产生负向调节作用。

假设7a:环境不确定性会对技术标准刚性与规制合法性关系产生负向调节

作用；

假设 7b：环境不确定性会对技术标准刚性与规范合法性关系产生负向调节作用；

假设 7c：环境不确定性会对技术标准刚性与认知合法性关系产生负向调节作用。

假设 8：环境不确定性会对管理标准刚性与标准海外合法性关系产生负向调节作用。

假设 8a：环境不确定性会对管理标准刚性与规制合法性关系产生负向调节作用；

假设 8b：环境不确定性会对管理标准刚性与规范合法性关系产生负向调节作用；

假设 8c：环境不确定性会对管理标准刚性与认知合法性关系产生负向调节作用。

假设 9：环境不确定性会对工作标准刚性与标准海外合法性关系产生负向调节作用。

假设 9a：环境不确定性会对工作标准刚性与规制合法性关系产生负向调节作用；

假设 9b：环境不确定性会对工作标准刚性与规范合法性关系产生负向调节作用；

假设 9c：环境不确定性会对工作标准刚性与认知合法性关系产生负向调节作用。

4.2.2　环境不确定性对标准柔性与标准海外合法性关系的调节作用

环境不确定性反映了外部环境的剧烈变动程度与不可预测程度。尤其是外部环境发生剧变，打破了既有的经济社会系统，使原有的情景变得极为动态复杂，处置应急任务的规模和性质往往超出常规，整个组织承担着很大的外部压力。在具有不确定因素的外部环境中，寻找最优的技术资源配置以实现生产目标是十分具有挑战性的。因此，中国工程企业需要正确地看待并诠释环境要素，实时掌控环境的不确定性，准确地把握动态环境所赋予的良好时机。González-Benito 等认为，要对环境调节作用进行全面把握与诊断，就必须分析不同社会经济和政治监管背景下的具体现象。环境不确定性的调节作用具体体现为：环境不确定性对资源柔性与标准海外合法性关系、协调柔性与标准海外合法性关系的调节作用。

(1) 环境不确定性对标准柔性与规制合法性关系的调节作用

受限于部分欧美发达国家的政治态度和苛刻要求,中国工程企业更致力于开拓发展中国家的广大市场。但是,大多数发展中国家的市场经营环境充满着诸多的不确定性。在经济环境高度不确定的东道国,混乱的市场经营环境和不可持续的经济增长势头无法为中国工程技术标准的推广提供足够的市场保障,当地政府尚不具备为中国工程技术标准的推广提供基本条件。以非洲安哥拉为例,其油气资源和钻石储量丰富,其他产业发展相对滞后,对石油的高度依赖使安哥拉极易遭受国际石油价格波动的影响与冲击,缺乏稳定性。在宗教矛盾激烈的东道国,不同宗教派别难以形成统一的认知,使当地政府不能大规模接受和推广中国工程技术标准。

在存在高度不确定性的环境中,中国工程企业凭借雄厚的技术资源,在短时间内,按照工程所在国政府的实际需求,以较低的成本重新进行资源组合,制定出更符合实际情况的新标准,从而适应外部环境的不确定性,获得工程所在国政府的更多认可。此外,面对诸多外部风险与不确定性时,中国工程企业凭借适应多种复杂甚至极端环境的技术资源和技术能力,根据工程所在国政府的具体需求,迅速重新整合工程团队成员及其技术资源,组建具有类似环境下工程建设经验的工程团队,确定符合特殊环境的技术标准,体现出新技术标准与其他国家工程技术标准的不同与优势,从而获得工程所在国政府的更多认可。曾春影和茅宁认为,当市场竞争强度较大时,企业高层管理者需要密切关注外部环境与企业的优劣势,适时地进行战略调整。资源柔性对中国工程技术标准权威性的正面影响会抵消环境不确定性对中国工程技术标准权威性的负面影响。由此可见,环境不确定性会正向调节资源柔性与规制合法性间的关系。换言之,环境不确定性越大的东道国,资源柔性对规制合法性的正向影响越大。

在具有高度不确定性的环境下,一方面,中国工程企业可以通过内部的沟通渠道和机制,快速分享信息,通过充分的沟通与讨论,就工程所在国政府对工程建设的主要利益诉求(比如,是侧重于推动经济发展,还是尽可能地考虑到环境保护等其他因素)迅速达成一致意见,最终形成对新工程技术标准的基本共识,在此基础上,将新工程技术标准运用到工程建设中,从而不触碰当地法律法规的底线,获得当地政府更多的认可。另一方面,中国工程企业可以通过成熟的内部运营,打破常规工作程序,挑选更为熟悉工程所在国法律法规的员工,组建新的工程建设团队,因时制宜、因地制宜,有针对性地调整工程技术标准,从而获得当地政府更多的认可。祁凯和高长元认为,竞争环境的高度不确定性要求企业运营能够以最快速度适应外部市场的变化,使企业向动态化、开放式运营结构转变。协调柔性对中国工程技术标准权威性的正面影响会抵消环境不确定性对中国工程技术标准权威性的负面影响。由此可见,环境不确定性会正向调节协调柔性与规制合法性间的关系。换言之,环境不确定性越大的东道国,协调柔性对规制合法性的正向影响越大。

(2) 环境不确定性对标准柔性与规范合法性关系的调节作用

近年来,中国工程企业极力开发广大发展中国家市场,因此不可避免地要面对其市场经营环境的诸多不确定性。首先,在经济环境高度不确定的东道国,混乱的市场经营环境和不可持续的经济增长势头无法为中国工程技术标准的推广提供足够的市场保障,当地公众不具备认知到中国工程技术标准的基本条件;其次,在政治环境高度不确定的东道国,局势动荡,当地公众容易受到欧美发达国家负面宣传的影响,无法真正认识到中国工程技术标准的科学性,使中国工程技术标准的推广缺少一个稳定的外部环境;再次,在宗教矛盾激烈的东道国,当地公众对中国工程技术标准的认知陷于混乱甚至自相矛盾的状态。

在高度不确定的环境中,一方面,中国工程企业利用自身多元化资源的优势,深入接触当地公众,更多地了解当地公众对相关工程技术标准的要求以及相关工程不可触碰的文化敏感问题,以便其重新进行资源整合,以制定出更为符合当地公众诉求的新标准,从而获得当地民众、媒体、非政府组织的更多认可。另一方面,中国工程企业已经具备了适应各种宗教、风俗等相互交织的环境的技术资源和技术能力,可以确定符合当地民众、媒体、非政府组织要求的技术标准,迅速重新整合工程团队成员及其技术资源,组建具有类似文化复杂性下工程建设经验的工程团队,体现出中国工程企业尊重当地文化差异性的态度,展现出中国工程技术与当地公众融洽相处的期望,符合社会公众的价值观、信仰和认知,从而获得当地公众的更多认可。Bai 和 Sarkis 认为,在多变复杂的环境中,先进制造技术(AMT)为具有竞争力的现代工业提供了必要的支撑资源。资源柔性、协调柔性对中国工程技术标准权威性的正面影响会抵消环境不确定性对中国工程技术标准权威性的负面影响。环境不确定性会正向调节资源柔性、协调柔性与规范合法性间的关系。换言之,环境不确定性越大的东道国,资源柔性、协调柔性对规范合法性的正向影响越大。

(3) 环境不确定性对标准柔性与认知合法性关系的调节作用

在高度不确定的环境中,一方面,中国工程企业利用自身多元化资源的优势,深入接触当地上下游企业,制定适宜的工程技术标准,以实现与上下游企业的对接,这样既可以带动当地企业的发展,促进当地经济发展与民众就业,也可以加强中国工程技术标准在当地企业中的影响,从而获得当地企业的更多认可;另一方面,中国工程企业可以迅速重新整合工程团队成员及其技术资源,尽可能地寻求当地企业可以实现的工程技术标准,尽可能地吸收更多当地企业进入上下游产业链,这样可以进一步将自身融入当地产业链,与当地企业形成密切的合作关系,获得当地企业的更多认可。环境不确定性会正向调节资源柔性与认知合法性间的关系。换言之,环境不确定性越大的东道国,资源柔性对认知合法性的正向影响越大。

在存在高度不确定性的环境中,一方面,中国工程企业可以通过内部的渠道和机制,充分沟通与讨论当地上下游企业的基本情况,包括企业规模、企业技术实力等,就当地上下游企业整体的匹配程度迅速达成比较统一的认知,最终形成与当地上下游企业能力尽可能匹配的新工程技术标准,在此基础上,将新工程技术标准运用到工程建设中,从而带动上下游企业的发展,获得当地企业更多的认可;另一方面,中国工程企业可以通过成熟的内部运营,打破常规工作程序,从各个部门临时挑选更为熟悉工程所在国上下游企业的员工,集中讨论当地上下游企业的实际能力以及对整个工程的适应性,有针对性地调整工程技术标准,从而获得当地上下游企业更多的认可。环境不确定性会正向调节协调柔性与认知合法性间的关系。换言之,环境不确定性越大的东道国,协调柔性对认知合法性的正向影响越大。

综上可知,标准柔性分为技术标准柔性、管理标准柔性、工作标准柔性。基于以上论述,本研究提出相关假设:

假设10: 环境不确定性会对技术标准柔性与标准海外合法性关系产生正向调节作用。

假设10a:环境不确定性会对技术标准的资源柔性与规制合法性关系产生正向调节作用;

假设10b:环境不确定性会对技术标准的资源柔性与规范合法性关系产生正向调节作用;

假设10c:环境不确定性会对技术标准的资源柔性与认知合法性关系产生正向调节作用;

假设10d:环境不确定性会对技术标准的协调柔性与规制合法性关系产生正向调节作用;

假设10e:环境不确定性会对技术标准的协调柔性与规范合法性关系产生正向调节作用;

假设10f:环境不确定性会对技术标准的协调柔性与认知合法性关系产生正

向调节作用。

假设 11：环境不确定性会对管理标准柔性与标准海外合法性关系产生正向调节作用。

假设 11a：环境不确定性会对管理标准的资源柔性与规制合法性关系产生正向调节作用；

假设 11b：环境不确定性会对管理标准的资源柔性与规范合法性关系产生正向调节作用；

假设 11c：环境不确定性会对管理标准的资源柔性与认知合法性关系产生正向调节作用；

假设 11d：环境不确定性会对管理标准的协调柔性与规制合法性关系产生正向调节作用；

假设 11e：环境不确定性会对管理标准的协调柔性与规范合法性关系产生正向调节作用；

假设 11f：环境不确定性会对管理标准的协调柔性与认知合法性关系产生正向调节作用。

假设 12：环境不确定性会对工作标准柔性与标准海外合法性关系产生正向调节作用。

假设 12a：环境不确定性会对工作标准的资源柔性与规制合法性关系产生正向调节作用；

假设 12b：环境不确定性会对工作标准的资源柔性与规范合法性关系产生正向调节作用；

假设 12c：环境不确定性会对工作标准的资源柔性与认知合法性关系产生正向调节作用；

假设 12d：环境不确定性会对工作标准的协调柔性与规制合法性关系产生正向调节作用；

假设 12e：环境不确定性会对工作标准的协调柔性与规范合法性关系产生正向调节作用；

假设 12f：环境不确定性会对工作标准的协调柔性与认知合法性关系产生正向调节作用。

综上所述，环境不确定性的调节效应研究假设如图 4-2 所示。

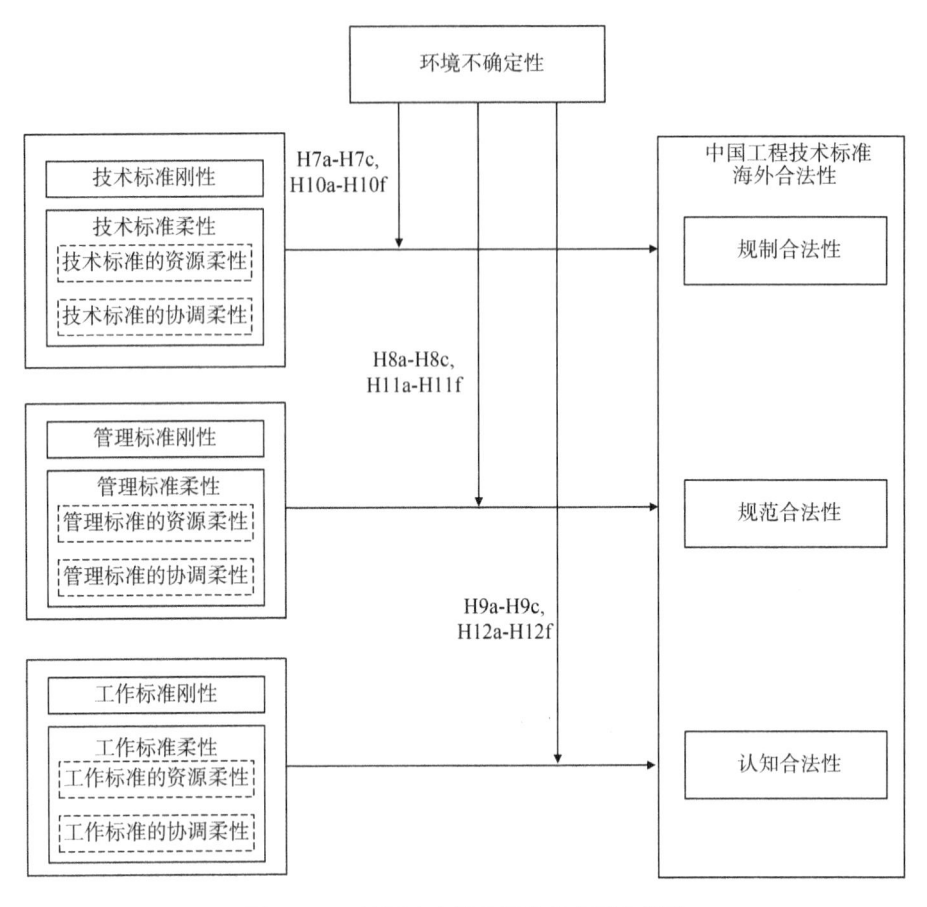

图 4-2　环境不确定性的调节效应研究假设

4.3　国际经验调节效应的假设提出

所谓国际经验,即中国工程企业在与东道国和各利益相关者交流、互动中积累的经验,其直接关系到中国工程企业对东道国(包括当地政治、经济、社会、文化等)及其利益相关者的了解程度。由于历史和人为等多种原因,各国在制度安排和制度质量上存在或大或小的差异性,这些对中国工程企业来说往往是陌生的,需要花费大量的时间与精力,积累与东道国和各利益相关者交流、互动的经验。一般来说,工程企业所拥有的国际经验越丰富,对当地的利益相关者越了解,越容易寻找到当地利益相关者所熟悉的方式与方法,使他们更加愿意认识并认可中国工程技术标准。探究国际经验会对工程技术标准特征与标准海外合法性关系产生怎样的影响,仍然需要深入了解国际经验的调节作用进行理论分析与实证检验。

4.3.1 国际经验对标准刚性与标准海外合法性关系的调节作用

在与中国文化有较大差异的国家,严格执行、落实技术标准虽然可以有效地保证整个工程的进度与质量,体现出中国工程技术标准的可行性与权威性,但是这并不意味着中国工程技术标准就可以取代欧美技术标准,成为工程所在国政府认可的操作规范。一个重要的原因就在于中国工程企业在许多发展中国家是典型的后来者。以拉丁美洲为例,其基础设施投资领域的主要参与者既有本土的龙头企业,如墨西哥美洲电信公司,也有在拉美国家发展早期进入的大型外资企业,如西班牙电信、法国苏伊士集团、美国爱依斯电力公司等,进入时间早,项目经验丰富,且与拉美国家在文化和制度方面差异相对较小,因此具有很强的竞争力。一方面,部分国家长期受到欧美政府和主流媒体的影响,对中国抱有极大的不信任感,即使默认中国工程技术标准的高质量与高水平,也不会予以更多的认可;另一方面,部分国家(尤其是亚非拉发展中国家)长期接受欧美的各类援助,所付出的代价就是其国内政治由大批亲西方的政治人物掌控,他们既不会也不可能完全抛弃欧美工程技术标准或削弱欧美工程技术标准在其国内的权威性,其目的在于维护与欧美良好的政治关系,为持续获得欧美援助奠定基础。一般来说,中国工程企业对东道国有深刻的认知,积累了大量与当地政府互动交流的相关经验,可以运用当地政府所熟悉的方式与流程推广中国工程技术标准,使当地政府逐步熟悉并接受中国工程技术标准。在这种情况下,当地政府可以通过更为熟悉的方式来了解和接受中国工程技术标准,认识到中国工程企业严格执行、落实技术标准的严谨性和权威性,从而进一步提升标准刚性所带来的高质量和快进度对中国工程技术标准权威性的正面影响。由此可见,国际经验会正向调节标准刚性与规制合法性间的关系。换言之,企业拥有的国际经验越丰富,标准刚性对规制合法性的正向影响越大。

在与中国文化有较大差异的国家,严格执行、落实技术标准虽然可以有效地保证整个工程的进度与质量,让当地公众享受到中国工程技术标准带来的高质量生活,但是这并不意味着当地公众就会完全认可中国工程技术标准的可行性与权威性,使其成为当地公众优先承认的操作规范。一方面,部分国家长期接受欧美的各类援助,其主流媒体优先选择报道欧美工程技术标准的优越性,使当地民众对中国工程技术标准抱有先天的偏见,难以在短期内对其有更多的认可,甚至可能认为中国相关工程企业的高质量成果完全是抄袭欧美工程技术标准的结果;另一方面,由于历史原因,部分国家(尤其是亚非拉发展中国家)长期受到欧美的深刻影响,尤其是其国内大批上层政治人物广泛接受西方教育,当地民众更习惯于西方国家的价值观与行为方式,潜移默化地接受欧美工程技术标准优于其他技术标准的权威性。中国工程企业可以运用当地公众所熟悉的方式与流程推广中国工程技术标准,使当地政府逐步熟悉并接受中国工程技术标准。在这种情况下,当地公众可以通过更为熟悉的方式来了解和接受中国工程技术标准,认识到中国工程企业严格执行、落实技术标准的严谨性和权威性,从而进一步提升标准刚性所带来的高质量和快进度对中国工程技术标准权威性的正面影响。由此可见,国际经验会正向调节标准刚性与规范合法性间的关系。换言之,企业拥有的国际经验越丰富,标准刚性对规范合法性的正向影响越大。

在与中国文化有较大差异的国家,严格执行、落实技术标准虽然可以有效地保证整个工程的进度与质量,增强标准在行业内部的适用性,更容易被其他企业模仿和接受,尤其是在同行业中树立标杆形象,掌握必要的话语权。但是,这并不意味着当地企业就会完全认可中国工程技术标准的可行性与权威性,使其成为当地企业优先效仿的参考标准。在这些国家,当地企业长期与欧美企业接触和合作,逐步对欧美工程技术标准的权威性产生了先天的信任,即使他们的工程质量可能无法达到欧美工程技术标准,也难以在短期内对中国工程技术标准予以更多的认可。中国工程企业积累了大量与当地企业互动交流的相关经验,可以根据当地企业最迫切的需求来推广中国工程技术标准,使其逐步熟悉并接受中国工程技术标准。在这种情况下,当地企业可以通过更为熟悉的方式来了解和接受中国工程技术标准,认识到中国工程企业严格执行、落实技术标准的严谨性和权威性,从而进一步提升标准刚性所带来的高质量和快进度对中国工程技术标准权威性的正面影响。由此可见,国际经验会正向调节标准刚性与认知合法性间的关系。换言之,企业拥有的国际经验越丰富,标准刚性对认知合法性的正向影响越大。

综上可知,标准刚性分为技术标准刚性、管理标准刚性、工作标准刚性。基于以上论述,本研究提出相关假设:

假设13:国际经验会对技术标准刚性与标准海外合法性关系产生正向调节作用。

假设13a:国际经验会对技术标准刚性与规制合法性关系产生正向调节作用;

假设13b:国际经验会对技术标准刚性与规范合法性关系产生正向调节作用;

假设13c：国际经验会对技术标准刚性与认知合法性关系产生正向调节作用。

假设14：国际经验会对管理标准刚性与标准海外合法性关系产生正向调节作用。

假设14a：国际经验会对管理标准刚性与规制合法性关系产生正向调节作用；

假设14b：国际经验会对管理标准刚性与规范合法性关系产生正向调节作用；

假设14c：国际经验会对管理标准刚性与认知合法性关系产生正向调节作用。

假设15：国际经验会对工作标准刚性与标准海外合法性关系产生正向调节作用。

假设15a：国际经验会对工作标准刚性与规制合法性关系产生正向调节作用；

假设15b：国际经验会对工作标准刚性与规范合法性关系产生正向调节作用；

假设15c：国际经验会对工作标准刚性与认知合法性关系产生正向调节作用。

4.3.2 国际经验对标准柔性与标准海外合法性关系的调节作用

（1）国际经验对标准柔性与规制合法性关系的调节作用

在与中国文化有较大差异的国家，中国工程企业可以依托储备的雄厚资源，建立完整的柔性化管理体系，为企业战略决策和日常经营提供更多元化的管理保障。中国工程企业可以及时调整生产、技术、决策、质量、财务、设备等方面的标准要求，既满足当地政府的利益诉求，也规避当地的法律红线，从而获得工程所在国政府的更多认可。但是这并不意味着中国工程企业标准就可以取代欧美工程企业标准，成为工程所在国政府认可的操作规范。其原因在于，一方面，部分国家长期受到欧美政府和主流媒体的影响，对中国抱有极大的不信任感，只关心工程质量与成本，而不在意保证工程质量、减少工程成本的隐性管理要素，甚至不认为二者之间存在必然的联系，因此不会对中国工程企业标准予以更多的认可；另一方面，部分国家长期接受欧美的各类援助，欧美企业在当地拥有广泛的影响力，甚至可能会影响到这些国家的国内政治，这就造成这些国家的上层政治人物不敢轻易开罪于欧美工程企业，无法大举强化中国工程企业标准在当地的权威性。Xu和Hitt认为,新进入企业缺乏必要的东道国市场经营管理经验累积以及相应的风险防范机制设计,当其进入新的投资领域或采取新的组织形式进入东道国市场时,由此产生的"新进入者劣势"问题格外凸显。

一般来说,中国工程企业对东道国有深刻的认知,积累了大量与当地政府互动交流的相关经验,可以运用当地政府所熟悉的管理方式与管理流程推广中国工程技术标准,使当地政府逐步熟悉并接受中国工程技术标准。在这种情况下,一方面,当地政府可以通过更为熟悉的方式来了解和接受中国工程技术标准,认识到中国工程企业根据客观情况调整标准的严谨性和权威性,从而进一步提升资源柔性对中国工程技术标准权威性产生的正面影响。冀相豹认为,已有的东道国市场管理学习经验的累积会使企业在应对东道国市场制度性障碍或限制、寻求妥善解决方案时更加游刃有余,在一定程度上对"新进入者劣势"问题有所规避。另一方面,当地政府可以通过更为熟悉的方式来了解和接受中国工程技术标准,认识到中国工程企业根据客观情况协调内部运营以调整标准的严谨性和权威性,从而进一步提升协调柔性对中国工程技术标准权威性产生的正面影响。由此可见,国际经验会正向调节标准柔性与规制合法性间的关系。换言之,企业拥有的国际经验越丰富,标准柔性对规制合法性的正向影响越大。

(2) 国际经验对标准柔性与规范合法性关系的调节作用

在与中国文化有较大差异的国家,中国工程企业利用自身多元化资源的优势,可以在标准上提出更多关于文化交流等层面的要求,建立起适应多元文化风险的柔性化管理体系。中国工程企业可以及时调整对生产、技术、决策、质量、财务、设备等方面的标准要求,避免触碰文化敏感问题,从而获得当地民众、媒体、非政府组织的更多认可。但是,这并不意味着当地公众就会完全认可中国工程企业标准的可行性与权威性,让其成为当地公众优先承认的操作规范。由于历史原因,很多国家长期接受欧美的深刻影响,尤其是其国内大批上层政治人物广泛接受西方教育,使当地民众更习惯于西方国家的价值观与行为方式,潜移默化地接受欧美工程企业标准优于其他技术标准的权威性。

中国工程企业可以运用当地公众熟悉的管理方式与管理流程推广中国工程技术标准,使当地政府逐步熟悉并接受中国工程技术标准。Prashantham和Birkinshaw认为,后发跨国公司积累足够的与不同类型的利益相关者合作和交流的经验,有助于其提升处理和协调复杂多样关系的能力。在这种情况下,当地公众可以通过更为熟悉的方式来了解和接受中国工程技术标准,认识到中国工程企业根据客观情况调整标准的严谨性和权威性,从而进一步提升资源柔性对中国工程技术标准权威性产生的正面影响。由此可见,国际经验会正向调节标准柔性与规范合法性间的关系。换言之,企业所拥有的国际经验越丰富,标准柔性对规范合法性的正向影响越大。

(3) 国际经验对标准柔性与认知合法性关系的调节作用

在与中国文化有较大差异的国家,中国工程企业利用自身多元化资源的优势,构建柔性化管理体系,及时调整生产、技术、决策、质量、财务、设备等方面的标准要求,在确保工程建设进度与质量的前提下,将它们纳入上下游产业链中,带动当地企业共同发展,从而获得当地企业的更多认可。但是这并不意味着当地企业就会完全认可中国工程企业标准的可行性与权威性,让其成为当地企业优先效仿的参考标准。

一般来说,中国工程企业对东道国的经济、市场等有着深刻的认知,积累了大量与当地企业互动交流的相关经验,可以根据当地企业最迫切的需求来推广中国工程技术标准,使当地企业逐步熟悉并接受中国工程技术标准。在这种情况下,当地企业可以通过更为熟悉的管理方式与管理流程来了解和接受中国工程技术标准,认识到中国工程企业根据客观情况调整标准的严谨性和权威性,从而进一步提升资源柔性对中国工程技术标准权威性产生的正面影响。企业拥有的国际经验越丰富,标准柔性对认知合法性的正向影响越大。

综上可知,标准柔性分为技术标准柔性、管理标准柔性、工作标准柔性。基于以上论述,本研究提出相关假设:

假设 16:国际经验会对技术标准柔性与标准海外合法性关系产生正向调节作用。

假设 16a:国际经验会对技术标准的资源柔性与规制合法性关系产生正向调节作用;

假设 16b:国际经验会对技术标准的资源柔性与规范合法性关系产生正向调节作用;

假设 16c:国际经验会对技术标准的资源柔性与认知合法性关系产生正向调节作用;

假设 16d:国际经验会对技术标准的协调柔性与规制合法性关系产生正向调节作用;

假设 16e:国际经验会对技术标准的协调柔性与规范合法性关系产生正向调节作用;

假设 16f:国际经验会对技术标准的协调柔性与认知合法性关系产生正向调节作用。

假设17：国际经验会对管理标准柔性与标准海外合法性关系产生正向调节作用。

假设17a：国际经验会对管理标准的资源柔性与规制合法性关系产生正向调节作用；

假设17b：国际经验会对管理标准的资源柔性与规范合法性关系产生正向调节作用；

假设17c：国际经验会对管理标准的资源柔性与认知合法性关系产生正向调节作用；

假设17d：国际经验会对管理标准的协调柔性与规制合法性关系产生正向调节作用；

假设17e：国际经验会对管理标准的协调柔性与规范合法性关系产生正向调节作用；

假设17f：国际经验会对管理标准的协调柔性与认知合法性关系产生正向调节作用。

假设18：国际经验会对工作标准柔性与标准海外合法性关系产生正向调节作用。

假设18a：国际经验会对工作标准的资源柔性与规制合法性关系产生正向调节作用；

假设18b：国际经验会对工作标准的资源柔性与规范合法性关系产生正向调节作用；

假设18c：国际经验会对工作标准的资源柔性与认知合法性关系产生正向调节作用；

假设18d：国际经验会对工作标准的协调柔性与规制合法性关系产生正向调节作用；

假设18e：国际经验会对工作标准的协调柔性与规范合法性关系产生正向调节作用；

假设18f：国际经验会对工作标准的协调柔性与认知合法性关系产生正向调节作用。

综上所述，国际经验的调节效应研究假设如图4-3所示。

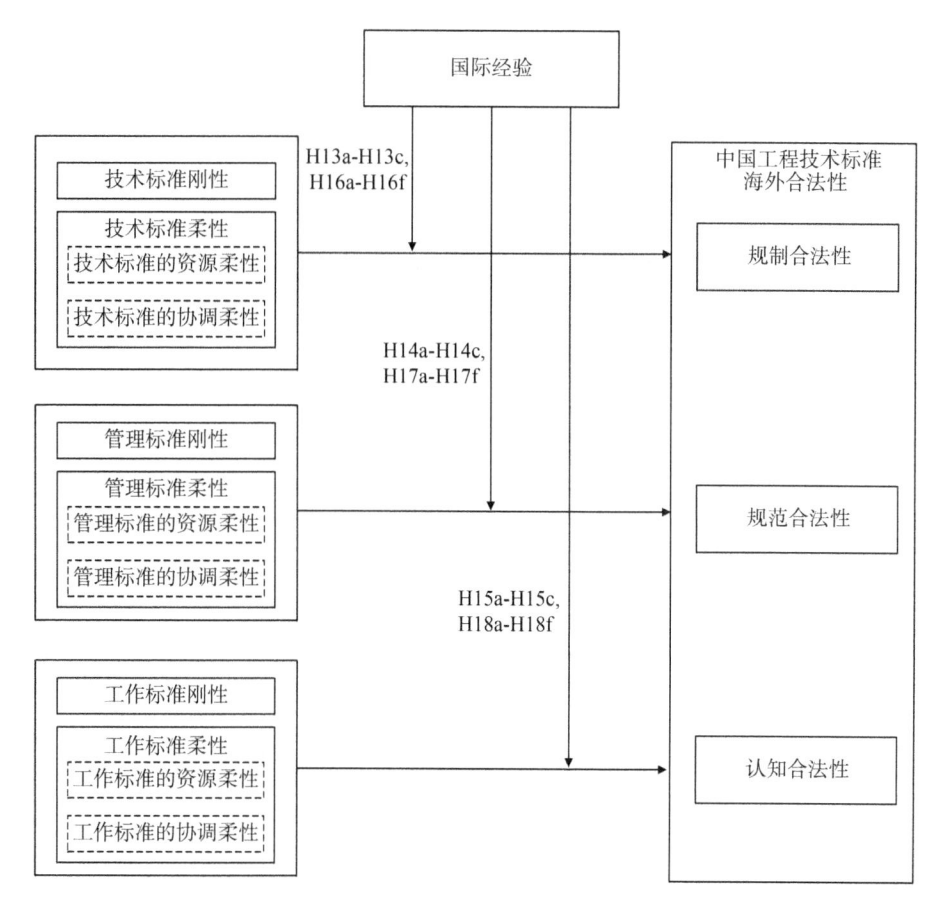

图 4-3　国际经验的调节效应研究假设

4.4　理论模型构建

根据以上研究假设,构建本研究的理论模型,如图 4-4 所示。

在此理论模型中,中国工程技术标准海外合法性分为规制合法性、规范合法性、认知合法性。

技术标准柔性分为技术标准的资源柔性与技术标准的协调柔性,技术标准刚性、技术标准柔性对标准海外合法性有直接影响,环境不确定性对技术标准刚性与标准海外合法性关系会产生调节作用,环境不确定性对技术标准柔性与标准海外合法性关系会产生调节作用,国际经验对技术标准刚性与标准海外合法性关系会产生调节作用,国际经验对技术标准柔性与标准海外合法性关系会产生调节作用。

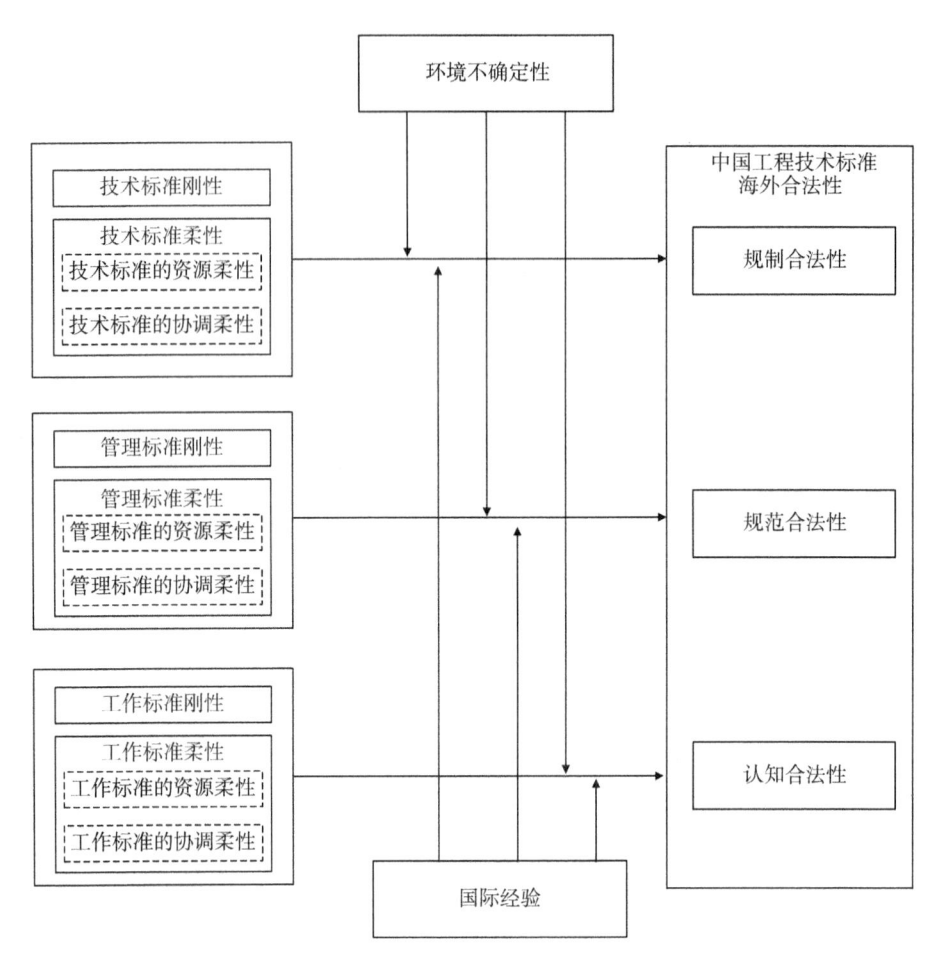

图 4-4　工程技术标准特征对标准海外合法性影响的理论模型

管理标准柔性分为管理标准的资源柔性与管理标准的协调柔性,管理标准刚性、管理标准柔性对标准海外合法性有直接影响,环境不确定性对管理标准刚性与标准海外合法性关系会产生调节作用,环境不确定性对管理标准柔性与标准海外合法性关系会产生调节作用,国际经验对管理标准刚性与标准海外合法性关系会产生调节作用,国际经验对管理标准柔性与标准海外合法性关系会产生调节作用。

工作标准柔性分为工作标准的资源柔性与工作标准的协调柔性,工作标准刚性、工作标准柔性对标准海外合法性有直接影响,环境不确定性对工作标准刚性与标准海外合法性关系会产生调节作用,环境不确定性对工作标准柔性与标准海外合法性关系会产生调节作用,国际经验对工作标准刚性与标准海外合法性关系会产生调节作用,国际经验对工作标准柔性与标准海外合法性关系会产生调节作用。

4.5 本章小结

本章在第三章概念模型的基础上,从三个方面提出了本文的研究假设:工程技术标准特征对标准海外合法性的直接影响、环境不确定性的调节效应、国际经验的调节效应。随后对研究假设进行总结,构建工程技术标准特征对标准海外合法性影响的理论模型。

第五章 工程技术标准特征对标准海外合法性的影响实证研究

本章为工程技术标准特征对标准海外合法性影响的实证研究。按照研究设计与方法、小样本预测、共同方法变异检验、信度和效度分析、描述性统计和相关分析、多元回归分析的步骤,对第四章提出的假设进行检验。

5.1 研究设计与方法

5.1.1 问卷设计

结合实际情况考虑获取相关信息有效性的程度差异,本研究将采用调查问卷的形式。以参与海外项目的工程企业为调查对象,进行样本数据的采集工作。本研究将结合已有调查量表,综合考虑相关专家意见,根据实际考察情况合理设计调查问卷并按照相关规范标准发放和回收整理调查问卷。

5.1.1.1 问卷结构

问卷法作为统计调查研究的重要形式之一,也是管理学科中一种应用极为广泛的资料收集方式。本研究采用问卷的形式进行实证研究主要有两个原因:一方面,研究中讨论的合法性来源在一定程度上具有组织独特性,包括所在国政府、媒体等;另一方面,标准柔性是企业根据环境制定新标准,二手数据无法加以精确的测量。

此次问卷设计的具体内容包括:(1)被调查企业的基本情况;(2)标准刚性,按照技术标准、管理标准、工作标准分别进行测量;(3)标准柔性,该部分通过资源柔性和协调柔性来衡量,并按照技术标准、管理标准、工作标准分别进行测量;(4)中国工程技术标准海外合法性,通过规制合法性、规范合法性和认知合法性来衡量;(5)环境不确定性;(6)国际经验。

5.1.1.2 设计过程

调查问卷的科学合理设计,是确保调查数据结果真实有效的重要基础。本研究将参考多位学者的建议,并结合他们在问卷设计方面提出的方法,认真完成此次调查问卷的设计工作:

(1) 回顾历史文献,参与企业访谈。根据所研究问题的探究方向,查阅相关历史资料了解所需信息,梳理出国内外研究中与本研究相关的知识点。并参考具有较高实用性的已完成问卷,结合与部分企业的深入访谈结果,初步完成调查问卷初稿。

(2) 与有关专家展开讨论。为了完善初稿调查问卷成果,弥补因自身社会经验不足造成的问卷漏洞,避免出现问卷逻辑性不强、措辞不明确等错误。以此次问卷初稿,向该领域有关专家进行咨询,形成问卷第二稿。

(3) 与企业内部管理层人士进行交流。实践与理论相互结合才能减少失误的发生概率。为了确保调查问卷所咨询问题更加符合企业真实的现状,将同多位企业管理层人员展开交流工作。将调查问卷中深奥的专业术语转化成通俗易懂的语言,方便受访企业填写问卷。在此基础上完成问卷第三稿。

(4) 小样本预测。在正式问卷即将打印并发放以前,为了确保相关调查结果的可信度,将小规模发放第三稿调查问卷。根据回收结果的反馈情况,修改不符合设计要求的选项,并进一步完善调查问卷,形成调查问卷的最终稿(详见附录C)。

5.1.1.3 控制措施

此次调查问卷中,大多数题目选项采用了Likert七级量表的模式进行测度。由于调查问卷受访者回答问题的方式主要基于主观评价,会在一定程度上影响此次调查问卷结果的客观准确性,导致结果分析环节出现误差。为了尽可能降低误差,将参考许冠南等、彭新敏的研究结果,采取下列措施以有效地控制误差范围:

(1) 本研究将在调查问卷醒目位置强调此次研究的目的,避免受访者出于自身原因刻意回避某些问题导致问卷结果出现误差。并承诺对所有受访者信息保密,不会用作任何商业方面的用途。

(2) 为了提高调查问卷结果的准确性、保证受访者能反映所在企业的真实情况、减少因受访者自身经验不足导致的结果误差,此次调查问卷受访者将选择有两年以上工龄且对企业和行业情况有一定程度了解的中高层管理人员,确保所提问题得到充分有效的回答。

(3)为了避免出现因时间线索过长导致受访者记忆失误给研究结果带来偏差,本次调查问卷将结合实际情况将所有问题所涉及的时间范围锁定在近三年内,以降低误差的产生。

5.1.2 变量测量

工程技术标准特征对标准海外合法性的直接影响研究涉及三类变量:(1)被解释变量:中国工程技术标准海外合法性;(2)解释变量:标准刚性、标准柔性(资源柔性、协调柔性);(3)控制变量:企业规模、企业年龄、所有制;(4)调节变量:环境不确定性、国际经验。

对于标准刚性和国际经验的测量,本研究对数值采用极差法进行标准化处理后进行平均计算;对于中国工程技术标准海外合法性、标准柔性、环境不确定性的测量,本研究借鉴了 Delmas 和 Toffel、Miller 等的做法,采用 Likert 量表法进行设计,分值从 1 分到 7 分,表示的含义从"完全不符合"(1 分)到"完全符合"(7 分)逐渐增加。下面将对各变量的测量方式进行解释。

5.1.2.1 被解释变量

中国工程技术标准海外合法性是被解释变量。由第二章分析可得,本研究中的"工程技术标准"为工程企业的工程技术标准。鉴于在海外工程项目实施过程中,中国工程企业在东道国面临复杂的外部环境,中国工程技术标准需要获得当地政府、公众和企业更多的认可,因此本研究测量中国工程技术标准海外合法性时,参考了徐二明等、高明瑞等的量表和与调查内容相关的文献,基于行业监管约束视角测量规制合法性,基于外部利益相关者、公众和相关媒体部门视角测量规范合法性,基于行业内不同企业受工程技术标准的影响来测量认知合法性。共准备了 11 个测试问题,形成中国工程技术标准海外合法性的量表,见表5-1。

表 5-1 中国工程技术标准海外合法性量表

测度	题项
规制合法性	项目所在国政府或有关部门拟参考本企业的工程技术标准来制定本国工程技术标准
	项目所在国政府或有关部门对使用本企业工程技术标准的各项工程活动拟出台更多的奖励政策
	项目所在国政府或有关部门将更多地认证使用本企业工程技术标准的成效

续表

测度	题项
规范合法性	业主单位对本企业的工程技术标准表示出更多的肯定
	东道国供应商对接更多本企业的工程技术标准
	当地居民对本企业的工程技术标准表示出更多肯定
	当地环保、安全组织对本企业的工程技术标准表示出更多的肯定
	大众媒体对本企业的工程技术标准做出更多的正面报道
认知合法性	本企业的工程技术标准在项目所在国获得相关行业更多的认可
	项目所在国的竞争企业开始更多参考与模仿本企业的工程技术标准
	项目所在国的工程企业希望采用更多本企业的工程技术以保持优势或赶超对手

5.1.2.2 解释变量

（1）标准刚性

目前对于标准刚性的测量主要是国家和行业层面。国内外学者普遍采用有关标准存量来衡量标准刚性水平。而我国相关学者在该问题的探索上，曾采用行业标准技术委员会等指标进行测量。如张宝友等在研究物流行业标准刚性水平时，认为基于已有研究仅用"标准数量"作为指标不能全面、真实反映物流产业标准刚性水平，并将物流产业标准刚性水平界定为国家、国际物流标准的数量，申请成立的物流标准化委员会，用于物流标准研究的专项经费作为衡量指标。"标准数量"表示当前标准刚性的成果。"申请成立的物流标准化委员会"表示投入到标准刚性相关工作上的组织资源。"用于物流标准研究的专项经费"表示组织对标准刚性相关工作的资金支持。因此本研究采用"技术标准数量""投入到技术标准刚性相关工作中的人员数量""投入到技术标准刚性相关工作中的资金数量"作为"技术标准刚性"测量指标，采用"管理标准数量""投入到管理标准刚性相关工作中的人员数量""投入到管理标准刚性相关工作中的资金数量"作为"管理标准刚性"测量指标，采用"工作标准数量""投入到工作标准刚性相关工作中的人员数量""投入到工作标准刚性相关工作中的资金数量"作为"工作标准刚性"测量指标。

为了统一数据量纲，对技术标准、管理标准、工作标准对应的"标准数量""投入到标准刚性相关工作中的人员数量""投入到标准刚性相关工作中的资金数量"对得到的数据采用极差法进行标准化处理后进行平均计算。

（2）标准柔性

标准柔性源自柔性。目前，国内外学者对"柔性"已经开展了广泛的研究。

柔性是一个多维度的概念，在不同的情境下，柔性意味着不同的内容。目前，在柔性维度问题的相关研究中，最具代表性的成果是"十一维分析框架"，包括供应链柔性、生产柔性、营销柔性、人力资源柔性和财务金融柔性等。基于已有研究，工程技术标准的形成不仅依赖于工程企业已有的各种资源，也是工程企业内部要素与工程所在环境特征相互协调的产物。

因此，本研究基于John、项国鹏等、Sanchez等学者的研究成果，将标准柔性划分为资源柔性与协调柔性两个维度。其中，资源柔性是指"工程企业根据外部环境，充分利用多种资源以调整已有技术标准或制定新技术标准的能力"。也就是说，工程企业所拥有冗余资源的种类以及数目越多，资源可使用的范围越大，那么工程企业在制定新技术标准时的时间越少、成本越小。协调柔性是指"工程企业根据外部环境，通过内部协调以调整已有技术标准或制定新技术标准的能力"。也就是说，工程企业内部协调机制越完善，工程企业就拥有越高水平的资源整合与协调能力，更好地适应外部环境特点，以更及时、低成本地调整已有技术标准或制定新技术标准。前者侧重于工程企业的已有资源，后者侧重于工程企业的内部机制。二者共同的目的都是促使工程企业的内部资源与内部机制与工程所在外部环境特征相互匹配。同时，标准柔性又分为技术标准柔性、管理标准柔性和工作标准柔性，如表5-2所示。

表5-2 标准柔性量表

测度	题项
技术标准的资源柔性	利用资源来制定新技术标准成本和难度较小
	利用资源来制定新技术标准时间较短
	公司有范围比较广泛的资源，用来制定新技术标准
	同一种资源用于制定不同技术标准的程度很高
技术标准的协调柔性	公司根据外部环境特征，允许各部门打破正规工作程序，保持工作灵活性和动态性，以制定新的技术标准
	公司根据外部环境特征，通过成熟的内部运营，因时制宜、因地制宜，以制定新的技术标准
	公司根据外部环境特征，利用畅通的内部沟通渠道和机制，以形成对新工程技术标准的共识
	公司能够积极、主动地调整技术标准以适应工程所在的外部环境
管理标准的资源柔性	利用资源来制定新工程企业管理标准成本和难度较小
	利用资源来制定新工程企业管理标准时间较短
	公司有范围比较广泛的资源，制定新工程企业管理标准
	同一种资源用于制定不同管理标准的程度很高

续表

测度	题项
管理标准的协调柔性	公司根据外部环境特征,允许各部门打破正规工作程序,保持工作灵活性和动态性,以制定新的工程企业管理标准
	公司根据外部环境特征,通过成熟的内部运营,因时制宜、因地制宜,以制定新的工程企业管理标准
	公司根据外部环境特征,利用畅通的内部沟通渠道和机制,以形成对新工程企业管理标准的共识
	公司能够积极、主动地调整工程企业管理标准以适应工程所在的外部环境
工作标准的资源柔性	利用资源来制定新工程企业工作标准成本和难度较小
	利用资源来制定新工程企业工作标准时间较短
	公司有范围比较广泛的资源,以制定新工程企业工作标准
	同一种资源用于制定不同工作标准的程度很高
工作标准的协调柔性	公司根据外部环境特征,允许各部门打破正规工作程序,保持工作灵活性和动态性,以制定新的工程企业工作标准
	公司根据外部环境特征,通过成熟的内部运营,因时制宜、因地制宜,以制定新的工程企业工作标准
	公司根据外部环境特征,利用畅通的内部沟通渠道和机制,以形成对新工程企业工作标准的共识
	公司能够积极、主动地调整工程企业工作标准以适应工程所在的外部环境

5.1.2.3 控制变量

为确保研究结果的可靠性,本研究还需要引入控制变量。这些因素并不是本文的研究重点,但对被解释变量的影响还是有存在可能性的,所以对变量进行控制很有必要。本研究只对重要的、学术界都承认的影响因素进行控制。控制变量分别有被调查企业规模的大小、企业年龄的大小和所有制。其中企业行为以及决策的重要变量是企业规模,企业规模越大资源就会越多,其他方面的绩效就可能越高。大规模的企业更有可能严格执行标准或根据环境制定新标准,而规模较小的企业较缺乏这方面能力。本研究将人数的对数值看作企业规模的代理变量进行测度。影响工程技术标准海外合法性的最重要因素就是企业的年龄。经营时间越久的企业,资源和能力积累越多,越容易使其工程技术标准在东道国获得合法性。本研究中,企业年龄的测度方式使用的是企业成立到现在为止的经营年份。企业的所有权和绩效也密切相关,所有权形式不同,企业在战略目标以及竞争战略上都存在很大的差异性。然而国外的研究主要侧重于股权集中度、大股东股权、管理层股权等,并没有对国有、私有股份进行明确的划分,然而这也是我国的特殊情况。本研究将所有权设置为虚拟变量,国有企业(或国有企业占大股份)设为2;私营企业(或私营企业占大股份)设为1。

5.1.2.4 调节变量

本研究有两个调节变量,分别为环境不确定性和国际经验。

(1) 环境不确定性

Sainio等认为,环境不确定性分为两个方面,即技术不确定性和市场不确定性。考虑到中国工程企业所在的海外东道国科技发展落后,没有过高的技术进入门槛,缺少完善的市场经济体制。因此,本研究在关注中国工程企业面临环境不确定性时,更侧重于市场不确定性。王淑英和孔宁宁指出,市场不确定性是指顾客需求改变和市场竞争的程度难以预测。考虑到制度压力的量表开发已经较为成熟,因此本研究在设计过程中以国内外学者的成熟量表为主,参考Kohli和Jaworski、Sirmon等、王玲玲等的成熟量表,在此基础上结合中国工程企业所面临的东道国环境特征做出的部分调整,最终的测量量表共包括4个题项,见表5-3。

表5-3 环境不确定性量表

测度	题项	参考文献
环境不确定性	我们的顾客能够接受我们新产品的创意	Kohli和Jaworski(1993);Sirmon(2007);王玲玲等(2018)
	我们的新顾客对产品的需求不同于现有顾客	
	企业所面临的市场环境变化剧烈	
	我们很难预测顾客需求的变化	

(2) 国际经验

国际经验是考察工程技术标准特征与标准海外合法性关系的重要调节变量。Cho和Padmanabhan指出,对于跨国企业来说,国际经验有三类,即一般国际商务经验(在一般国际交往中的经商经验)、东道国的具体经验(在特定东道国的经验国家)以及特定决策经验(特定决策背景下的经验战略决策)。目前,国内外学者选择了多种测量指标来衡量国际经验。比如,一些国内外学者参照Ingram等所使用的相关测量指标,用企业交易开始之前已经完成的跨国并购次数来表示相关企业所具有的国际经验。宋林等选择海外投资企业进行海外并购的次数作为国际经验的衡量指标。吴建祖和陈丽玲把高管团队的并购经验定义为,公司本次任期内的高管团队成员在该公司内,本次并购事件发生前参与并购的平均并购次数。基于已有研究,本研究将中国工程企业承包该工程项目建设前所参与海外工程建设的次数作为中国工程企业所具有国际经验多寡的衡量指标。简而言之,中国工程企业在国际市场上承包工程建设的次数越多,就具有更为丰富的应对经验。

5.1.3 数据收集

5.1.3.1 样本选择

因为研究问题存在特殊性,本研究的样本选择有如下考虑:由于在研究过程中研究者难以获取全部的样本,因此如何取样将成为本次研究的重点和关键。本研究取样主要遵循随机原则。基于研究对象的实际特点,在实际进行抽样的过程中使用整群随机抽样的方法。通过将研究对象划分为不同的群组,按照随机性原则进行抽取。这样的优点是在大规模调查中更加容易进行组织,能够有效地节省人力和物力。判断取样主要根据研究者自身知识水平以及经验积累来主观判断样本的有效性,这种方法对于成本节约也非常有效。

调查对象的选取标准为:(1)各个行业具有集中性。首先,由于本研究主要探究中国海外工程企业的技术标准,故在选取调查对象时首先选取拥有5年海外工程项目经验的企业。其次,囿于工程技术标准具有的特殊性和战略性特性,在选取调研对象时选取企业中高层领导进行调研以保证问卷数据回收的有效性。最后,工程企业门槛高,产业链繁杂,为进一步确保问卷数据的可靠性,样本发放还涉及承包商、分包商、设计商、施工商、材料供应商、设备供应商、劳务等企业。发放问卷时,选择企业中有两年以上工龄且对企业和行业情况具有一定了解程度的中高层管理人员,以确保问卷可以得到有效回答。(2)不同企业的成立年限、规模大小以及所有制的代表性。本研究主要探究标准刚性、标准柔性与标准海外合法性之间的关系,所以分别有不一样的成立时间、企业的规模以及所有制的调研样本,可以更好地对变量信息进行反应。

5.1.3.2 问卷发放与回收

在现代问卷调查过程中,主要通过现场、邮件以及网络三种发放方式,这三种问卷发放方式存在着不同的优点和不足。本研究主要采取现场和网上发放问卷这两种方式。现场发放指的是调查者或者指定人员亲手将问卷发放给调查对象,并且等待其填写完成后当场收回。网上发放指的是通过相关的网站或者社交软件来进行问卷发放,具体过程如下。一方面,充分利用和本人以及本人所在的学术团队有关联的政府职能部门，以获取更多的企业资源。由于职能部门与企业有着较多联系，因此这些企业对此研究的重视程度更高，从而提高了回收率。另一方面，求助于在相关工程技术岗位上的朋友、亲戚以及同学，在他们的帮助下将调查问卷大量发放。以上两方面成为样本来源的构成。为了方便问卷者有充足时间来填写问卷，本研究还使用了微信问卷等互联网方式来回收问卷，移动终端成为问卷回收的重要来源。

本次大样本问卷发放开始于2021年5月，截止于2021年7月。整个过程分为两个阶段：第一阶段，有针对性地对调查人员进行培训，使其能够胜任此次调查工作；第二阶段，正式调研。为了能够更好地获得更多的有效信息，在研究中主要通过两种方式来进行问卷的发放。第一，通过现场走访不同的企业来进行问卷发放。第二，通过网络渠道进行发放。同时为了保证最终的质量，对于所有收回问卷都需要进行严格的筛选（小样本预测的问卷发放与回收方式与大样本相同，小样本预测的分析见5.2）。此外，本章研究需要被访者填写问卷中的企业基本信息、标准刚性、标准柔性、中国工程技术标准海外合法性的相关题项。

参考Gorsush等提出的"理想样本数量应为变量总数10~25倍，且样本总数不低于100"的论述，本研究共发放调查问卷500份，其中回收调查问卷356份，调查问卷回收率为71.20%。在这些调查问卷中，有效的有317份，有效率回收率为63.40%。回收的调查问卷中，有39份问卷被视为不合格问卷。其根本原因在于多数选项关键信息未按要求填写，有漏填、错填，因此将此类问卷视为不合格。此外填写随意和没有研究价值的问卷也均被视为不合格问卷。以上不合格问卷将从研究数据中进行剔除。具体回收途径及回收样本数统计如表5-4所示。

表5-4　问卷回收途径及回收样本数统计

	网络发放	实地发放	总计
发放问卷数	350	150	500
回收问卷数	265	91	356
回收有效问卷数	234	83	317
有效回收率	66.85%	55.33%	63.40%

将调查问卷按照不同收集方式分为两个样本子集，可以发现两个样本均值分别为5.15和5.18，由此可见，不同样本收集方式对于问卷填写结果不构成显著的差异。在此基础之上，对两个样本子集进行均值T检验，检验结果为组间显著性为0.648，高于0.05。由此可见，本文采用的两种问卷收集方式对样本数

据不会产生显著影响。另外需要说明的是,通常网络发放问卷的回收率低于实地发放问卷的回收率。但在本研究中,网络发放回收率高于实地发放回收率。这是由于本研究处于新冠疫情期间,给现场问卷发放带来了困难。为了保证总体样本回收率,在问卷的网络发放过程中,选取了能直接联系到的问卷填写者,并和问卷填写者进行了反复沟通与说明,保证了问卷回收率。

5.1.4 分析方法

首先从小样本预测展开,通过效度和信度的评估来对变量测度进行深度挑选。其次,对大样本收集的问卷数据进行分析。其统计分析的内容主要包括描述性统计、信度与效度检验、相关性分析、多元回归分析等。其分析过程中所运用的软件主要是 Mplus 8.3 与 SPSS 22.0。该分析的详细内容如下。

5.1.4.1 描述性统计分析

描述性统计分析的核心是利用数据化方式来描述研究对象的详细特征,从而对样本的信息进行详细概述。本研究中企业样本的基本资料主要包括该企业的年龄、规模、所有制等。通过对这些基本资料展开描述性统计分析,使样本的特性具体化。

5.1.4.2 信度分析

信度分析是对测量结果是否稳定且统一的评判指标。规避随机产生误差的能力的高低与信度密切相关,两者成正比。信度越高则可以更好地减少误差,从而确保变量的度量与要求相符。信度共分为三种指标:稳定信度、代表性信度和同等信度。

本研究重点关注在测度量项不同的情况下所导致的测量结果的不同,因此应对同等信度加以重视。将 Cronbach's α 系数作为指标来验证内部的一致性。$\alpha>0.9$,说明量表具有很强的信度;$0.8 \leqslant \alpha<0.9$,说明量表信度较大;当 $0.7 \leqslant \alpha<0.8$,说明量表信度处于可以接受的边缘地带,当 $\alpha<0.7$ 时,说明量表信度很低,需要重新进行量表设计。在小样本预测时,采用 Cronbach's α 信度系数法作为题项信度的检验指标。当对某个题项进行删除时,若 Cronbach's α 系数发生涨幅,则应取消该题项。尽管该量表是之前学者编制并使用过的,但也应按照信度检验工作的流程重新对其信度进行检验。因此,首先本研究应依据小样本预测的结果来衡量信度,并采用 Cronbach's α 系数来作为测量信度的检验指标。若 Cronbach's α 系数发生涨幅,则应取消该题项。在对大样本进行检测中本研

究可利用深度分析的手段，来对其结果的稳定性和一致性进行检测。

5.1.4.3 效度分析

效度指的是在测量中是否可对潜在的构念进行准确测量，也就是指操作与概念之间的默契程度。效度主要包括四种：表面效度、效标关联效度、内容效度和构念效度。在实证研究中关注的焦点为内容效度与构念效度。前者指的是研究人员在对构念进行测量时，取样的适合程度。本研究将专业资料中的构念与一些真实可靠的调研问卷进行参照，并采纳相关工作人员及专业人士的意见，由此得出具体数据并制成量表。而后者指的是通过测量能得到某一概念的程度，这其中包含了区分效度与聚合效度。因子分析是构念效度最常用的检测方法。本文参考并研究了专业资料，在原有量表上对相关问卷调查、实地考察进行研究，并与行业特性相结合，从而做出的有关标准柔性、中国工程技术标准海外合法性的测度量表。为了对变量的相关问题与内部结构做出合理的预测，本研究运用探索性因子分析法分析了小样本预测数据，并对量表做出调整。之后收集大样本数据进行了验证性因子分析，以此验证整体结构量表是否如预期方式发挥作用。

5.1.4.4 相关分析及回归分析

本研究以 Pearson 相关分析对标准刚性、标准柔性、环境不确定性、国际经验、中国工程技术标准海外合法性以及相关的控制变量的相关系数矩阵进行研究，并研究各个变量之间是否存在联系，并在此之上展开了多元回归分析。另外，在回归分析之前，需要考虑并检验回归模型是否存在多重共线性、序列相关以及异方差三大问题。只有排除了这三个问题，才能保证回归模型的结果具有稳定性和可靠性。本研究的变量具有多个维度。因此，需要对以上三个问题分别进行检验，具体过程如下。

（1）多重共线性问题：多重共线性是指线性回归模型中的解释变量之间由于存在精确相关关系或者高度相关关系而使得模型估计失真或难以估计准确。一般来说，如果容差小于等于 0.1 或者方差膨胀因子 VIF（容差的倒数）大于等于 10，则说明自变量之间存在多重共线性问题。

（2）序列相关问题：序列相关通常指的是不同编号之间的样本值存在序列相关，通过 Durbin-Watson（DW 值）来检验，如果取值在 1.5 与 2.5 之间，则认为模型中不存在序列相关性。

（3）异方差问题：异方差一般指对于自变量不同的样本点，因变量的随机误差项的方差不再是常数,而是互不相同,则认为出现了异方差问题。对于异方差检验,通常会采用图示法,即用 $X-\tilde{e}_i^2$ 的散点图进行判断,看图是否有序。通过操作 SPSS 22.0 的标准化残差的散点图来判断,将 ZRESID 作为 Y 变量,ZPRED 为 X 变量,如果图表显示有可能存在异方差,需要用统计检验来进一步确定是否存在异方差。

5.2 小样本预测

在小样本测试中,问卷发放开始于 2021 年 3 月,截止于 2021 年 4 月。共发放问卷 150 份,删除回答不完整以及答案完全一致的问卷后,得到 124 份有效问卷,有效问卷回收率达 82.67%。本次小样本预测需要被访者填写问卷中的企业基本信息、标准刚性、标准柔性、中国工程技术标准海外合法性、环境不确定性的相关题项。对有效样本进行描述性统计分析和量表信度及效度分析,具体分析如下。

5.2.1 描述性统计分析

小样本预测的描述性统计特征如下:在被调查者所在的企业年龄上,以成立 30 年以上的企业为主;在企业规模上,以大中型企业为主;在所有制上,以私营企业为主。样本描述如表 5-5 所示。

表 5-5 小样本预测描述性统计表($N=124$)

指标	指标特征	样本量	百分比(%)	累计百分比(%)
企业规模	50 人以下	12	9.68	9.68
	50~100 人	19	15.32	25.00
	100~500 人	37	29.84	54.84
	500 人以上	56	45.16	100.00
企业年龄	5 年以下	10	8.06	8.06
	5~15 年	18	14.52	22.58
	15~30 年	37	29.84	52.42
	30 年以上	59	47.58	100.00
所有制	国有企业	36	29.03	29.03
	私营企业	88	70.97	100

5.2.2 量表信度及效度分析

在小样本测试中,本研究对回收的小样本数据进行信度分析,并采用探索性因子分析对小样本数据进行构建效度的测试。

(1) 信度分析

首先,对标准柔性(自变量)和中国工程技术标准海外合法性(因变量)、环境不确定性(调节变量)进行了信度分析(标准刚性、国际经验采用客观数据测量,故不进行信度分析),结果如表5-6所示。各维度Cronbach's α 值均大于阈值0.7。数据结果说明,本研究所使用量表具有良好的内部一致性。同时,量表中所有题项的CITC值均高于阈值0.5,说明量表中各题项间相关性较高。因此量表具有较高的信度。

表5-6 小样本测试——变量信度分析($N=124$)

变量名称	维度细分	题项	CITC	项已删除的Cronbach's α 值	Cronbach's α 系数
技术标准柔性	资源柔性	TRF1	0.650	0.840	0.858
		TRF2	0.678	0.829	
		TRF3	0.770	0.790	
		TRF4	0.718	0.814	
	协调柔性	TCF1	0.680	0.745	0.813
		TCF2	0.650	0.759	
		TCF3	0.624	0.770	
		TCF4	0.591	0.788	
管理标准柔性	资源柔性	ARF1	0.684	0.862	0.877
		ARF2	0.711	0.851	
		ARF3	0.821	0.807	
		ARF4	0.729	0.846	
	协调柔性	ACF1	0.758	0.832	0.875
		ACF2	0.746	0.835	
		ACF3	0.752	0.833	
		ACF4	0.684	0.860	

续表

变量名称	维度细分	题项	CITC	项已删除的 Cronbach's α 值	Cronbach's α 系数
工作标准柔性	资源柔性	WRF1	0.621	0.829	0.846
		WRF2	0.660	0.814	
		WRF3	0.755	0.772	
		WRF4	0.699	0.798	
	协调柔性	WCF1	0.680	0.763	0.822
		WCF2	0.654	0.775	
		WCF3	0.655	0.774	
		WCF4	0.610	0.794	
中国工程技术标准海外合法性	规制合法性	RL1	0.627	0.730	0.812
		RL2	0.605	0.793	
		RL3	0.635	0.778	
	规范合法性	NL1	0.673	0.835	0.862
		NL2	0.672	0.835	
		NL3	0.656	0.839	
		NL4	0.723	0.822	
		NL5	0.677	0.834	
	认知合法性	CL1	0.633	0.754	0.804
		CL2	0.663	0.720	
		CL3	0.663	0.720	
环境不确定性		EU1	0.645	0.710	0.842
		EU2	0.663	0.737	
		EU3	0.652	0.771	
		EU4	0.684	0.735	

(2) 效度分析与因子分析

对自变量(技术标准柔性、管理标准柔性和工作标准柔性)、因变量(中国工程技术标准海外合法性)、调节变量(环境不确定性)进行效度分析。自变量(标准刚性)、调节变量(国际经验)采用客观数据测量,故不进行效度分析。

对自变量(技术标准柔性、管理标准柔性和工作标准柔性)进行 KMO 测试系数检验和 Bartlett 球体检验,结果表明,KMO 取样适切性量数分别为 0.833、0.866、0.848,均大于 0.7,可以对自变量进行探索性因子分析。EFA 分析得到各个题项在各自因子上的载荷都高于 0.7 的要求,这说明量表具有良好的效度。自变量探索性因子分析如表 5-7 所示。

表 5-7　小样本测试——自变量探索性因子分析（$N=124$）

技术标准

变量名称	题项	因子载荷系数 1	因子载荷系数 2	因子解释方差(%)	累计解释方差(%)
技术标准的资源柔性	TRF1	0.727		36.969	36.969
	TRF2	0.817			
	TRF3	0.874			
	TRF4	0.829			
技术标准的协调柔性	TCF1		0.807	35.023	71.992
	TCF2		0.810		
	TCF3		0.752		
	TCF4		0.754		

管理标准

变量名称	题项	因子载荷系数 1	因子载荷系数 2	因子解释方差(%)	累计解释方差(%)
管理标准的资源柔性	ARF1	0.704		37.496	37.496
	ARF2	0.827			
	ARF3	0.877			
	ARF4	0.830			
管理标准的协调柔性	ACF1		0.849	36.213	73.709
	ACF2		0.824		
	ACF3		0.808		
	ACF4		0.787		

工作标准

变量名称	题项	因子载荷系数 1	因子载荷系数 2	因子解释方差(%)	累计解释方差(%)
工作标准的资源柔性	WRF1	0.828		35.879	35.879
	WRF2	0.769			
	WRF3	0.819			
	WRF4	0.805			
工作标准的协调柔性	WCF1		0.790	34.127	70.006
	WCF2		0.834		
	WCF3		0.734		
	WCF4		0.732		

对因变量(中国工程技术标准海外合法性)进行 KMO 测试系数检验和 Bartlett 球体检验,其结果表明,KMO 取样适切性量数为 0.884,大于 0.7,可以对因变量进行探索性因子分析。EFA 分析得到各个题项在各自因子上的载荷都高 0.7 的要求,这说明量表具有良好的效度。因变量探索性因子分析如表 5-8 所示。

表 5-8 小样本测试——因变量探索性因子分析($N=124$)

变量名称	题项	因子载荷系数 1	因子载荷系数 2	因子载荷系数 3	因子解释方差(%)	累计解释方差(%)
规制合法性	RL1	0.806			33.652	33.652
	RL2	0.748				
	RL3	0.753				
规范合法性	NL1		0.815		21.329	54.981
	NL2		0.725			
	NL3		0.75			
	NL4		0.768			
	NL5		0.772			
认知合法性	CL1			0.769	18.892	73.873
	CL2			0.826		
	CL3			0.790		

对调节变量(环境不确定性)进行 KMO 测试系数检验和 Bartlett 球体检验,其结果表明,KMO 取样适切性量数为 0.842,大于 0.7,可以对因变量进行探索性因子分析。EFA 分析得到各个题项在各自因子上的载荷都高于 0.7 的要求,这说明量表具有良好的效度。调节变量探索性因子分析如表 5-9 所示。

表 5-9 小样本测试——调节变量探索性因子分析($N=124$)

变量名称	题项	因子载荷系数	因子解释方差(%)	累计解释方差(%)
环境不确定性	EU1	0.799	70.268	70.268
	EU2	0.820		
	EU3	0.882		
	EU4	0.849		

5.3 共同方法变异检验

通过小样本预测的检验后,基于大样本数据,本研究通过使用 Harman 的单因子检验方法来检验共同方法变异的影响。如果数据中存在着大量的共同方法变异，那么将问卷中所有的变量都纳入因子分析过程，将会出现一个单独因子，或者一个共同因子能够解释变量的大部分变异。

在本研究的问卷中，对于涉及量表的变量（技术标准的资源柔性、技术标准的协调柔性、管理标准的资源柔性、管理标准的协调柔性、工作标准的资源柔性、工作标准的协调柔性、规制合法性、规范合法性、认知合法性、环境不确定性）进行因子分析，结果得到了多个特征值大于1的因子。在对技术标准的研究中（技术标准的资源柔性、技术标准的协调柔性、规制合法性、规范合法性、认知合法性、环境不确定性），共解释了 65.657% 的总变异，其中最大的一个因子仅解释了总变异的 37.753%，小于 50%。在对管理标准的研究中（管理标准的资源柔性、管理标准的协调柔性、规制合法性、规范合法性、认知合法性、环境不确定性），共解释了 68.537% 的总变异，其中最大的一个因子仅解释了总变异的 38.692%，小于 50%。在对工作标准的研究中（工作标准的资源柔性、工作标准的协调柔性、规制合法性、规范合法性、认知合法性、环境不确定性），共解释了 70.573% 的总变异，其中最大的一个因子仅解释了总变异的 35.674%，小于 50%。因此，共同方法变异的检验通过。

5.4　信度和效度分析

5.4.1　信度分析

测量定距尺度量表信度的方法有很多，其中最为常见的是用 Cronbach's α 值来测量，当 Cronbach's α 的值高于 0.7 时，则表明其内部的一致性较好。运用 SPSS 22.0 对资源柔性、协调柔性、规制合法性、规范合法性、认知合法性量表进行 Cronbach's α 测试（标准刚性、国际经验采用客观数据测量，故不进行信度分析），结果如表 5-10 所示。各变量 Cronbach's α 值分别均大于 0.7。同时，量表中各题项的 CITC 值均高于阈值 0.5，说明量表中各题项间相关性较高。综上，量表中各变量的可靠性和一致性程度较好。

表 5-10　量表的信度分析

变量名称	题项	CITC	项已删除的 Cronbach's α 值	Cronbach's α 值
技术标准的资源柔性	TRF1	0.659	0.803	0.840
	TRF2	0.684	0.792	
	TRF3	0.687	0.791	
	TRF4	0.661	0.802	

续表

变量名称	题项	CITC	项已删除的 Cronbach's α 值	Cronbach's α 值
技术标准的协调柔性	TCF1	0.684	0.792	0.847
	TCF2	0.693	0.788	
	TCF3	0.669	0.799	
	TCF4	0.645	0.809	
管理标准的资源柔性	ARF1	0.673	0.813	0.848
	ARF2	0.700	0.801	
	ARF3	0.704	0.800	
	ARF4	0.668	0.815	
管理标准的协调柔性	ACF1	0.708	0.822	0.861
	ACF2	0.721	0.816	
	ACF3	0.715	0.819	
	ACF4	0.683	0.832	
工作标准的资源柔性	WRF1	0.628	0.801	0.832
	WRF2	0.638	0.797	
	WRF3	0.696	0.770	
	WRF4	0.677	0.779	
工作标准的协调柔性	WCF1	0.635	0.761	0.812
	WCF2	0.638	0.762	
	WCF3	0.634	0.762	
	WCF4	0.616	0.771	
规制合法性	RL1	0.631	0.713	0.789
	RL2	0.625	0.719	
	RL3	0.633	0.711	
规范合法性	NL1	0.677	0.843	0.868
	NL2	0.695	0.839	
	NL3	0.702	0.837	
	NL4	0.684	0.842	
	NL5	0.697	0.839	
认知合法性	CL1	0.650	0.726	0.801
	CL2	0.648	0.728	
	CL3	0.643	0.733	

续表

变量名称	题项	CITC	项已删除的 Cronbach's α 值	Cronbach's α 值
环境不确定性	EU1	0.704	0.773	0.783
	EU2	0.648	0.788	
	EU3	0.673	0.796	
	EU4	0.644	0.802	

5.4.2　效度分析与因子分析

效度检验一般可以分为内容效度和结构效度。内容效度主要检验量表内容在多大程度上反映或代表了研究者所需要测量的构念。一般内容效度通过定性评价来实现，通过一组专家就某个构念的测量是否符合他们对该构念的认识来进行主观判断。主要判定标准有以下三点：(1)指标是否具有代表性；(2)指标是否涵盖研究对象的理论边界；(3)指标的分配比例是否反映了构念中各成分的重要性。关于这一部分内容效度的检验，本研究在开始的问卷设计时就进行了相关检验。

而结构效度则一般包含聚合效度和判别效度，以此来检验理论构念与变量测量之间的异质性程度，主要检验研究者的操作性定义是否存在偏差以及操作性定义有没有反应目标概念。在进行结构效度检验时，因子分析是常用的方法。因子分析可分为探索性因子分析(EFA)和验证性因子分析(CFA)。探索性因子分析一般在事前未知数据结构不确定因子维度时进行分析；探索性因子分析也普遍用于数据降维、浓缩使用的过程中，主要通过题项的精简将其合并为单一指标。而验证性因子分析则根据理论或其他先验经验对可能的个数或因子结构做出假设，并根据已有的理论来验证样本数据与所提理论概念的拟合程度。

本研究在小样本预测阶段使用的量表上进行探索性因子分析，并测试量表的结构效度。然而，实证研究的科学性还需要大量的样本数据，为了保证测量工具的准确性和有效性，本文通过大样本分析对量表进行了验证性因子分析，以此进行有效性测试。因此，本研究通过 Mplus 8.3 软件进行验证性因子分析检验，来进一步检验各变量量表的效度。

由表 5-11 可见，所有题项的标准化因子载荷系数均大于 0.7，所有变量的 CR 值均大于 0.8，所有变量的 AVE 值都大于 0.6，探索性因子分析与验证性因子分析均通过检验，说明选取的变量和对应题项具有良好聚合效度。对于判别效度，可通过观察 AVE 算术平方根是否大于变量间相关系数绝对值来验证，如果 AVE 算术平方根大于相关系数绝对值,则可判定量表具有良好判别效度。

表 5-11　变量效度分析结果($N=317$)

变量名称	题项	因子荷载系数	CR	AVE
技术标准的资源柔性	TRF1	0.747	0.871	0.629
	TRF2	0.811		
	TRF3	0.821		
	TRF4	0.793		
技术标准的协调柔性	TCF1	0.781	0.871	0.628
	TCF2	0.825		
	TCF3	0.761		
	TCF4	0.803		
管理标准的资源柔性	ARF1	0.748	0.872	0.630
	ARF2	0.816		
	ARF3	0.820		
	ARE4	0.791		
管理标准的协调柔性	ACF1	0.790	0.880	0.647
	ACF2	0.827		
	ACF3	0.781		
	ACF4	0.818		
工作标准的资源柔性	WRF1	0.750	0.863	0.612
	WRF2	0.781		
	WRF3	0.805		
	WRF4	0.792		
工作标准的协调柔性	WCF1	0.766	0.851	0.609
	WCF2	0.799		
	WCF3	0.746		
	WCF4	0.757		
规制合法性	RL1	0.757	0.822	0.607
	RL2	0.848		
	RL3	0.729		

续表

变量名称	题项	因子荷载系数	CR	AVE
规范合法性	NL1	0.749	0.872	0.618
	NL2	0.768		
	NL3	0.773		
	NL4	0.704		
	NL5	0.805		
认知合法性	CL1	0.798	0.841	0.638
	CL2	0.771		
	CL3	0.827		
环境不确定性	EU1	0.781	0.866	0.618
	EU2	0.724		
	EU3	0.844		
	EU4	0.791		

5.5 描述性统计和相关分析

5.5.1 描述性统计

使用数学语言概括和解释样本的特征并对样本各变量间关联特征的描述方式称为描述性统计分析。本研究根据大样本数据中的企业基本资料进行样本数据统计描述分析，以此对样本基本结构有初始的了解。从样本资料可以看到，在被调查企业年龄上，主要是以成立30年以上的企业为主；在企业规模上，主要以大中型企业为主；在所有制上以国有企业为主，这可能与海外工程行业的特性有关。样本描述如表5-12所示。

表5-12 样本描述表($N=317$)

指标	指标特征	样本量	百分比(%)	累计百分比(%)
企业规模	50人以下	24	7.57	7.57
	50～100人	52	16.40	23.97
	100～500人	68	21.45	45.43
	500人以上	173	54.57	100.00

续表

指标	指标特征	样本量	百分比(%)	累计百分比(%)
企业年龄	5年以下	10	3.15	3.15
	5～15年	43	13.56	16.72
	15～30年	119	37.54	54.26
	30年以上	145	45.74	100.00
所有制	国有企业	229	72.24	72.24
	私营企业	88	27.76	100.00

为了进一步检验数据情况并对数据情况给出先行判断,本研究还具体分析了各测量题项的一些基本统计数据。研究运用SPSS 22.0统计软件对变量测量题项的偏度与峰度等描述统计,结果显示各变量偏度绝对值均小于2,而峰度绝对值均小于5。这初步说明本研究的样本数据质量较高,样本数据本身能满足实证检验的基本数据统计特征,为进行后续研究统计检验和回归分析奠定基础。

5.5.2 相关分析

对技术标准刚性、技术标准的资源柔性、技术标准的协调柔性、规制合法性、规范合法性、认知合法性、环境不确定性、国际经验等变量进行相关分析,见表5-13。统计结果表明本研究的变量之间大部分存在着较高的相关性,可以进行下一步的回归分析。

由表5-13可知,各变量对角线AVE平方根处于0.607～0.638,各变量间相关系数处于0.104～0.554,AVE算术平方根最小值远大于相关系数最大值。由表5-14可知,各变量对角线AVE平方根处于0.607～0.647,各变量间相关系数处于0.097～0.552,AVE算术平方根最小值远大于相关系数最大值。由表5-15可知,各变量对角线AVE平方根处于0.607～0.638,各变量间相关系数处于0.059～0.552,AVE算术平方根最小值远大于相关系数最大值。因此,各测量量表具有良好判别效度(标准刚性、国际经验采用客观数据测量,故不进行效度分析)。

表5-13 样本的相关分析(技术标准)

	企业规模	企业年龄	所有制	技术标准刚性	技术标准的资源柔性	技术标准的协调柔性	环境不确定性	国际经验	规制合法性	规范合法性	认知合法性
企业规模	—										

续表

	企业规模	企业年龄	所有制	技术标准刚性	技术标准的资源柔性	技术标准的协调柔性	环境不确定性	国际经验	规制合法性	规范合法性	认知合法性
企业年龄	0.053	—									
所有制	0.078	−0.019	—								
技术标准刚性	−0.090	0.050	0.006	—							
技术标准的资源柔性	−0.054	0.019	−0.002	0.376**	**0.629**						
技术标准的协调柔性	−0.108	0.020	−0.012	0.418**	0.503**	**0.628**					
环境不确定性	0.002	0.048	0.053	−0.148*	−0.114*	−0.136*	**0.618**				
国际经验	0.120*	0.023	0.044	−0.104	−0.200**	−0.221**	0.125*	—			
规制合法性	−0.110	−0.017	−0.055	0.477**	0.475**	0.554**	−0.121*	0.106	**0.607**		
规范合法性	−0.081	0.016	−0.066	0.403**	0.489**	0.531**	−0.106	0.094	0.552**	**0.618**	
认知合法性	−0.058	−0.005	−0.004	0.377**	0.539**	0.531**	−0.133*	0.087	0.483**	0.501**	**0.638**
平均值	3.24	3.29	1.72	5.26	5.33	5.28	3.15	1.90	5.26	5.23	5.34
标准差	0.97	0.79	0.44	1.77	1.47	1.44	0.98	0.45	1.48	1.45	1.49

注：(1) $^*p<0.05$，$^{**}p<0.01$，$^{***}p<0.001$；$N=317$。
(2) 对角线值为各变量 AVE 平方根。控制变量与客观数据测量变量无 AVE，用"—"表示。

对管理标准刚性、管理标准的资源柔性、管理标准的协调柔性、规制合法性、规范合法性、认知合法性、环境不确定性、国际经验等变量进行相关分析，见表5-14。统计结果表明本研究的变量之间大部分存在着较高的相关性，可以进行下一步的回归分析。

表5-14 样本的相关分析（管理标准）

	企业规模	企业年龄	所有制	管理标准刚性	管理标准的资源柔性	管理标准的协调柔性	环境不确定性	国际经验	规制合法性	规范合法性	认知合法性
企业规模	—										

续表

	企业规模	企业年龄	所有制	管理标准刚性	管理标准的资源柔性	管理标准的协调柔性	环境不确定性	国际经验	规制合法性	规范合法性	认知合法性
企业年龄	0.053	—									
所有制	0.078	−0.019	—								
管理标准刚性	−0.085	0.018	0.002								
管理标准的资源柔性	−0.030	−0.006	0.015	0.416**	**0.630**						
管理标准的协调柔性	−0.120*	0.026	−0.010	0.482**	0.549**	**0.647**					
环境不确定性	0.002	0.048	0.053	−0.126*	−0.113*	0.112*	**0.618**				
国际经验	0.120*	0.023	0.044	−0.097	−0.171**	−0.204**	0.125*	—			
规制合法性	−0.110	−0.017	−0.055	0.468**	0.433**	0.509**	−0.121*	0.106	**0.607**		
规范合法性	−0.081	0.016	−0.066	0.383**	0.442**	0.494**	−0.106	0.094	0.552**	**0.618**	
认知合法性	−0.058	−0.005	−0.004	0.368**	0.502**	0.487**	−0.133*	0.087	0.483**	0.501**	**0.638**
平均值	3.24	3.29	1.72	5.15	5.20	5.17	3.15	1.90	5.26	5.23	5.34
标准差	0.97	0.79	0.44	1.70	1.45	1.44	0.98	0.45	1.48	1.45	1.49

注：(1) $^{*}p<0.05$，$^{**}p<0.01$，$^{***}p<0.001$；$N=317$。
(2) 对角线值为各变量 AVE 平方根。控制变量与客观数据测量变量无 AVE，用"—"表示。

对工作标准刚性、工作标准的资源柔性、工作标准的协调柔性、规制合法性、规范合法性、认知合法性、环境不确定性、国际经验等变量进行相关分析，见表 5-15。统计结果表明本研究的变量之间大部分存在着较高的相关性，可以进行下一步的回归分析。

表 5-15 样本的相关分析（工作标准）

	企业规模	企业年龄	所有制	工作标准刚性	工作标准的资源柔性	工作标准的协调柔性	环境不确定性	国际经验	规制合法性	规范合法性	认知合法性
企业规模	—										

续表

	企业规模	企业年龄	所有制	工作标准刚性	工作标准的资源柔性	工作标准的协调柔性	环境不确定性	国际经验	规制合法性	规范合法性	认知合法性
企业年龄	0.053	—									
所有制	0.078	−0.019	—								
工作标准刚性	−0.035	0.022	−0.043	—							
工作标准的资源柔性	−0.043	−0.023	0.006	0.323**	**0.612**						
工作标准的协调柔性	−0.129*	−0.039	0.039	0.292**	0.542**	**0.609**					
环境不确定性	0.002	0.048	0.053	−0.063	0.115*	−0.164*	**0.618**				
国际经验	0.120*	0.023	0.044	−0.059	−0.090	−0.156**	0.125*	—			
规制合法性	−0.110	−0.017	−0.055	0.150**	0.125*	0.174**	−0.121*	0.106	**0.607**		
规范合法性	−0.081	0.016	−0.066	0.189**	0.169**	0.126*	−0.106	0.094	0.552**	**0.618**	
认知合法性	−0.058	−0.005	−0.004	0.153**	0.114*	0.141*	−0.133*	0.087	0.483**	0.501**	**0.638**
平均值	3.24	3.29	1.72	5.24	5.20	5.23	3.15	1.90	5.26	5.23	5.34
标准差	0.97	0.79	0.44	1.78	1.43	1.40	0.98	0.45	1.48	1.45	1.49

注：(1) * $p<0.05$，** $p<0.01$，*** $p<0.001$；$N=317$。
(2) 对角线值为各变量 AVE 平方根。控制变量与客观数据测量变量无 AVE，用"—"表示。

5.6　多元回归分析

为有效保证多元回归模型结果的稳定性和可靠性，在回归分析前还需检验回归模型是否存在多重共线性、序列相关以及异方差问题，对上述三大问题分别进行检验的具体结果如下。

首先，针对多重共线性问题进行以下检验：(1)本研究中各回归模型 VIF 值在 1.002 到 1.040 之间(VIF<10)，表明不存在严重多重共线性；(2)针对序列相关问题，经检验，本研究所涉及的所有模型 DW 值在 1.652 到 1.934 之间，符

合 1<DW<3 的临界范围,故不存在序列相关问题;(3)针对异方差问题,本研究通过以 ZRESID 作为 Y 变量,ZPRED 作为 X 变量绘制各模型标准化残差散点图。经检验,本研究所涉及的各模型散点图均呈无序状,故不存在异方差问题。

5.6.1 直接效应的回归分析

(1) 技术标准特征与标准海外合法性直接关系

技术标准刚性对标准海外合法性存在着直接的影响,二者间直接关系的回归分析如表 5-16 所示。

表 5-16 技术标准刚性与标准海外合法性直接关系回归分析

因变量		规制合法性		规范合法性		认知合法性	
		模型 1	模型 2	模型 3	模型 4	模型 5	模型 6
控制变量	企业规模	−0.160	−0.093	−0.115	−0.059	−0.088	−0.034
	企业年龄	−0.023	−0.072	0.034	−0.006	−0.003	−0.042
	所有制	−0.156	−0.179	−0.193	−0.211	0.001	−0.018
自变量	技术标准刚性		0.398***		0.329***		0.317***
	F	1.520	24.170	1.102	15.776	0.354	13.068
	R^2	0.014	0.237	0.010	0.168	0.003	0.144
	ΔR^2		0.222***		0.158***		0.140***

注:* $p<0.05$,** $p<0.01$,*** $p<0.001$;$N=317$。

在表 5-16 中,由模型 1 和模型 2 可知:技术标准刚性对规制合法性有正向的影响,假设 1a 得到支持;由模型 3 和模型 4 可知:技术标准刚性对规范合法性有正向的影响,假设 1b 得到支持;由模型 5 和模型 6 可知:技术标准刚性对认知合法性有正向的影响,假设 1c 得到支持。

技术标准的资源柔性对标准海外合法性存在着直接的影响,二者间直接关系的回归分析如表 5-17 所示。

表 5-17 技术标准的资源柔性与标准海外合法性直接关系回归分析

因变量		规制合法性		规范合法性		认知合法性	
		模型 1	模型 2	模型 3	模型 4	模型 5	模型 6
控制变量	企业规模	−0.160	−0.121	−0.115	−0.075	−0.088	−0.043
	企业年龄	−0.023	−0.042	0.034	0.015	−0.003	−0.025
	所有制	−0.156	−0.161	−0.193	−0.197	0.001	−0.005

续表

因变量		规制合法性		规范合法性		认知合法性	
		模型1	模型2	模型3	模型4	模型5	模型6
自变量	技术标准的资源柔性		0.477***		0.483***		0.545***
	F	1.520	23.997	1.102	25.448	0.354	32.160
	R^2	0.014	0.235	0.010	0.246	0.003	0.289
	ΔR^2		0.221***		0.236***		0.292***

注：* $p<0.05$，** $p<0.01$，*** $p<0.001$；$N=317$。

在表 5-17 中，由模型 1 和模型 2 可知：技术标准的资源柔性对规制合法性有正向的影响，假设 4a 得到支持；由模型 3 和模型 4 可知：技术标准的资源柔性对规范合法性有正向的影响，假设 4b 得到支持；由模型 5 和模型 6 可知：技术标准的资源柔性对认知合法性有正向的影响，假设 4c 得到支持。

技术标准的协调柔性对标准海外合法性存在着直接的影响，二者间直接关系的回归分析如表 5-18 所示。

表 5-18　技术标准的协调柔性与标准海外合法性直接关系回归分析

因变量		规制合法性		规范合法性		认知合法性	
		模型1	模型2	模型3	模型4	模型5	模型6
控制变量	企业规模	−0.160	−0.069	−0.115	−0.030	−0.088	0.001
	企业年龄	−0.023	−0.049	0.034	0.010	−0.003	−0.028
	所有制	−0.156	−0.150	−0.193	−0.187	0.001	0.006
自变量	技术标准的协调柔性		0.568***		0.535***		0.548***
	F	1.520	35.468	1.102	31.223	0.354	30.627
	R^2	0.014	0.313	0.010	0.286	0.003	0.282
	ΔR^2		0.298***		0.275***		0.279***

注：* $p<0.05$，** $p<0.01$，*** $p<0.001$；$N=317$。

在表 5-18 中，由模型 1 和模型 2 可知：技术标准的协调柔性对规制合法性有正向的影响，假设 4d 得到支持；由模型 3 和模型 4 可知：技术标准的协调柔性对规范合法性有正向的影响，假设 4e 得到支持；由模型 5 和模型 6 可知：技术标准的协调柔性对认知合法性有正向的影响，假设 4f 得到支持。

（2）管理标准特征与标准海外合法性直接关系

管理标准刚性对标准海外合法性存在着直接的影响，二者间直接关系的回归分析如表 5-19 所示。

表 5-19　管理标准刚性与标准海外合法性直接关系回归分析

因变量		规制合法性		规范合法性		认知合法性	
		模型 1	模型 2	模型 3	模型 4	模型 5	模型 6
控制变量	企业规模	−0.160	−0.099	−0.115	−0.066	−0.088	−0.040
	企业年龄	−0.023	−0.043	0.034	0.019	−0.003	−0.019
	所有制	−0.156	−0.171	−0.193	−0.205	0.001	−0.011
自变量	管理标准刚性		0.404***		0.325***		0.319***
	F	1.520	22.931	1.102	14.144	0.354	12.320
	R^2	0.014	0.227	0.010	0.153	0.003	0.136
	ΔR^2		0.213***		0.143***		0.133***

注：* $p<0.05$，** $p<0.01$，*** $p<0.001$；$N=317$。

在表 5-19 中，由模型 1 和模型 2 可知：管理标准刚性对规制合法性有正向的影响，假设 2a 得到支持；由模型 3 和模型 4 可知：管理标准刚性对规范合法性有正向的影响，假设 2b 得到支持；由模型 5 和模型 6 可知：管理标准刚性对认知合法性有正向的影响，假设 2c 得到支持。

管理标准的资源柔性对标准海外合法性存在着直接的影响，二者间直接关系的回归分析如表 5-20 所示。

表 5-20　管理标准的资源柔性与标准海外合法性直接关系回归分析

因变量		规制合法性		规范合法性		认知合法性	
		模型 1	模型 2	模型 3	模型 4	模型 5	模型 6
控制变量	企业规模	−0.160	−0.140	−0.115	−0.095	−0.088	−0.064
	企业年龄	−0.023	−0.020	0.034	0.038	−0.003	0.001
	所有制	−0.156	−0.181	−0.193	−0.218	0.001	−0.029
自变量	管理标准的资源柔性		0.444***		0.445***		0.515***
	F	1.520	19.502	1.102	20.043	0.354	26.583
	R^2	0.014	0.200	0.010	0.204	0.003	0.254
	ΔR^2		0.186***		0.194***		0.251***

注：* $p<0.05$，** $p<0.01$，*** $p<0.001$；$N=317$。

在表 5-20 中，由模型 1 和模型 2 可知：管理标准的资源柔性对规制合法性有正向的影响，假设 5a 得到支持；由模型 3 和模型 4 可知：管理标准的资源柔性对规范合法性有正向的影响，假设 5b 得到支持；由模型 5 和模型 6 可知：管理标准的资源柔性对认知合法性有正向的影响,假设 5c 得到支持。

管理标准的协调柔性对标准海外合法性存在着直接的影响,二者间直接关系的回归分析如表 5-21 所示。

表 5-21 管理标准的协调柔性与标准海外合法性直接关系回归分析

因变量		规制合法性		规范合法性		认知合法性	
		模型 1	模型 2	模型 3	模型 4	模型 5	模型 6
控制变量	企业规模	−0.160	−0.067	−0.115	−0.026	−0.088	0.002
	企业年龄	−0.023	−0.054	0.034	0.005	−0.003	−0.033
	所有制	−0.156	−0.156	−0.193	−0.192	0.001	0.001
自变量	管理标准的协调柔性		0.519***		0.495***		0.502***
	F	1.520	28.111	1.102	25.727	0.354	24.343
	R^2	0.014	0.265	0.010	0.248	0.003	0.238
	ΔR^2		0.251***		0.238***		0.234***

注:* $p<0.05$,** $p<0.01$,*** $p<0.001$;$N=317$。

在表 5-21 中,由模型 1 和模型 2 可知:管理标准的协调柔性对规制合法性有正向的影响,假设 5d 得到支持;由模型 3 和模型 4 可知:管理标准的协调柔性对规范合法性有正向的影响,假设 5e 得到支持;由模型 5 和模型 6 可知:管理标准的协调柔性对认知合法性有正向的影响,假设 5f 得到支持。

(3) 工作标准特征与标准海外合法性直接关系

工作标准刚性对标准海外合法性存在着直接的影响,二者间直接关系的回归分析如表 5-22 所示。

表 5-22 工作标准刚性与标准海外合法性直接关系回归分析

因变量		规制合法性		规范合法性		认知合法性	
		模型 1	模型 2	模型 3	模型 4	模型 5	模型 6
控制变量	企业规模	−0.160	−0.153	−0.115	−0.106	−0.088	−0.081
	企业年龄	−0.023	−0.029	0.034	0.027	−0.003	−0.010
	所有制	−0.156	−0.137	−0.193	−0.169	0.001	0.021
自变量	工作标准刚性		0.121*		0.151**		0.127**
	F	1.520	2.849	1.102	3.608	0.354	2.101
	R^2	0.014	0.035	0.010	0.044	0.003	0.026
	ΔR^2		0.021*		0.034**		0.023**

注:* $p<0.05$,** $p<0.01$,*** $p<0.001$;$N=317$。

在表5-22中,由模型1和模型2可知:工作标准刚性对规制合法性有正向的影响,假设3a得到支持;由模型3和模型4可知:工作标准刚性对规范合法性有正向的影响,假设3b得到支持;由模型5和模型6可知:工作标准刚性对认知合法性有正向的影响,假设3c得到支持。

工作标准的资源柔性对标准海外合法性存在着直接的影响,二者间直接关系的回归分析如表5-23所示。

表5-23 工作标准的资源柔性与标准海外合法性直接关系回归分析

	因变量	规制合法性		规范合法性		认知合法性	
		模型1	模型2	模型3	模型4	模型5	模型6
控制变量	企业规模	−0.160	−0.152	−0.115	−0.105	−0.088	−0.081
	企业年龄	−0.023	−0.018	0.034	0.041	−0.003	0.001
	所有制	−0.156	−0.160	−0.193	−0.197	0.001	−0.003
自变量	工作标准的资源柔性		0.126*		0.170**		0.116*
	F	1.520	2.323	1.102	3.105	0.354	1.246
	R^2	0.014	0.029	0.010	0.038	0.003	0.016
	ΔR^2		0.015*		0.028**		0.012*

注:* $p<0.05$,** $p<0.01$,*** $p<0.001$;$N=317$。

在表5-23中,由模型1和模型2可知:工作标准的资源柔性对规制合法性有正向的影响,假设6a得到支持;由模型3和模型4可知:工作标准的资源柔性对规范合法性有正向的影响,假设6b得到支持;由模型5和模型6可知:工作标准的资源柔性对认知合法性有正向的影响,假设6c得到支持。

工作标准的协调柔性对标准海外合法性存在着直接的影响,二者间直接关系的回归分析如表5-24所示。

表5-24 工作标准的协调柔性与标准海外合法性直接关系回归分析

	因变量	规制合法性		规范合法性		认知合法性	
		模型1	模型2	模型3	模型4	模型5	模型6
控制变量	企业规模	−0.160	−0.127	−0.115	−0.092	−0.088	−0.061
	企业年龄	−0.023	−0.013	0.034	0.041	−0.003	0.005
	所有制	−0.156	−0.183	−0.193	−0.212	0.001	−0.021
自变量	工作标准的协调柔性		0.175**		0.127*		0.144*

续表

因变量	规制合法性		规范合法性		认知合法性	
	模型1	模型2	模型3	模型4	模型5	模型6
F	1.520	3.325	1.102	1.996	0.354	1.707
R^2	0.014	0.041	0.010	0.025	0.003	0.021
ΔR^2		0.027**		0.015*		0.018*

注：* $p<0.05$，** $p<0.01$，*** $p<0.001$；$N=317$。

在表5-24中，由模型1和模型2可知：工作标准的协调柔性对规制合法性有正向的影响，假设6d得到支持；由模型3和模型4可知：工作标准的协调柔性对规范合法性有正向的影响，假设6e得到支持；由模型5和模型6可知：工作标准的协调柔性对认知合法性有正向的影响，假设6f得到支持。综上所述，工程技术标准特征对标准海外合法性直接影响假设检验结果如表5-25所示。

表5-25　工程技术标准特征对标准海外合法性直接影响假设检验结果

编号	研究假设内容（分为支持、部分支持、拒绝）	检验结果
H_1	技术标准刚性对标准海外合法性有正向影响	支持
H_{1a}	技术标准刚性对规制合法性有正向影响	支持
H_{1b}	技术标准刚性对规范合法性有正向影响	支持
H_{1c}	技术标准刚性对认知合法性有正向影	支持
H_2	管理标准刚性对标准海外合法性有正向影响	支持
H_{2a}	管理标准刚性对规制合法性有正向影响	支持
H_{2b}	管理标准刚性对规范合法性有正向影响	支持
H_{2c}	管理标准刚性对认知合法性有正向影响	支持
H_3	工作标准刚性对标准海外合法性有正向影响	支持
H_{3a}	工作标准刚性对规制合法性有正向影响	支持
H_{3b}	工作标准刚性对规范合法性有正向影响	支持
H_{3c}	工作标准刚性对认知合法性有正向影响	支持
H_4	技术标准柔性对标准海外合法性有正向影响	支持
H_{4a}	技术标准的资源柔性对规制合法性有正向影响	支持

续表

编号	研究假设内容(分为支持、部分支持、拒绝)	检验结果
H$_{4b}$	技术标准的资源柔性对规范合法性有正向影响	支持
H$_{4c}$	技术标准的资源柔性对认知合法性有正向影响	支持
H$_{4d}$	技术标准的协调柔性对规制合法性有正向影响	支持
H$_{4e}$	技术标准的协调柔性对规范合法性有正向影响	支持
H$_{4f}$	技术标准的协调柔性对认知合法性有正向影响	支持
H$_5$	管理标准柔性对标准海外合法性有正向影响	支持
H$_{5a}$	管理标准的资源柔性对规制合法性有正向影响	支持
H$_{5b}$	管理标准的资源柔性对规范合法性有正向影响	支持
H$_{5c}$	管理标准的资源柔性对认知合法性有正向影响	支持
H$_{5d}$	管理标准的协调柔性对规制合法性有正向影响	支持
H$_{5e}$	管理标准的协调柔性对规范合法性有正向影响	支持
H$_{5f}$	管理标准的协调柔性对认知合法性有正向影响	支持
H$_6$	工作标准柔性对标准海外合法性有正向影响	支持
H$_{6a}$	工作标准的资源柔性对规制合法性有正向影响	支持
H$_{6b}$	工作标准的资源柔性对规范合法性有正向影响	支持
H$_{6c}$	工作标准的资源柔性对认知合法性有正向影响	支持
H$_{6d}$	工作标准的协调柔性对规制合法性有正向影响	支持
H$_{6e}$	工作标准的协调柔性对规范合法性有正向影响	支持
H$_{6f}$	工作标准的协调柔性对认知合法性有正向影响	支持

5.6.2 环境不确定性调节效应的回归分析

(1) 环境不确定性对技术标准特征与标准海外合法性关系的调节作用

环境不确定性对技术标准特征与标准海外合法性关系有调节作用,其回归分析如表 5-26 所示。

在表 5-26 中,由模型 1 可知:环境不确定性在技术标准刚性对规制合法性的影响过程中的调节作用不显著,假设 7a 未得到支持;由模型 2 可知:环境不确

表 5-26 环境不确定性对技术标准特征与标准海外合法性关系调节作用的回归分析

因变量		规制合法性			规范合法性			认知合法性		
		模型1	模型2	模型3	模型4	模型5	模型6	模型7	模型8	模型9
控制变量	企业规模	−0.062	−0.074	−0.036	−0.042	−0.044	−0.007	−0.024	−0.023	0.010
	企业年龄	−0.048	−0.031	−0.026	0.003	0.013	0.022	−0.026	−0.018	−0.011
	所有制	−0.119	−0.089	−0.083	−0.128	−0.101	−0.094	−0.004	0.016	0.023
主效应	技术标准刚性	0.473***			0.389***			0.370***		
	技术标准的资源柔性		0.449***			0.458***			0.518***	
	技术标准的协调柔性			0.529***			0.499***			0.511***
	环境不确定性	0.007	−0.032	−0.015	−0.081	−0.122*	−0.106*	−0.011	−0.044	−0.029
两维交互	技术标准刚性 * 环境不确定性	0.015			0.056			0.051		
	技术标准的资源柔性 * 环境不确定性		0.128**			0.156**			0.118*	
	技术标准的协调柔性 * 环境不确定性			0.151**			0.192***			0.142*
	F	16.036	17.438	25.401	11.232	20.141	24.342	8.875	22.885	21.827
	R^2	0.237	0.252	0.330	0.179	0.280	0.320	0.147	0.307	0.297
	ΔR^2	0.000	0.017**	0.017**	0.003	0.025**	0.027***	0.003	0.014*	0.015*

注：* $p<0.05$，** $p<0.01$，*** $p<0.001$；$N=317$。

定性在技术标准资源柔性对规制合法性的影响过程中有正向调节作用,且显著,假设 10a 得到支持;由模型 3 可知:环境不确定性在技术标准协调柔性对规制合法性的影响过程中有正向调节作用,且显著,假设 10d 得到支持;由模型 4 可知:环境不确定性在技术标准刚性对规范合法性的影响过程中的调节作用不显著,假设 7b 未得到支持;由模型 5 可知:环境不确定性在技术标准资源柔性对规范合法性的影响过程中有正向调节作用,且显著,假设 10b 得到支持;由模型 6 可知:环境不确定性在技术标准协调柔性对规范合法性的影响过程中有正向调节作用,且显著,假设 10e 得到支持;由模型 7 可知:环境不确定性在技术标准刚性对认知合法性的影响过程中的调节作用不显著,假设 7c 未得到支持;由模型 8 可知:环境不确定性在技术标准资源柔性对认知合法性的影响过程中有正向调节作用,且显著,假设 10c 得到支持;由模型 9 可知:环境不确定性在技术标准协调柔性对认知合法性的影响过程中有正向调节作用,且显著,假设 10f 得到支持。

(2) 环境不确定性对管理标准特征与标准海外合法性关系的调节作用

环境不确定性对管理标准特征与标准海外合法性关系有调节作用,其回归分析如表 5-27 所示。

在表 5-27 中,由模型 1 可知:环境不确定性在管理标准刚性对规制合法性的影响过程中的调节作用不显著,假设 8a 未得到支持;由模型 2 可知:环境不确定性在管理标准资源柔性对规制合法性的影响过程中有正向调节作用,且显著,假设 11a 得到支持;由模型 3 可知:环境不确定性在管理标准协调柔性对规制合法性的影响过程中有正向调节作用,且显著,假设 11d 得到支持;由模型 4 可知:环境不确定性在管理标准刚性对规范合法性的影响过程中的调节作用不显著,假设 8b 未得到支持;由模型 5 可知:环境不确定性在管理标准资源柔性对规范合法性的影响过程中有正向调节作用,且显著,假设 11b 得到支持;由模型 6 可知:环境不确定性在管理标准协调柔性对规范合法性的影响过程中有正向调节作用,且显著,假设 11e 得到支持;由模型 7 可知:环境不确定性在管理标准刚性对认知合法性的影响过程中的调节作用不显著,假设 8c 未得到支持;由模型 8 可知:环境不确定性在管理标准资源柔性对认知合法性的影响过程中有正向调节作用,且显著,假设 11c 得到支持;由模型 9 可知:环境不确定性在管理标准协调柔性对认知合法性的影响过程中有正向调节作用,且显著,假设 11f 得到支持。

(3) 环境不确定性对工作标准特征与标准海外合法性关系的调节作用

环境不确定性对工作标准特征与标准海外合法性关系有调节作用,其回归分析如表 5-28 所示。

表 5-27 环境不确定性对管理标准特征与标准海外合法性关系调节作用的回归分析

	因变量	规制合法性			规范合法性			认知合法性		
		模型 1	模型 2	模型 3	模型 4	模型 5	模型 6	模型 7	模型 8	模型 9
控制变量	企业规模	−0.070	−0.094	−0.041	−0.051	−0.066	−0.014	−0.031	−0.043	0.005
	企业年龄	−0.027	−0.007	−0.032	0.023	0.041	0.018	−0.008	0.009	−0.017
	所有制	−0.119	−0.130	−0.108	−0.132	−0.149	−0.123	−0.008	−0.028	−0.001
主效应	管理标准刚性	0.467***			0.370***			0.366***		
	管理标准的资源柔性		0.425***			0.421***			0.493***	
	管理标准的协调柔性			0.498***			0.467***			0.480***
	环境不确定性	0.056	0.044	0.048	−0.037	0.035	0.034	0.030	0.040	0.031
两维交互	管理标准刚性 * 环境不确定性	0.049			0.068			0.056		
	管理标准资源柔性 * 环境不确定性		0.144*			0.138**			0.181*	
	管理标准协调柔性 * 环境不确定性			0.181*			0.141*			0.161*
	F	15.529	19.698	19.268	9.897	15.047	18.768	8.377	18.783	19.642
	R^2	0.231	0.219	0.272	0.161	0.226	0.266	0.140	0.267	0.264
	ΔR^2	0.002	0.108*	0.015*	0.004	0.018**	0.016**	0.003	0.012*	0.009**

注：* $p<0.05$，** $p<0.01$，*** $p<0.001$；$N=317$。

表 5-28 环境不确定性对工作标准特征与标准海外合法性关系调节作用的回归分析

因变量		规制合法性			规范合法性			认知合法性		
		模型 1	模型 2	模型 3	模型 4	模型 5	模型 6	模型 7	模型 8	模型 9
控制变量	企业规模	−0.103	−0.094	−0.084	−0.074	−0.060	0.063	−0.055	−0.041	−0.038
	企业年龄	−0.018	−0.016	−0.009	0.025	0.028	0.053	−0.003	−0.004	0.004
	所有制	−0.099	−0.093	0.120	−0.111	−0.107	0.038	0.006	0.019	−0.007
主效应	工作标准刚性	0.146*	0.124*		0.188**	0.241**		0.152**	0.145*	
	工作标准的资源柔性			0.232**			0.177**			0.475***
	工作标准的协调柔性	−0.012	−0.031	−0.142*	−0.095	−0.121*	0.067	−0.028	−0.050	−0.107
	环境不确定性	−0.029	0.109*	0.196**	−0.023	0.146*	0.165*	−0.040	0.113*	0.254**
两维交互	工作标准刚性 * 环境不确定性									
	工作标准的资源柔性 * 环境不确定性									
	工作标准的协调柔性 * 环境不确定性									
	F	1.944	20.927	26.325	2.912	21.132	26.567	1.520	21.635	28.117
	R^2	0.036	0.242	0.356	0.053	0.156	0.284	0.029	0.235	0.248
	ΔR^2	0.001	0.011*	0.028*	0.001	0.010*	0.058**	0.002	0.013*	0.197***

注：* $p<0.05$，** $p<0.01$，*** $p<0.001$；$N=317$。

在表 5-28 中,由模型 1 可知:环境不确定性在工作标准刚性对规制合法性的影响过程中的调节作用不显著,假设 9a 未得到支持;由模型 2 可知:环境不确定性在工作标准资源柔性对规制合法性的影响过程中有正向调节作用,且显著,假设 12a 得到支持;由模型 3 可知:环境不确定性在工作标准协调柔性对规制合法性的影响过程中有正向调节作用,且显著,假设 12d 得到支持;由模型 4 可知:环境不确定性在工作标准刚性对规范合法性的影响过程中的调节作用不显著,假设 9b 未得到支持;由模型 5 可知:环境不确定性在工作标准资源柔性对规范合法性的影响过程中有正向调节作用,且显著,假设 12b 得到支持;由模型 6 可知:环境不确定性在工作标准协调柔性对规范合法性的影响过程中有正向调节作用,且显著,假设 12e 得到支持;由模型 7 可知:环境不确定性在工作标准刚性对认知合法性的影响过程中的调节作用不显著,假设 9c 未得到支持;由模型 8 可知:环境不确定性在工作标准资源柔性对认知合法性的影响过程中有正向调节作用,且显著,假设 12c 得到支持;由模型 9 可知:环境不确定性在工作标准协调柔性对认知合法性的影响过程中有正向调节作用,且显著,假设 12f 得到支持。

(4) 环境不确定性调节效应稳健性检验

本研究通过 Bootstrap 方法中的 Simple slope 检验和斜率差异检验来验证环境不确定性调节效应的稳健性。由表 5-29 所示,在技术标准、管理标准、工作标准的刚性对标准海外合法性(规制合法性、规范合法性、认知合法性)相关路径中,低调节组、交叉组、高调节组效应值不全显著,因而环境不确定性在这些路径中的调节效应不存在,再次验证了 H_7、H_8、H_9 的拒绝结论。在技术标准、管理标准、工作标准的柔性(资源柔性、协调柔性)对标准海外合法性(规制合法性、规范合法性、认知合法性)相关路径中,高调节组效应值均高于低调节组和交叉组效应值,因而环境不确定性在这些路径中的正向调节效应成立,再次支持了 H_{10}、H_{11}、H_{12} 假设的成立。

表 5-29 环境不确定性调节效应的 Simple slope 检验和斜率差异检验结果($N=317$)

路径	调节变量水平	效应量	S.E	P
技术标准刚性→规制合法性	低调节组	0.063 2	0.068 7	0.358 5
	交叉组	0.128 2	0.061 7	0.038 4
	高调节组	0.193 3	0.104 5	0.065 3
技术标准刚性→规范合法性	低调节组	0.087 5	0.066 3	0.187 9
	交叉组	0.175 0	0.056 5	0.002 1
	高调节组	0.212 6	0.090 7	0.004 1

续表

路径	调节变量水平	效应量	S.E	P
技术标准刚性→认知合法性	低调节组	0.0230	0.0656	0.7265
	交叉组	0.1195	0.6050	0.0492
	高调节组	0.2160	0.0997	0.0309
技术标准的资源柔性→规制合法性	低调节组	0.3260***	0.0721	0.0000
	交叉组	0.4553***	0.0507	0.0000
	高调节组	0.5846***	0.0712	0.0000
技术标准的资源柔性→规范合法性	低调节组	0.3007***	0.0648	0.0000
	交叉组	0.4555***	0.0480	0.0000
	高调节组	0.6104***	0.0630	0.0000
技术标准的资源柔性→认知合法性	低调节组	0.4052***	0.0828	0.0000
	交叉组	0.5243***	0.0470	0.0000
	高调节组	0.6438***	0.0944	0.0000
技术标准的协调柔性→规制合法性	低调节组	0.3898***	0.0680	0.0000
	交叉组	0.5463***	0.0440	0.0000
	高调节组	0.7027***	0.0635	0.0000
技术标准的协调柔性→规范合法性	低调节组	0.3707***	0.0698	0.0000
	交叉组	0.5050***	0.0470	0.0000
	高调节组	0.6993***	0.0677	0.0000
技术标准的协调柔性→认知合法性	低调节组	0.3815***	0.0816	0.0000
	交叉组	0.5277***	0.0461	0.0000
	高调节组	0.6739***	0.0839	0.0000
管理标准刚性→规制合法性	低调节组	0.1567	0.0888	0.0786
	交叉组	0.1739	0.6300	0.0061
	高调节组	0.1911	0.1197	0.1114
管理标准刚性→规范合法性	低调节组	0.0135	0.0708	0.8493
	交叉组	0.1155	0.0584	0.0486
	高调节组	0.2176	0.0910	0.0174
管理标准刚性→认知合法性	低调节组	0.0975	0.9060	0.2828
	交叉组	0.1406	0.0663	0.0346
	高调节组	0.1838	0.1300	0.1583

续表

路径	调节变量水平	效应量	S.E	P
管理标准的资源柔性→规制合法性	低调节组	0.340 9***	0.071 7	0.000 0
	交叉组	0.437 6***	0.051 7	0.000 0
	高调节组	0.534 3***	0.076 2	0.000 0
管理标准的资源柔性→规范合法性	低调节组	0.285 2***	0.065 3	0.000 0
	交叉组	0.424 4***	0.049 2	0.000 0
	高调节组	0.563 7***	0.066 1	0.000 0
管理标准的资源柔性→认知合法性	低调节组	0.392 4***	0.071 7	0.000 0
	交叉组	0.506 7***	0.048 3	0.000 0
	高调节组	0.620 9***	0.079 7	0.000 0
管理标准的协调柔性→规制合法性	低调节组	0.430 5***	0.070 6	0.000 0
	交叉组	0.512 8***	0.045 8	0.000 0
	高调节组	0.595 1***	0.071 1	0.000 0
管理标准的协调柔性→规范合法性	低调节组	0.328 6***	0.071 9	0.000 0
	交叉组	0.471 0***	0.048 4	0.000 0
	高调节组	0.613 3***	0.072 4	0.000 0
管理标准的协调柔性→认知合法性	低调节组	0.410 6***	0.075 2	0.000 0
	交叉组	0.493 5***	0.048 3	0.000 0
	高调节组	0.576 3***	0.085 4	0.000 0
工作标准刚性→规制合法性	低调节组	0.146 0	0.057 1	0.011 1
	交叉组	0.122 0	0.047 8	0.011 2
	高调节组	0.097 9	0.077 8	0.209 2
工作标准刚性→规范合法性	低调节组	0.166 5	0.057 8	0.004 3
	交叉组	0.147 3	0.047 2	0.002 0
	高调节组	0.128 2	0.076 9	0.096 7
工作标准刚性→认知合法性	低调节组	0.160 5	0.057 4	0.005 5
	交叉组	0.127 3	0.047 5	0.007 8
	高调节组	0.094 0	0.076 8	0.221 7
工作标准的资源柔性→规制合法性	低调节组	0.383 8***	0.056 8	0.000 0
	交叉组	0.396 6***	0.039 2	0.000 0
	高调节组	0.409 5***	0.073 9	0.000 0

续表

路径	调节变量水平	效应量	S.E	P
工作标准的资源柔性→规范合法性	低调节组	0.273 9***	0.056 9	0.000 0
	交叉组	0.319 9***	0.041 1	0.000 0
	高调节组	0.365 9***	0.072 8	0.000 0
工作标准的资源柔性→认知合法性	低调节组	0.267 1***	0.064 4	0.000 0
	交叉组	0.310 2***	0.047 2	0.000 0
	高调节组	0.353 3***	0.076 0	0.000 0
工作标准的协调柔性→规制合法性	低调节组	0.364 6***	0.056 9	0.000 0
	交叉组	0.407 5***	0.040 5	0.000 0
	高调节组	0.450 4***	0.075 7	0.000 0
工作标准的协调柔性→规范合法性	低调节组	0.259 1***	0.058 9	0.000 0
	交叉组	0.316 9***	0.042 9	0.000 0
	高调节组	0.374 9***	0.083 6	0.000 0
工作标准的协调柔性→认知合法性	低调节组	0.270 3***	0.064 8	0.000 0
	交叉组	0.319 4***	0.048 4	0.000 0
	高调节组	0.368 5***	0.080 4	0.000 0

注：*** 表示 $p<0.001$；** 表示 $p<0.01$；* 表示 $p<0.05$。

综上所述，环境不确定性调节作用的假设检验结果如表 5-30 所示。

表 5-30　环境不确定性调节作用的假设检验结果

编号	研究假设内容（分为支持、部分支持、拒绝）	检验结果
H_7	环境不确定性对技术标准刚性与标准海外合法性关系产生负向调节作用	未获得支持
H_{7a}	环境不确定性对技术标准刚性与规制合法性关系会产生负向调节作用	未获得支持
H_{7b}	环境不确定性对技术标准刚性与规范合法性关系会产生负向调节作用	未获得支持
H_{7c}	环境不确定性对技术标准刚性与认知合法性关系会产生负向调节作用	未获得支持
H_8	环境不确定性对管理标准刚性与标准海外合法性关系会产生负向调节作用	未获得支持
H_{8a}	环境不确定性对管理标准刚性与规制合法性关系会产生负向调节作用	未获得支持
H_{8b}	环境不确定性对管理标准刚性与规范合法性关系会产生负向调节作用	未获得支持
H_{8c}	环境不确定性对管理标准刚性与认知合法性关系会产生负向调节作用	未获得支持
H_9	环境不确定性对工作标准刚性与标准海外合法性关系会产生负向调节作用	未获得支持
H_{9a}	环境不确定性对工作标准刚性与规制合法性关系会产生负向调节作用	未获得支持
H_{9b}	环境不确定性对工作标准刚性与规范合法性关系会产生负向调节作用	未获得支持

续表

编号	研究假设内容(分为支持、部分支持、拒绝)	检验结果
H_{9c}	环境不确定性对工作标准刚性与认知合法性关系会产生负向调节作用	未获得支持
H_{10}	环境不确定性对技术标准柔性与标准海外合法性关系会产生正向调节作用	获得支持
H_{10a}	环境不确定性对技术标准的资源柔性与规制合法性关系会产生正向调节作用	获得支持
H_{10b}	环境不确定性对技术标准的资源柔性与规范合法性关系会产生正向调节作用	获得支持
H_{10c}	环境不确定性对技术标准的资源柔性与认知合法性关系会产生正向调节作用	获得支持
H_{10d}	环境不确定性对技术标准的协调柔性与规制合法性关系会产生正向调节作用	获得支持
H_{10e}	环境不确定性对技术标准的协调柔性与规范合法性关系会产生正向调节作用	获得支持
H_{10f}	环境不确定性对技术标准的协调柔性与认知合法性关系会产生正向调节作用	获得支持
H_{11}	环境不确定性对管理标准柔性与标准海外合法性关系会产生正向调节作用	获得支持
H_{11a}	环境不确定性对管理标准的资源柔性与规制合法性关系会产生正向调节作用	获得支持
H_{11b}	环境不确定性对管理标准的资源柔性与规范合法性关系会产生正向调节作用	获得支持
H_{11c}	环境不确定性对管理标准的资源柔性与认知合法性关系会产生正向调节作用	获得支持
H_{11d}	环境不确定性对管理标准的协调柔性与规制合法性关系会产生正向调节作用	获得支持
H_{11e}	环境不确定性对管理标准的协调柔性与规范合法性关系会产生正向调节作用	获得支持
H_{11f}	环境不确定性对管理标准的协调柔性与认知合法性关系会产生正向调节作用	获得支持
H_{12}	环境不确定性对工作标准柔性与标准海外合法性关系会产生正向调节作用	获得支持
H_{12a}	环境不确定性对工作标准的资源柔性与规制合法性关系会产生正向调节作用	获得支持
H_{12b}	环境不确定性对工作标准的资源柔性与规范合法性关系会产生正向调节作用	获得支持
H_{12c}	环境不确定性对工作标准的资源柔性与认知合法性关系会产生正向调节作用	获得支持
H_{12d}	环境不确定性对工作标准的协调柔性与规制合法性关系会产生正向调节作用	获得支持
H_{12e}	环境不确定性对工作标准的协调柔性与规范合法性关系会产生正向调节作用	获得支持
H_{12f}	环境不确定性对工作标准的协调柔性与认知合法性关系会产生正向调节作用	获得支持

5.6.3 国际经验调节效应的回归分析

（1）国际经验对技术标准特征与标准海外合法性关系的调节作用

国际经验对技术标准特征与标准海外合法性关系的调节作用，其回归分析如表5-31所示。

在表5-31中，由模型1可知：国际经验在技术标准刚性对规制合法性的影响过程中有调节作用，且为正向调节作用，假设13a得到支持；由模型2可知：国

表 5-31 国际经验对技术标准特征与标准海外合法性关系调节作用的回归分析

因变量		规制合法性			规范合法性			认知合法性		
		模型 1	模型 2	模型 3	模型 4	模型 5	模型 6	模型 7	模型 8	模型 9
控制变量	企业规模	−0.052	−0.064	−0.030	−0.025	−0.031	−0.001	−0.002	−0.006	0.024
	企业年龄	−0.033	−0.024	−0.032	0.012	0.015	0.010	−0.014	−0.011	−0.016
	所有制	−0.084	−0.079	−0.080	−0.107	−0.105	−0.106	0.023	0.034	0.032
主效应	技术标准刚性	0.434***								
	技术标准的资源柔性		0.407***		0.357***	0.420***		0.337***	0.456***	
	技术标准的协调柔性			0.475***			0.453***			0.436***
	国际经验	0.103	0.067	0.044	0.072	0.108	0.097	0.095	0.106	0.104
两维交互	技术标准刚性*国际经验	0.139**								
	技术标准的资源柔性*国际经验		0.154***		0.126**	0.137**		0.092*	0.185***	
	技术标准的协调柔性*国际经验			0.126**			0.105**			0.139**
	F	21.402	20.473	27.272	16.026	21.915	24.584	14.252	30.428	26.466
	R^2	0.293	0.284	0.345	0.237	0.298	0.322	0.216	0.371	0.339
	ΔR^2	0.026**	0.032***	0.022**	0.021**	0.025**	0.015**	0.011*	0.046***	0.026**

注：* $p<0.05$，** $p<0.01$，*** $p<0.001$；$N=317$。

际经验在技术标准资源柔性对规制合法性的影响过程中有正向调节作用,假设16a得到支持;由模型3可知:国际经验在技术标准协调柔性对规制合法性的影响过程中有正向调节作用,假设16d得到支持;由模型4可知:国际经验在技术标准刚性对规范合法性的影响过程中有调节作用,且为正向调节作用,假设13b得到支持;由模型5可知:国际经验在技术标准资源柔性对规范合法性的影响过程中有调节作用,且为正向调节作用,假设16b得到支持;由模型6可知:国际经验在技术标准协调柔性对规范合法性的影响过程中有调节作用,且为正向调节作用,假设16e得到支持;由模型7可知:国际经验在技术标准刚性对认知合法性的影响过程中有调节作用,且为正向调节作用,假设13c得到支持;由模型8可知:国际经验在技术标准资源柔性对认知合法性的影响过程中有调节作用,且为正向调节作用,假设16c得到支持;由模型9可知:国际经验在技术标准协调柔性对认知合法性的影响过程中有调节作用,且为正向调节作用,假设16f得到支持。

(2)国际经验对管理标准特征与标准海外合法性关系的调节作用

国际经验对管理标准特征与标准海外合法性关系的调节作用,其回归分析如表5-32所示。

在表5-32中,由模型1可知:国际经验在管理标准刚性对规制合法性的影响过程中有调节作用,且为正向调节作用,假设14a得到支持;由模型2可知:国际经验在管理标准资源柔性对规制合法性的影响过程中有正向调节作用,假设17a得到支持;由模型3可知:国际经验在管理标准协调柔性对规制合法性的影响过程中有正向调节作用,假设17d得到支持;由模型4可知:国际经验在管理标准刚性对规范合法性的影响过程中有调节作用,且为正向调节作用,假设14b得到支持;由模型5可知:国际经验在管理标准资源柔性对规范合法性的影响过程中有调节作用,且为正向调节作用,假设17b得到支持;由模型6可知:国际经验在管理标准协调柔性对规范合法性的影响过程中有调节作用,且为正向调节作用,假设17e得到支持;由模型7可知:国际经验在管理标准刚性对认知合法性的影响过程中有调节作用,且为正向调节作用,假设14c得到支持;由模型8可知:国际经验在管理标准资源柔性对认知合法性的影响过程中有调节作用,且为正向调节作用,假设17c得到支持;由模型9可知:国际经验在管理标准协调柔性对认知合法性的影响过程中有调节作用,且为正向调节作用,假设17f得到支持。

(3)国际经验对工作标准特征与标准海外合法性关系的调节作用

国际经验对工作标准特征与标准海外合法性关系的调节作用,其回归分析如表5-33所示。

表 5-32 国际经验对管理标准特征与标准海外合法性关系调节作用的回归分析

<table>
<tr><th colspan="2" rowspan="2">因变量</th><th colspan="3">规制合法性</th><th colspan="3">规范合法性</th><th colspan="3">认知合法性</th></tr>
<tr><th>模型 1</th><th>模型 2</th><th>模型 3</th><th>模型 4</th><th>模型 5</th><th>模型 6</th><th>模型 7</th><th>模型 8</th><th>模型 9</th></tr>
<tr><td rowspan="4">控制变量</td><td>企业规模</td><td>−0.058</td><td>−0.075</td><td>−0.030</td><td>−0.030</td><td>−0.042</td><td>0.001</td><td>−0.007</td><td>−0.017</td><td>0.023</td></tr>
<tr><td>企业年龄</td><td>−0.013</td><td>−0.001</td><td>−0.029</td><td>0.028</td><td>0.039</td><td>0.012</td><td>0.002</td><td>0.016</td><td>−0.012</td></tr>
<tr><td>所有制</td><td>−0.082</td><td>−0.102</td><td>−0.087</td><td>−0.107</td><td>−0.126</td><td>−0.111</td><td>0.026</td><td>0.007</td><td>0.024</td></tr>
<tr><td>管理标准刚性</td><td>0.426***</td><td></td><td></td><td>0.343***</td><td></td><td></td><td>0.329 6***</td><td></td><td></td></tr>
<tr><td rowspan="3">主效应</td><td>管理标准的资源柔性</td><td></td><td>0.374 6***</td><td></td><td></td><td>0.377 6***</td><td></td><td></td><td>0.426 6***</td><td></td></tr>
<tr><td>管理标准的协调柔性</td><td></td><td></td><td>0.431 6***</td><td></td><td></td><td>0.412***</td><td></td><td></td><td>0.396***</td></tr>
<tr><td>国际经验</td><td>0.104</td><td>0.089</td><td>0.064</td><td>0.087</td><td>0.073</td><td>0.105</td><td>0.097</td><td>0.103</td><td>0.106</td></tr>
<tr><td rowspan="3">两维交互</td><td>管理标准刚性 * 国际经验</td><td>0.152**</td><td></td><td></td><td>0.121**</td><td></td><td></td><td>0.106*</td><td></td><td></td></tr>
<tr><td>管理标准的资源柔性 * 国际经验</td><td></td><td>0.150**</td><td></td><td></td><td>0.155**</td><td></td><td></td><td>0.191***</td><td></td></tr>
<tr><td>管理标准的协调柔性 * 国际经验</td><td></td><td></td><td>0.132**</td><td></td><td></td><td>0.128**</td><td></td><td></td><td>0.147***</td></tr>
<tr><td colspan="2">F</td><td>21.180</td><td>17.279</td><td>22.474</td><td>14.812</td><td>18.965</td><td>21.736</td><td>14.139</td><td>26.742</td><td>22.467</td></tr>
<tr><td colspan="2">R^2</td><td>0.291</td><td>0.251</td><td>0.303</td><td>0.023</td><td>0.269</td><td>0.296</td><td>0.215</td><td>0.341</td><td>0.303</td></tr>
<tr><td colspan="2">ΔR^2</td><td>0.032***</td><td>0.029***</td><td>0.023**</td><td>0.020**</td><td>0.031**</td><td>0.021**</td><td>0.016*</td><td>0.047***</td><td>0.028**</td></tr>
</table>

注: * $p<0.05$, ** $p<0.01$, *** $p<0.001$; N=317。

表5-33 国际经验对工作标准特征与标准海外合法性关系调节作用的回归分析

因变量		规制合法性 模型1	规制合法性 模型2	规制合法性 模型3	规范合法性 模型4	规范合法性 模型5	规范合法性 模型6	认知合法性 模型7	认知合法性 模型8	认知合法性 模型9
控制变量	企业规模	−0.081	−0.070	−0.061	−0.048	−0.036	−0.033	−0.024	−0.009	−0.005
	企业年龄	−0.012	−0.009	−0.007	0.028	0.032	0.031	0.002	0.005	0.005
	所有制	−0.058	−0.087	−0.106	−0.075	−0.113	−0.124	0.045	0.025	0.008
主效应	工作标准刚性	0.129*			0.166**			0.134*		
	工作标准的资源柔性		0.103			0.146**			0.087	
	工作标准的协调柔性			0.124*			0.073			0.073
	国际经验	0.103	0.090	0.103	0.105	0.076	0.083	0.103	0.094	0.102
两维交互	工作标准刚性*国际经验	0.074			0.089			0.042		
	工作标准的资源柔性*国际经验		0.045			0.041			0.069	
	工作标准的协调柔性*国际经验			0.060			0.069			0.052
	F	4.923	4.221	4.746	6.682	5.656	4.985	5.991	5.565	6.326
	R^2	0.087	0.076	0.084	0.115	0.099	0.088	0.104	0.097	0.109
	ΔR^2	0.007	0.003	0.004	0.010	0.002	0.006	0.002	0.007	0.006

注：* $p<0.05$，** $p<0.01$，*** $p<0.001$；$N=317$。

在表5-33中,由模型1可知:国际经验对工作标准刚性与规制合法性关系的调节作用不显著,假设15a未得到支持;由模型2可知:国际经验对工作标准资源柔性与规制合法性关系的调节作用不显著,假设18a未得到支持;由模型3可知:国际经验对工作标准协调柔性与规制合法性关系的调节作用不显著,假设18d未得到支持;由模型4可知:国际经验对工作标准刚性与规范合法性关系的调节作用不显著,假设15b未得到支持;由模型5可知:国际经验对工作标准资源柔性与规范合法性关系的调节作用不显著,假设18b未得到支持;由模型6可知:国际经验对工作标准协调柔性与规范合法性关系的调节作用不显著,假设18e未得到支持;由模型7可知:国际经验对工作标准刚性与认知合法性关系的调节作用不显著,假设15c未得到支持;由模型8可知:国际经验对工作标准资源柔性对认知合法性关系的调节作用不显著,假设18c未得到支持;由模型9可知:国际经验在工作标准协调柔性对认知合法性关系的调节作用不显著,假设18f未得到支持。

(4) 国际经验调节效应稳健性检验

本研究通过Bootstrap方法中的Simple slope检验和斜率差异检验来验证国际经验调节效应的稳健性。由表5-34所示,在工作标准刚性、工作标准柔性(资源柔性、协调柔性)对标准海外合法性(规制合法性、规范合法性、认知合法性)相关路径中,高调节组、低调节组、交叉组效应值不全显著,因而国际经验在这些路径中的调节效应不存在,再次验证了H_{15}、H_{18}的拒绝结论。在其余路径中,高调节组效应值均高于低调节组和交叉组效应值,因而国际经验在这些路径中的正向调节效应成立,再次支持了H_{13}、H_{14}、H_{16}、H_{17}假设的成立。

表5-34 国际经验调节效应的Simple slope检验和斜率差异检验结果($N=317$)

路径	调节变量水平	效应量	P	S.E
技术标准刚性→规制合法性	高调节组	0.480 5***	0.000 0	0.049 7
	低调节组	0.247 5***	0.000 0	0.057 2
	交叉组	0.364 0***	0.000 0	0.040 9
技术标准刚性→规范合法性	高调节组	0.397 5***	0.000 0	0.050 6
	低调节组	0.190 1**	0.001 2	0.058 2
	交叉组	0.293 8***	0.000 0	0.041 7
技术标准刚性→认知合法性	高调节组	0.359 9***	0.000 0	0.052 2
	低调节组	0.205 0***	0.000 7	0.060 2
	交叉组	0.282 5***	0.000 0	0.043 0

续表

路径	调节变量水平	效应量	P	S.E
技术标准的资源柔性→规制合法性	高调节组	0.568 3***	0.000 0	0.059 0
	低调节组	0.256 9***	0.000 4	0.072 2
	交叉组	0.412 6***	0.000 0	0.050 8
技术标准的资源柔性→规范合法性	高调节组	0.553 7***	0.000 0	0.057 3
	低调节组	0.280 6***	0.000 1	0.070 1
	交叉组	0.417 2***	0.000 0	0.049 3
技术标准的资源柔性→认知合法性	高调节组	0.649 6***	0.000 0	0.055 2
	低调节组	0.274 9***	0.000 1	0.067 6
	交叉组	0.462 3***	0.000 0	0.047 6
技术标准的协调柔性→规制合法性	高调节组	0.620 7***	0.000 0	0.054 4
	低调节组	0.360 0***	0.000 0	0.075 4
	交叉组	0.490 3***	0.000 0	0.051 6
技术标准的协调柔性→规范合法性	高调节组	0.565 1***	0.000 0	0.054 3
	低调节组	0.352 5***	0.000 0	0.075 2
	交叉组	0.458 8***	0.000 0	0.051 5
技术标准的协调柔性→认知合法性	高调节组	0.593 4***	0.000 0	0.054 7
	低调节组	0.030 68***	0.000 1	0.075 7
	交叉组	0.450 1***	0.000 0	0.051 9
管理标准刚性→规制合法性	高调节组	0.504 3***	0.000 0	0.048 6
	低调节组	0.239 7***	0.000 0	0.046 2
	交叉组	0.372 0***	0.000 0	0.036 5
管理标准刚性→规范合法性	高调节组	0.397 2***	0.000 0	0.055 3
	低调节组	0.189 9***	0.000 1	0.047 6
	交叉组	0.294 0***	0.000 0	0.039 4
管理标准刚性→认知合法性	高调节组	0.379 5***	0.000 0	0.059 7
	低调节组	0.194 2***	0.000 2	0.051 1
	交叉组	0.286 9***	0.000 0	0.043 7
管理标准的资源柔性→规制合法性	高调节组	0.538 7***	0.000 0	0.060 4
	低调节组	0.231 0***	0.000 3	0.062 8
	交叉组	0.384 9***	0.000 0	0.050 1

第五章 工程技术标准特征对标准海外合法性的影响实证研究

续表

路径	调节变量水平	效应量	P	S.E
管理标准的资源柔性→规范合法性	高调节组	0.536 2***	0.000 0	0.059 0
	低调节组	0.223 5***	0.000 3	0.060 4
	交叉组	0.379 8***	0.000 0	0.047 7
管理标准的资源柔性→认知合法性	高调节组	0.634 58***	0.000 0	0.054 8
	低调节组	0.242 08***	0.000 0	0.057 3
	交叉组	0.438 38***	0.000 0	0.042 8
管理标准的协调柔性→规制合法性	高调节组	0.579 4***	0.000 0	0.053 4
	低调节组	0.307 7***	0.000 0	0.062 4
	交叉组	0.443 6***	0.000 0	0.045 6
管理标准的协调柔性→规范合法性	高调节组	0.544 6***	0.000 0	0.059 4
	低调节组	0.285 7***	0.000 0	0.068 6
	交叉组	0.415 1***	0.000 0	0.048 3
管理标准的协调柔性→认知合法性	高调节组	0.558 0***	0.000 0	0.053 0
	低调节组	0.025 54***	0.000 2	0.066 6
	交叉组	0.406 7***	0.000 0	0.046 8
工作标准刚性→规制合法性	高调节组	0.169 3	0.011 5	0.067 7
	低调节组	0.047 5	0.382 7	0.053 4
	交叉组	0.108 4	0.017 2	0.045 6
工作标准刚性→规范合法性	高调节组	0.209 5	0.001 5	0.061 4
	低调节组	0.063 3	0.198 4	0.049 4
	交叉组	0.136 7	0.002 1	0.044 6
工作标准刚性→认知合法性	高调节组	0.148 5	0.027 3	0.067 6
	低调节组	0.077 4	0.161 6	0.055 7
	交叉组	0.112 3	0.012 4	0.045 7
工作标准的资源柔性→规制合法性	高调节组	0.154 3	0.105 6	0.095 7
	低调节组	0.059 7	0.376 7	0.068 2
	交叉组	0.107 3	0.075 7	0.059 4
工作标准的资源柔性→规范合法性	高调节组	0.191 4	0.031 7	0.089 7
	低调节组	0.107 4	0.090 4	0.063 8
	交叉组	0.149 0	0.009 0	0.057 0

续表

路径	调节变量水平	效应量	P	S.E
工作标准的资源柔性→认知合法性	高调节组	0.163 7	0.067 9	0.089 5
	低调节组	0.019 4	0.770 2	0.064 4
	交叉组	0.091 7	0.113 6	0.057 8
工作标准的协调柔性→规制合法性	高调节组	0.195 6	0.027 5	0.088 1
	低调节组	0.068 6	0.406 4	0.082 7
	交叉组	0.132 7	0.030 5	0.061 8
工作标准的协调柔性→规范合法性	高调节组	0.148 6	0.100 3	0.090 4
	低调节组	0.004 7	0.961 5	0.075 8
	交叉组	0.076 7	0.184 7	0.057 4
工作标准的协调柔性→认知合法性	高调节组	0.205 6	0.019 7	0.087 8
	低调节组	0.050 1	0.532 3	0.080 2
	交叉组	0.078 6	0.191 3	0.059 2

注：*** 表示 $p<0.001$；** 表示 $p<0.01$；* 表示 $p<0.05$。

综上所述，国际经验调节作用的假设检验结果如表 5-35 所示。

表 5-35 国际经验调节作用的假设检验结果

编号	研究假设内容	检验结果
H_{13}	国际经验对技术标准刚性与标准海外合法性关系会产生正向调节作用	获得支持
H_{13a}	国际经验对技术标准刚性与规制合法性关系会产生正向调节作用	获得支持
H_{13b}	国际经验对技术标准刚性与规范合法性关系会产生正向调节作用	获得支持
H_{13c}	国际经验对技术标准刚性与认知合法性关系会产生正向调节作用	获得支持
H_{14}	国际经验对管理标准刚性与标准海外合法性关系会产生正向调节作用	获得支持
H_{14a}	国际经验对管理标准刚性与规制合法性关系会产生正向调节作用	获得支持
H_{14b}	国际经验对管理标准刚性与规范合法性关系会产生正向调节作用	获得支持
H_{14c}	国际经验对管理标准刚性与认知合法性关系会产生正向调节作用	获得支持
H_{15}	国际经验对工作标准刚性与标准海外合法性关系会产生正向调节作用	未获得支持
H_{15a}	国际经验对工作标准刚性与规制合法性关系会产生正向调节作用	未获得支持
H_{15b}	国际经验对工作标准刚性与规范合法性关系会产生正向调节作用	未获得支持
H_{15c}	国际经验对工作标准刚性与认知合法性关系会产生正向调节作用	未获得支持

续表

编号	研究假设内容	检验结果
H_{16}	国际经验对技术标准柔性与标准海外合法性关系会产生正向调节作用	获得支持
H_{16a}	国际经验对技术标准的资源柔性与规制合法性关系会产生正向调节作用	获得支持
H_{16b}	国际经验对技术标准的资源柔性与规范合法性关系会产生正向调节作用	获得支持
H_{16c}	国际经验对技术标准的资源柔性与认知合法性关系会产生正向调节作用	获得支持
H_{16d}	国际经验对技术标准的协调柔性与规制合法性关系会产生正向调节作用	获得支持
H_{16e}	国际经验对技术标准的协调柔性与规范合法性关系会产生正向调节作用	获得支持
H_{16f}	国际经验对技术标准的协调柔性与认知合法性关系会产生正向调节作用	获得支持
H_{17}	国际经验对管理标准柔性与标准海外合法性关系会产生正向调节作用	获得支持
H_{17a}	国际经验对管理标准的资源柔性与规制合法性关系会产生正向调节作用	获得支持
H_{17b}	国际经验对管理标准的资源柔性与规范合法性关系会产生正向调节作用	获得支持
H_{17c}	国际经验对管理标准的资源柔性与认知合法性关系会产生正向调节作用	获得支持
H_{17d}	国际经验对管理标准的协调柔性与规制合法性关系会产生正向调节作用	获得支持
H_{17e}	国际经验对管理标准的协调柔性与规范合法性关系会产生正向调节作用	获得支持
H_{17f}	国际经验对管理标准的协调柔性与认知合法性关系会产生正向调节作用	获得支持
H_{18}	国际经验对工作标准柔性与标准海外合法性关系会产生正向调节作用	未获得支持
H_{18a}	国际经验对工作标准的资源柔性与规制合法性关系会产生正向调节作用	未获得支持
H_{18b}	国际经验对工作标准的资源柔性与规范合法性关系会产生正向调节作用	未获得支持
H_{18c}	国际经验对工作标准的资源柔性与认知合法性关系会产生正向调节作用	未获得支持
H_{18d}	国际经验对工作标准的协调柔性与规制合法性关系会产生正向调节作用	未获得支持
H_{18e}	国际经验对工作标准的协调柔性与规范合法性关系会产生正向调节作用	未获得支持
H_{18f}	国际经验对工作标准的协调柔性与认知合法性关系会产生正向调节作用	未获得支持

5.7 本章小结

本章首先介绍研究设计与方法,再进行小样本预测、共同方法变异检验、信度和效度分析、描述性统计和相关分析、多元回归分析。实证结果表明:(1)技术标准刚性、管理标准刚性和工作标准刚性对标准海外合法性有正向影响;(2)技术标准柔性、管理标准柔性、工作标准柔性对标准海外合法性有正向影响;(3)环境不确定性对标准刚性(技术标准、管理标准和工作标准)与标准海外合法性关系的调节作用不显著;(4)环境不确定性对技术标准柔性与标准海外合法性关系有着显著的正向调节作用;(5)环境不确定性对管理标准柔性与标准海外合法性关系有着显著的正向调节作用;(6)环境不确定性对工作标准柔性与标准海外合法性关系有着显著的正向调节作用;(7)国际经验对技术标准刚性、技术标准柔性与标准海外合法性关系有着显著的正向调节作用;(8)国际经验对管理标准刚性、管理标准柔性与标准海外合法性关系有着显著的正向调节作用;(9)国际经验对工作标准刚性、工作标准柔性与标准海外合法性关系的调节作用不显著。

第六章 研究结果讨论与启示

本章首先对研究结果从三个层面进行讨论：(1)假设检验结果；(2)中国工程企业"走出去"非效率因素；(3)中国工程技术标准海外合法性获取框架。在讨论结果的基础上，从国家层面、行业层面和企业层面，为我国工程企业"走出去"提出相应启示。

6.1 研究结果讨论

6.1.1 假设检验结果讨论

通过对实证研究的检验结果分析可以初步看出，对中国工程企业来说，工程技术标准特征对标准海外合法性产生比较明显的正向影响作用，环境不确定性和国际经验也在一定程度上对工程技术标准特征与标准海外合法性间的关系产生或大或小的调节作用。这就反映了中国工程企业通过对东道国利益相关者不同诉求的战略性应对，以及根据环境不确定性和国际经验所做出的相应措施对标准海外合法性会产生一定的影响。因此，针对工程技术标准特征、中国工程技术标准海外合法性、环境不确定性和国际经验间关系的实证结果进行讨论和分析具有必要性。

6.1.1.1 工程技术标准特征对标准海外合法性直接影响的讨论

从已有实证结果来看，对于中国工程企业来说，工程技术标准特征有助于提升中国工程技术标准海外合法性，使中国工程技术标准在海外东道国受到更多的认可。其中，工作标准刚性和工作标准柔性对标准海外合法性的相关系数处于 $0.114 \sim 0.189$；技术标准刚性和技术标准柔性对标准海外合法性的相关系数处于 $0.377 \sim 0.554$；管理标准刚性和管理标准柔性对标准海外合法性的相关系数处于 $0.368 \sim 0.509$。由此可见，技术标准特征、管理标准特征和工作标准特征对标准海外合法性都有比较明显的提升作用。因此对于中国工程企业来说，应该因地制宜,从技术标准、管理标准和工作标准这三个层面,全面落实标准柔性,在此基础上,严格执行经调整的工程技术标准,保障工程建设的进度与质量,以期更好地满足东道国各利益相关者的主要诉求,提升中国工程技术标准海外合法性,从而使中国工程技术标准在海外东道国受到更多的认可。

(1) 标准刚性与标准柔性相辅相成,形成了有机的标准建设体系,不可偏废,是中国工程技术标准"走出去"的重要保证

"标准刚性"反映了企业严格执行标准的程度,"标准柔性"反映了企业拥有的根据环境制定新标准的特性。泰勒的科学管理理论着重强调企业的刚性管理。以工作为中心严格执行相关管理制度的管理方式被称为刚性管理。这种管理模式是利用制定制度、严明纪律、奖罚等手段对员工进行管理工作。具体表现在对管理制度和管理原则的进一步完善。这种管理模式实质上是要求管理者在实行管理过程中一切都按照规章制度来办,削弱了人情因素对制度的干扰。与泰勒的科学管理理论不同,梅奥的行为科学理论认为管理的重要性为柔性管理。他认为在管理过程中人始终是最重要的部分,在管理过程中应当采取人性化的管理模式。这样才能调动员工的生产积极性、鼓舞员工士气,从而提高生产效率。柔性管理模式就是人们常说的人性化管理模式,这种管理模式讲究管理柔性化。在对员工心理及行为分析的基础上,利用非强制性的管理模式让员工在心理上信服管理者,这样就能潜在地改变人的意志。这种管理模式的本质就是对"稳定和变化"进行实时管理的管理理念。

泰勒强调的以制度为中心的管理模式(刚性管理模式),利用制定的制度、纪律、奖惩规则等方式管理企业员工。而梅奥强调的以人为中心的管理模式(柔性管理模式),是根据企业共同的价值观、文化及精神进行的人性化管理。柔性管理模式采用非强制性的管理方式,在人的心理及行为上潜移默化地实行管理。这种管理会在心理上说服其余员工,把企业的管理变成个人潜在意识上的行为。必须指出的是,在本研究中标准的刚性和柔性(标准刚性与标准柔性)与目前学术界的刚性管理和柔性管理有一定的不同。一方面,研究主体上有所不同。刚性管理和柔性管理强调的是对企业内部"人"的管理,而标准刚性和标准柔性是对"标准"的管理。另一方面,作用时间段的不同。传统的刚性管理和柔性管理的作用时间都是制度的执行阶段,指的是执行管理制度时既要严格执行又要有所变通。而标准刚性与标准柔性,其作用时间段不完全一致。标准刚性强调的在标准的执行阶段严格执行现有标准,而标准柔性指的是在标准的制定阶段可以根据环境制定标准。因此,标准刚性与标准柔性有一定的时间差,避免了标准"刚"与"柔"之间的冲突,既保证标准的严格执行,也保证新标准的制定。

(2) 揭示工程企业运用工程技术标准提升标准海外合法性的多维渠道

工程技术标准是工程企业必须遵守的特殊制度,有助于推动工程项目的高质量完成。但是,工程技术标准不会自动发生作用,而必须由工程企业的技术人员、管理人员和施工人员加以制定与执行。一方面,技术人员、管理人员和施工人员在已有技术标准、管理标准和工作标准的基础上,根据企业所面临的内外部要素对技术标准、管理标准和工作标准加以因地制宜的调整,即标准柔性;另一方面,技术人员、管理人员和施工人员必须严格执行经调整后的技术标准、管理标准和工作标准,即标准刚性。

本研究构建了工程技术标准特征对标准海外合法性影响的概念模型,并运用相关实证方法,量化检验了标准柔性和标准刚性中国工程技术标准海外合法性的主要影响。从已有实证结果来看,标准刚性会对标准海外合法性产生直接的促进作用,而标准的资源柔性和标准的协调柔性也会直接提升中国工程技术标准海外合法性。由此可见,标准刚性与标准柔性是工程企业运用工程技术标准的主要渠道。也就是说,工程企业通过标准刚性与标准柔性,将工程技术标准落到实地,充分发挥工程技术标准化的积极作用,从而有效地提升中国工程技术标准海外合法性。

不同于一般的技术标准,工程技术标准是多维的,不仅包括技术标准,也包括管理标准和工作标准,都会对标准海外合法性产生直接的积极影响。其中,工作标准刚性和工作标准柔性对标准海外合法性的相关系数处于 $0.114 \sim 0.189$,技术标准刚性和技术标准柔性对标准海外合法性的相关系数处于 $0.377 \sim 0.554$,管理标准刚性和管理标准柔性对标准海外合法性的相关系数处于 $0.368 \sim 0.509$。工程企业应该更为重视技术标准刚性和技术标准柔性、管理标准刚性和管理标准柔性,将技术标准刚性和技术标准柔性、管理标准刚性和管理标准柔性作为提升中国工程技术标准海外合法性的多维渠道。

(3) 对于中国工程企业来说,技术标准特征和管理标准特征对标准海外合法性的正向影响更为明显

从实证检验结果来看,不同于一般的技术标准,工程技术标准是多维的,不仅包括技术标准,也包括管理标准和工作标准,都会对标准海外合法性产生直接的积极影响。技术标准特征和管理标准特征对标准海外合法性的正向影响更为明显,这表明中国工程企业应更为关注技术标准和管理标准。本研究共提出多个有关工程技术标准特征与标准海外合法性存在显著直接关系的研究假设,实证结果显示,以上假设全部通过了相关统计检验。其中,工作标准刚性和工作标准柔性对标准海外合法性的相关系数处于 $0.114 \sim 0.189$,技术标准刚性和技术

标准柔性对标准海外合法性的相关系数处于 0.377～0.554,管理标准刚性和管理标准柔性对标准海外合法性的相关系数处于 0.368～0.509。可见,与技术标准和管理标准相比,工作标准刚性与工作标准柔性对于中国工程技术标准海外合法性的影响最小。造成这种现象的原因是,中国工程企业在东道国所雇用的大批相关施工人员往往缺少有效的工作培训和丰富的一线工作经验,无法完全保证既有工作标准的严格执行与落实。

就中国工程企业而言,技术标准、管理标准和工作标准的实践主体是不同的。一般来说,技术标准和管理标准是由企业中高层直接控制与监督。这些中高层通常是由企业总部从中国直接派遣和任命的,不仅具有丰富的项目建设经验,也具备处理复杂利益关系的沟通能力,是落实和执行技术标准和管理标准的重要保障。与之相比,工作标准更多是依赖于工程企业在东道国所雇用的当地施工人员。主要原因在于,一方面企业充分利用当地相对廉价的劳动力,以降低整个工程建设的施工成本;另一方面企业通过雇用大量当地劳动力,更好地改善当地的就业情况,提升当地劳动力的工作素质,从而获取当地政府和民众的支持与好感。但是,在广大发展中国家,受限于落后的教育水平和治理水平,当地大量的青壮劳动力往往缺少必要的工作技能和工作纪律性,即使接受过中国工程企业的正式培训,在短期内依然无法完全保证既有工作标准的严格执行与落实。这可能就是工作标准刚性与工作标准柔性对于中国工程技术标准海外合法性影响作用最小的重要原因。

(4) 揭示了工程企业提升标准海外合法性的基本策略框架,即优先重视技术标准和管理标准,优先重视标准柔性的作用

①工程企业优先重视技术标准和管理标准

一方面,从已有实证结果来看,工作标准刚性和工作标准柔性对标准海外合法性的相关系数处于 0.114～0.189,技术标准刚性和技术标准柔性对标准海外合法性的相关系数处于 0.377～0.554,管理标准刚性和管理标准柔性对标准海外合法性的相关系数处于 0.368～0.509。由此可知,技术标准刚性和技术标准柔性、管理标准刚性和管理标准柔性对标准海外合法性产生直接的积极影响远远超过工作标准刚性和工作标准柔性对标准海外合法性产生直接的积极影响。

另一方面,从已有调节效应的实证结果来看,国际经验正向调节技术标准刚性、管理标准刚性与标准海外合法性关系,且显著。相反,国际经验对工作标准刚性与标准海外合法性关系并没有显著的影响。国际经验正向调节技术标准柔性、管理标准柔性与标准海外合法性关系,且显著。相反,国际经验对工作标准柔性与标准海外合法性关系并没有显著的影响。由此可见,在国际经验的作用

下,工程企业充分发挥技术标准刚性、管理标准刚性、技术标准柔性和管理标准柔性的作用,可以更好地促进东道国利益相关者对中国工程技术标准的认可,提升中国工程技术标准在海外东道国的合法性。

综上所述,无论是工程技术标准特征对标准海外合法性的直接影响,还是国际经验对工程技术标准特征与标准海外合法性关系的调节效应,技术标准刚性、管理标准刚性、技术标准柔性和管理标准柔性对标准海外合法性的影响都更为显著。因此,在海外项目工程建设和运营时,中国工程企业对技术标准、管理标准和工作标准的重视程度需要有一定的差异,应该更加重视技术标准和管理标准的调整优化与落实执行,加大相应的资源投入,强化企业在技术标准和管理标准两个方面的优势。同时,中国工程企业也要对工作标准予以必要的关注,尤其必须加强对一线施工人员的培训与监管,强化一线施工人员的规范意识,提升一线施工人员的基本工作技能,从工作标准层面,保证海外项目工程建设的进度与质量,避免一线施工人员因缺少规范意识和基本技能而导致项目工程的延期和烂尾。

②工程企业优先重视标准柔性的作用

从已有实证结果来看,环境不确定性对标准刚性(技术标准、管理标准和工作标准)与标准海外合法性关系的调节作用并不显著。相反,环境不确定性对标准柔性(技术标准、管理标准和工作标准)与标准海外合法性关系有着正向的调节作用,且显著。也就是说,在具有高度不确定性的环境下,标准的协调柔性和标准的资源柔性对标准海外合法性会产生更为明显的促进作用,相反,标准刚性对标准海外合法性并不会产生显著的促进作用。

一般来说,中国工程企业所承包的项目工程大多位于发展中国家。与拥有成熟市场体系的发达国家相比,发展中国家通常具有诸多不确定性。首先,在经济环境高度不确定性的东道国,混乱的市场经营环境和不可持续的经济增长势头无法为中国工程技术标准的推广提供足够的市场需求,使当地政府对工程建设的认知依然停留于技术层面;其次,在政治环境高度不确定性的东道国,局势动荡,当地政府的主要负责人频繁更迭,无法为工程建设提供一个长期稳定的政策环境;最后,在宗教矛盾激烈的东道国,不同宗教派别无法形成统一的认知,使当地政府疲于应付。在具有诸多不确定性的发展中国家,与标准刚性相比,标准的协调柔性和标准的资源柔性对标准海外合法性会产生更为明显的促进作用。因此,在海外项目工程建设和运营时,中国工程企业对标准刚性和标准柔性的重视程度需要有一定的差异,应该更加重视强化标准的协调柔性和标准的资源柔性,根据东道国利益相关者的具体需求,迅速重新整合工程团队成员及其资源,组建具有类似环境下工程建设经验的工程团队,确定符合特殊环境的多种工程标准,从而获得工程所在国各利益相关者的更多认可。

6.1.1.2 环境不确定性调节效应的讨论

(1) 环境不确定性对标准刚性与标准海外合法性关系调节效应的讨论

一般来说,在海外东道国,环境不确定性通常是难以预测和判断的,对中国工程技术标准的持续推广会带来巨大的负面影响,而这种负面影响远远超过严格执行标准对中国工程技术标准权威性的正面影响。换言之,在环境不确定性越大的东道国,标准刚性对标准海外合法性的正向影响越小。但是,从已有实证结果来看,环境不确定性对标准刚性(技术标准、管理标准和工作标准)与标准海外合法性关系的调节作用并不显著。有关环境不确定性对标准刚性与规制合法性调节效应的多个假设并未通过验证,这就意味着相关假设的预期与统计检验的最终结果并不一致,环境不确定性对标准刚性与规制合法性间关系没有产生显著的影响。

一种可能的解释是,标准刚性是硬性要求,无论在何种外部环境下,中国工程企业都必须严格执行工程技术标准(技术标准、管理标准和工作标准),以保证项目工程的绝对安全与绝对质量。对于东道国各利益相关者来说,保证项目工程高质量地完成和运营是当地政府、公众和企业的根本利益和共同利益诉求。标准刚性是项目工程质量底线的体现,是对中国工程企业在东道国维持和提升已有声誉的重要保障。只要严格执行工程技术标准,从技术标准、管理标准和工作标准等三个层面,保证项目工程的高质量完成,就可以满足当地政府、公众和企业的根本利益和共同利益诉求。在这种情况下,即使项目工程受到环境不确定性的重大影响而出现工期延误等现象,中国工程技术标准依然有可能获得东道国各利益相关者的青睐和认可。也就是说,环境不确定性对推广中国工程技术标准所带来巨大的负面影响并不会完全抵消标准刚性对中国工程技术标准权威性的正面影响。由此可见,在海外工程实践中,环境不确定性对标准刚性与标准海外合法性关系产生不显著的调节作用是完全有可能出现的。

(2) 环境不确定性对标准柔性与标准海外合法性关系调节效应的讨论

从已有实证结果来看,环境不确定性正向调节标准柔性(技术标准、管理标准和工作标准)与标准海外合法性关系,且显著。有关环境不确定性对标准柔性与标准海外合法性关系调节效应的多个假设通过了验证,这就意味着在高度不确定性的外部环境下,标准柔性(技术标准、管理标准和工作标准)对标准海外合法性的正向影响作用更为明显。对于中国工程企业来说,其在海外东道国所面临的环境不确定性大致包括经济环境不确定性、政治不确定性和宗教不确定性。诸多环境不确定性都可能无法为工程建设提供一个长期稳定的经济、政治和社会环境,严重影响到东道国各利益相关者对中国工程技术标准的认知和认可。

在具有高度不确定性的外部环境下,中国工程企业必须充分发挥标准的资源柔性和协调柔性。就标准的资源柔性而言,一方面,中国工程企业已经储备有雄厚的人才资源,在人力资源配置上拥有很多的选择,可以在短时间内以较低的成本,根据工程所在国环境科学确定"人与岗位"的关系,以制定出更符合实际情况的新工作标准,从而保证整个工程建设的质量,获得工程所在国各利益相关者的更多认可;另一方面,通过几十年海外工程建设的经验积累,中国工程企业已经储备有大量复合型人才,既具备扎实的技术基础,能够设计出与复杂甚至极端环境相适应的技术标准,也具备极强的耐力与意志力,以有效应对复杂气候条件对生理、心理的巨大影响,在此基础上迅速重新整合相关人力资源,体现出中国工程标准与其他国家工程技术的韧性与优势,从而获得工程所在国各利益相关者的更多认可。就标准的协调柔性而言,一方面,中国工程企业可以通过内部的沟通渠道和机制,充分沟通与讨论当地公众的利益诉求,迅速达成一致意见,从各个部门临时挑选更为熟悉工程所在国风俗习惯、宗教文化等方面的复合型人才,组建新的工程建设团队,集中讨论当地各利益相关者可能存在的利益诉求以及可能出现的抵制行为,有针对性地加以应对,从而获得当地各利益相关者更多的认可;另一方面,中国工程企业可以通过成熟的内部运营,尽可能调整工作标准,使岗位设计、员工素质、岗位培训等适应工程所在国的复杂环境,在复杂乃至极端环境下最大限度地保证工程建设效率和工程建设质量,从而获得当地各利益相关者更多的认可。

由此可见,标准柔性对中国工程技术标准权威性的正面影响可以完全覆盖环境不确定性对推广中国工程技术标准所带来的负面影响。也就是说,由于自然环境、社会环境的不同,中国工程技术标准存在着不适用的情况。这就需要我国工程企业对自身的工程技术标准进行改进,以适应当地的自然环境和社会环境。此过程不仅有助于解决全新的技术问题,还有助于东道国人员加强对中国工程技术标准的了解,从而提高工程技术标准海外合法性。这一结论支持了"标准柔性可以作为企业应对环境变化的缓冲器"的研究论述。当企业面临变化的环境时标准柔性越高,工程企业越可以根据环境制定新标准,应对工程中可能出现的不确定因素。

6.1.1.3 国际经验调节效应的讨论

（1）国际经验对标准刚性与标准海外合法性关系调节效应讨论

一般来说，中国工程企业对东道国有着深刻的认知，积累大量与当地利益相关者互动交流的相关经验，可以运用当地利益相关者所熟悉的方式与流程推广中国工程技术标准，使当地利益相关者逐步熟悉并接受中国工程技术标准。换言之，当工程企业积累越多国际经验时，标准刚性对标准海外合法性的正向影响越大。但是，从已有实证结果来看，国际经验对不同维度标准刚性与标准海外合法性关系的调节作用是不同的。有关国际经验对标准刚性与标准海外合法性调节效应的多个假设并未全部获得通过验证，这就意味着相关假设的预期与统计检验的最终结果并不完全一致。

其中，有关国际经验对技术标准刚性、管理标准刚性与标准海外合法性调节效应的多个假设全部获得通过验证，这就意味着相关假设的预期与统计检验的最终结果完全一致。从已有实证结果来看，国际经验正向调节技术标准刚性、管理标准刚性与标准海外合法性关系，且显著。也就是说，当工程企业积累越多国际经验时，技术标准刚性和管理标准刚性对标准海外合法性的正向影响越大。中国工程企业对东道国有着深刻的认知，积累大量与当地利益相关者互动交流的经验，可以运用当地利益相关者所熟悉的方式与流程推广中国工程技术标准，使当地利益相关者逐步熟悉并接受中国工程技术标准。在这种情况下，当地利益相关者可以通过更为熟悉的方式来了解和接受中国工程技术标准，认识中国工程企业严格执行、落实技术标准与管理标准的严谨性和权威性，从而进一步提升标准刚性所带来的高质量和快进度对中国工程技术标准权威性的正面影响。

但是，有关国际经验对工作标准刚性与标准海外合法性调节效应的多个假设全部没有获得通过验证，这就意味着相关假设的预期与统计检验的最终结果并不一致。从已有实证结果来看，国际经验对工作标准刚性与标准海外合法性关系并没有显著的影响。也就是说，当工程企业积累越多国际经验时，工作标准刚性对标准海外合法性的正向影响并不会有显著的增加。一种可能的解释是，与技术标准、管理标准不同，工作标准的实践主体更多是工程企业在东道国所雇用的当地施工人员，受限于广大发展中国家落后的教育水平和治理水平，当地大量的青壮劳动力往往缺少必要的工作技能和工作纪律性，即使接受过中国工程企业的正式培训，在短期内依然无法完全保证既有工作标准的严格执行与落实，不能够确保将企业丰富的国际经验转化为现实成果，影响到了当地利益相关者对中国工程技术标准的认可。

(2)国际经验对标准柔性与标准海外合法性关系调节效应讨论

一般来说,中国工程企业对东道国有着深刻的认知,积累大量与当地利益相关者互动交流的相关经验,可以因地制宜,更为合理地运用已有资源,协调各利益相关者关系,从而更好地改善当地利益相关者对中国工程技术标准的认可。换言之,当工程企业积累越多国际经验时,标准柔性对标准海外合法性的正向影响越大。但是,从已有实证结果来看,国际经验对不同维度标准柔性与标准海外合法性关系的调节作用是有所不同的。有关国际经验对标准柔性与标准海外合法性调节效应的多个假设并未全部获得通过验证,这也就意味着相关假设的预期与统计检验的最终结果并不完全一致,有一些值得深入讨论的地方。

其中,有关国际经验对技术标准柔性、管理标准柔性与标准海外合法性调节效应的多个假设全部获得通过验证,这就意味着相关假设的预期与统计检验的最终结果完全一致。从已有实证结果来看,国际经验正向调节技术标准柔性、管理标准柔性与标准海外合法性关系,且显著。也就是说,当工程企业积累越多国际经验时,技术标准柔性和管理标准柔性对标准海外合法性的正向影响越大。中国工程企业对东道国有着深刻的认知,积累大量与当地利益相关者互动交流的相关经验,可以运用当地利益相关者所熟悉的方式与流程推广中国工程技术标准,使当地利益相关者逐步熟悉并接受中国工程技术标准。在这种情况下,当地利益相关者可以通过更为熟悉的方式来了解和接受中国工程技术标准,认识对中国工程企业根据客观情景调整技术标准和管理标准的严谨性和权威性,从而进一步提升技术标准柔性和管理标准柔性对中国工程技术标准权威性所产生的正面影响。

但是,有关国际经验对工作标准柔性与标准海外合法性调节效应的多个假设全部没有获得通过验证,这就意味着相关假设的预期与统计检验的最终结果并不一致。从已有实证结果来看,国际经验对工作标准柔性与标准海外合法性关系并没有显著的影响。也就是说,当工程企业积累越多国际经验时,工作标准柔性对标准海外合法性的正向影响并不会有显著的增加。

6.1.1.4 控制变量对标准海外合法性影响的讨论

在第五章的相关分析中,控制变量(企业规模、企业年龄、所有制)与中国工程技术标准海外合法性的相关性并不显著,而且在多元回归分析中控制变量对因变量影响的 R^2 普遍比较低。以上情况表明控制变量对因变量的解释力度不强。

就企业规模和企业年龄而言,何霞和苏晓华通过实证检验发现,不仅企业的规模与合法性间呈现显著正相关关系,而且企业的年龄也与合法性间呈现显著正相关关系。即企业的规模越大,企业标准海外合法性越大;企业年龄的越长,企业标准海外合法性越大。一般来说,企业的规模越大,企业的年龄越长,意味着,企业的声誉越好,企业的能力越强,越能够获得海外东道国各利益相关者对企业的认可程度。但是,本研究得出了不同的实证检验结果,即企业规模和企业年龄对中国工程技术标准海外合法性并没有显著性的直接影响。其原因在于:一方面,广大发展中国家长期受到欧美媒体影响,普遍对中国企业感到陌生,甚至存有一定的恐惧与警惕,导致海外东道国各利益相关者无法深入了解中国企业在全球范围内取得的巨大成绩以及中国企业积累的坚实技术基础,使得中国工程企业依赖其大规模、长寿命所积淀的良好声誉和卓越能力难以深深植根于当地各利益相关者;另一方面,中国工程企业不可避免地带有"科技感"不强的色彩,远不如高科技企业给海外东道国各利益相关者所带来的"现代感"与"科技感",直接掩盖了其大规模、长寿命所积淀的良好声誉和卓越能力,难以使其获得当地各利益相关者的深度认可。由此可见,企业规模、企业年龄对中国工程技术标准海外合法性的解释力度不强。

就企业所有制而言,通常企业所有制会对合法性产生一定的影响。比如,Liu和Woywode指出,国有性质的跨国公司通常被视为母国政府的代理人,目的在于大量获得东道国的相关战略资源,容易威胁到东道国的国家安全,往往会受到东道国各利益相关者的各种质疑、反对和抵制。但是,本研究得出了不同的实证检验结果,即企业所有制对中国工程技术标准海外合法性并没有显著性的直接影响。其原因在于:一方面,由于广大发展中国家在历史上长期与欧美企业频繁往来,普遍对中国企业缺少系统性的了解,导致海外东道国各利益相关者并未充分认识到中国工程企业的所有制性质;另一方面,中国工程企业通常会在海外东道国大量雇用当地员工,尽可能地就地获取工程建设用料,促进当地民众就业与产业升级。海外东道国对中国工程企业所有制性质的陌生感与中国工程企业对当地经济发展的积极作用,抵消了东道国各利益相关者对中国国有企业的抵制程度。由此可见,企业所有制对中国工程技术标准海外合法性的解释力度不强。

6.1.2 中国工程企业"走出去"非效率因素的讨论

围绕"中国工程企业走出去"问题,本文基于"工程技术标准海外合法性"这一非效率视角加以研究。长期以来学者们主要从战略行为、制度因素和群体性需求压力等层面入手挖掘中国工程技术标准海外合法性的影响因素,然而工程技术标准特征层面对中国工程技术标准海外合法性的影响缺乏应有考察。近年来,随着项目工程的标准属性逐渐引起关注,部分学者开始将工程技术标准概念引入中国工程技术标准海外合法性研究,并考察工程技术标准因素对标准海外合法性的影响。工程技术标准特征在前期研究中很少出现,如何将工程技术标准特征与标准海外合法性联系起来,从而实现工程技术标准特征视角下的中国工程技术标准海外合法性研究,仍是一个新的话题。

效率因素和非效率因素通常是相辅相成且不可分割的。效率因素是非效率因素的基础,而非效率因素是效率因素的保障。长期以来,在中国企业"走出去"的过程中,中国企业更注重追求并购绩效、市场占有率、财务绩效等效率因素,缺少对技术标准海外合法性等非效率因素的重视。Tolbert和Zucker分析了美国城市公务员制度以及相关行为标准,其所有技术效率以及整体城市绩效选择都是从效率角度来进行的。在中国企业"走出去"的过程中,由于受工程质量、时间等要素的影响,中国企业天然具备对效率因素的要求。然而伴随着社会经济的不断发展,企业在选择过程中发现,仅仅考虑显性效率因素是远远不够的,更需要考虑到合法性或者规范性等隐性非效率因素,而隐性非效率因素甚至可能会对中国企业"走出去"产生更为深刻的影响。

因此,本研究着眼于非效率因素,有意识地关注非效率与效率的相互分离,深入分析了中国工程技术标准海外合法性的内涵与维度,中国工程技术标准在海外东道国的受认可程度,根据利益相关者的区别,划分为规制合法性(政府)、规范合法性(公众)和认知合法性(企业)。这不仅补充了新制度理论中对效率因素和非效率因素的区分,也弥补了中国企业"走出去"的研究不足。由此可见,本研究着眼于中国工程技术标准海外合法性,关注中国企业"走出去"的非效率因素,进一步拓展并完善中国企业"走出去"的理论范畴,为中国工程企业"走出去"的相关决策提供更完整的理论依据与行动框架。

6.1.3 中国工程技术标准海外合法性获取框架的讨论

目前工程技术标准特征与标准海外合法性的相关研究大多属于规范分析或定性研究间接验证,缺乏在企业层面对二者关系的直接检验,因而相关研究也仅能停留在理论层面,进而限制了后续研究的深入。对此,本研究综合利用定性分析法与定量分析法,实证分析了工程技术标准刚性、工程技术标准柔性与标准海外合法性的相关性,并进一步发掘了工程技术标准特征对标准海外合法性获取的"核心"作用。在此基础上,研究构建了工程技术标准刚性和工程技术标准柔性影响中国工程技术标准海外合法性的理论框架,并通过回归分析验证了工程技术标准刚性和工程技术标准柔性对标准海外合法性的积极影响。从研究结论可以看出,在考虑工程企业如何提升中国工程技术标准海外合法性时,工程技术标准特征的影响同样具有不可忽视的解释作用。

工程企业在海外东道国负责项目工程的建设与运营时,必然需要面对极为复杂的内外部环境与要素。这意味着只关注工程技术标准刚性、工程技术标准柔性与标准海外合法性间关系是远远不够的,既不符合客观实践,也无法满足工程企业在海外东道国运营的实际需求。因此,本研究根据信息不对称和组织学习理论以及权变理论,在工程技术标准特征与标准海外合法性关系研究中,引入环境不确定性(外部环境因素)和国际经验(内部经验因素),从外生和内生两个方面构建出更为完整的研究框架。从实证结果而言,环境不确定性和国际经验对工程技术标准特征与标准海外合法性关系确实存在着一定的调节作用。其中,环境不确定性对工程技术标准柔性与标准海外合法性关系存在着显著的正向调节作用,而国际经验对技术标准柔性、管理标准柔性与标准海外合法性关系存在着显著的正向调节作用,国际经验对技术标准刚性、管理标准刚性与标准海外合法性关系存在着显著的正向调节作用。由此可见,基于内外部影响因素构建工程技术标准刚性、工程技术标准柔性对标准海外合法性影响的相关框架,不仅更具科学性与完整性,也更为符合中国工程企业在海外东道国的主要实践。

6.2 研究启示

提升中国工程技术标准海外合法性是一个复杂的系统性任务,离不开国家、行业和企业的共同努力。因此,本研究根据已有的实证检验结果,从国家、行业和企业等三个层面,分别提出如何提升中国工程技术标准海外合法性的具体措施与建议,兼顾宏观层面与微观层面,为保证中国工程企业"走出去"的整体成效奠定必要的基础。

6.2.1 国家层面的启示

政府是推动中国工程企业对外输出"规范标准"的重要支持力量。政府可以通过自身的权威地位,基于宏观全局的角度,有效地协调多方利益诉求,调动尽可能多的资源,汇编国家标准的基本指南,加强监测项目工程所在东道国的环境不确定性因素,汇总并推广工程企业的主要国际经验,为中国工程技术标准"走出去"保驾护航,使中国工程技术标准获得海外东道国政府、公众、企业更多的认可。

(1) 主导汇编国家标准的基本指南

从实证检验结果来看,标准柔性与标准刚性都会对标准海外合法性产生直接的积极影响。由此可见,在海外东道国,相关工程企业可通过标准化和标准柔性来使自身的标准适应国外的自然环境和社会环境。若没有从国家宏观层面关注工程技术标准问题,就很容易出现一个企业在本项工程中对技术标准做大量的工作,另一个企业在其他项目上进行重复劳动的现象,致使全局角度推广工程技术标准的整体效率十分低下。因此,国家发展和改革委员会联合商务部、外交部等多部门,积极与我国工程企业进行沟通与交流,汇编指导中国工程企业实践的国家标准指南。一方面,国家标准指南可以比较细致地区分技术标准、管理标准和工作标准,确定技术标准、管理标准和工作标准的基本范畴;另一方面,国家标准指南可以根据不同海外国家的经济、政治、社会、自然等基本情况,确定技术标准、管理标准和工作标准的可参考范例,使工程企业在接触海外陌生的经营环境时就有章可循、有据可查,减少成本、提高效率,以提升中国工程技术标准海外合法性。

各东道国政府职能体系中的财政、商务、外交等部门对中国工程企业的顺利施工、危机管理、品牌树立起到支撑、协助作用,包括参与指导调控、管理监控、外汇管控、财务监控、项目核准、外交事务、涉外监管、行业管理等。在进入新市场的初期,我国驻外大使馆应该在外交部的领导下,联合商务部、国家发展和改革委员会等多部门,积极联系东道国各利益相关者,与当地政府、公众和企业形成利益共同体,充分发挥国际关系中的信任优势,不断增加共同体内部利益主体数量,从而形成符合当地利益相关者主要诉求的技术标准、管理标准和工作标准。政府机构作为关系的协调者和政策的制定者,可从共同参与者的角色转变为领导角色。

(2)加强监测项目工程所在东道国的环境不确定性因素

从已有实证结果来看,环境不确定性对技术标准柔性与标准海外合法性关系产生了显著的正向调节作用,环境不确定性对管理标准柔性与标准海外合法性关系产生了显著的正向调节作用。由此可见,在海外东道国环境不确定性所产生的巨大影响是不可忽视的,必须加以高度关注。中国政府必须予以高度关注,对东道国诸多不确定性加以实时监测,尽可能减少环境不确定性对中国工程企业的负面影响。

因此,我国驻外大使馆在外交部的领导下,联合商务部、国家发展和改革委员会等多部门,积极与东道国政府、公众、企业等利益相关者建立稳定的多元化沟通渠道,及时且准确地收集当地各利益相关者的实时动态信息,形成完善的信息数据库,为中国工程企业"走出去"提供足够丰富的相关信息。同时,我国驻外大使馆在外交部的领导下,联合商务部、国家发展和改革委员会等多部门,构建完善的多等级海外危机预警体系,全方位监测东道国的经济不确定性因素、政治不确定性因素、宗教文化不确定性因素,一旦东道国发生危及中国工程企业的紧急事件,根据相关事件的紧急程度,向中国工程企业发出不同的预警提示,为中国工程企业决策提供必要的信息。尤其在极端情况下,比如东道国爆发大规模军事冲突,我国驻外大使馆应该迅速向中国工程企业发出最高等级的预警提示,有序地组织中国工程企业相关人员撤离。

(3)汇总并推广工程企业的主要国际经验

从已有实证结果来看,国际经验对技术标准柔性、管理标准柔性与标准海外合法性关系起到了显著的正向调节作用,国际经验对技术标准刚性、管理标准刚性与标准海外合法性关系起到了显著的正向调节作用。也就是说,当工程企业积累越多国际经验时,技术标准柔性和管理标准柔性对标准海外合法性的正向影响越大,技术标准刚性和管理标准刚性对标准海外合法性的正向影响越大。由此可见,在海外东道国中国工程企业所积累的丰富国际经验是不容被忽视的。中国政府必须予以高度关注,积极汇总并推广工程企业的一般性国际经验,尽可能发挥国际经验对中国工程企业的积极影响。

因此,国家发展和改革委员会联合商务部、外交部等多部门,积极与我国工程企业开展合作,鼓励相关工程企业主动分享其在海外东道国运营和建设项目工程的主要经验,包括工程企业所认识到东道国政府、公众、企业等利益相关者的主要诉求和个性化特征以及工程企业与东道国政府、公众、企业等利益相关者合适的沟通与交流方式,既可以形成与东道国政府、公众、企业等相关的信息数据库,也可以形成单个企业成功完成与运营项目工程的典型案例,为中国工程企业"走出去"提供足够丰富的相关信息。同时,我国驻外大使馆在外交部的领导下,联合商务部、国家发展和改革委员会等多部门,与进驻当地的中国工程企业建立畅通的沟通交流机制,主动了解中国工程企业在海外东道国所需的当地利益相关者的具体资料,有针对性地满足中国工程企业的具体需求,帮助中国工程企业尽可能快速且全面地吸收其他企业所积累的有用经验,避免因缺少相关经验而出现的错误行为和错误方式。

6.2.2 行业层面的启示

行业协会是政府与企业间的重要"桥梁",是推动中国工程企业对外输出"规范标准"不可或缺的重要力量。行业协会可以基于行业全局的角度,大力整合多种资源,主动引导企业形成行业标准共识,积极推动上下游产业链协同演进,建立横向和纵向的沟通机制,促使各工程企业形成密切协作,为中国工程技术标准

"走出去"提供有针对性的指导意见,使中国工程技术标准获得海外东道国政府、公众、企业更多的认可。

(1) 积极引导企业形成行业标准共识以促进中国工程技术标准的推广

在工程行业内存在众多相互竞争的技术规范,只有以一致性技术规范替代多重相互竞争的技术规范,行业内自主技术标准才可得以确立与完善。行业内技术认同是行业技术标准形成的必要条件,只有中国工程企业间对某项技术规范达成认同,并愿意在自己工程业务中对此项技术规范予以实施,才有可能将其建立为中国自主技术标准,从而在海外竞争中形成合力,共同提高中国工程技术标准海外合法性。技术认同是指由个别企业研发并倡导的技术方案、技术规范被同行其他企业所认可、赞同和支持。但在中国工程行业,有众多在技术和业务层面都相互竞争的企业,它们不仅在技术方面存在争议与分歧,还有着不同价值取向和利益诉求,这无疑会给提升中国工程技术标准海外合法性带来不小的挑战。

从已有实证结果来看,对于中国工程企业来说,工程技术标准特征有助于提升中国工程技术标准海外合法性,使中国工程技术标准在海外东道国得到更多的认可。技术标准刚性和技术标准柔性、管理标准刚性和管理标准柔性、工作标准刚性和工作标准柔性都会对标准海外合法性产生直接的积极影响。因此,相关行业协会应该采取一定的措施以引导企业形成行业标准共识。一方面,行业协会可以积极地与企业沟通交流,在广泛征求一线企业的意见后,制定满足绝大多数企业发展实际与利益需求的行业统一标准,在中国工程行业建立协作研发网络,引导企业形成坚实的工程技术标准认同;另一方面,行业协会积极开展宣传,促使企业认识到工程技术标准的多维性,加强对技术标准、管理标准和工作标准的投入,最终形成完整的行业工程技术标准体系,为推动中国工程技术标准"走出去"奠定统一的行业标准。

(2) 积极引导上下游产业链协同演进以强化工程企业标准柔性与标准刚性

从已有实证结果来看,对于中国工程企业来说,标准柔性与标准刚性(包括技术标准、管理标准和工作标准)都会对标准海外合法性产生直接的积极影响。相关行业必须高度重视标准柔性与标准刚性的作用,从行业层面加强对标准刚性落实的监管,引导对标准柔性能力的塑造,最终强化工程技术标准特征对标准海外合法性的积极影响。

国际技术标准的产生并不简单基于自主技术标准与国际主流技术标准间技术先进性或技术效率优劣的比较,是否拥有稳固的自主技术标准用户基础才是决定因素。工程技术标准是全产业链技术创新的高度聚合体,需要各产业环节企业稳定的高研发投入和快速的技术转化机制,这需要产业链上下游在技术和市场两方面协同。产业链上下游密切联结可帮助企业获取工程技术标准海外合法性的重要技术知识或关键信息。这离不开全产业链上下游各环节在技术认同基础上的协同合作,共同推动自主技术标准所倡导的技术范式成为国际市场主流范式,以提高中国工程技术标准海外合法性。

一方面,行业协会应该利用自身权威,在工程行业上下游产业各环节推广自主技术标准,让其具备共同技术背景和技术认知,促成上下游企业相互监督,强化行业标准的有效落实;另一方面,行业协会应该引导加强产业上下游互补产品的技术兼容性,构建全产业链协同创新系统,以增强企业工程技术标准的协调柔性与资源柔性,为提升中国工程技术标准海外合法性、获得更多东道国利益相关者的认可奠定必要的产业链基础。

(3)建立横向和纵向的沟通机制以促进企业标准推广国际经验的深入交流

从已有实证结果来看,国际经验对技术标准柔性、管理标准柔性与标准海外合法性关系起到了显著的正向调节作用,国际经验对技术标准刚性、管理标准刚性与标准海外合法性关系起到了显著的正向调节作用。由此可见,在海外东道国,中国工程企业所积累的丰富国际经验所产生的积极作用是不可忽视的。行业协会是企业和国家、企业和企业间的重要沟通桥梁,必须予以高度的关注,积极汇总并推广各工程企业总结出的一般性国际经验,尽可能发挥国际经验对中国工程企业的积极影响。

由于国家层面未必可及时高效地接收到企业的信息,企业不一定有高效的渠道将自己的经验反馈给国家,这就突显行业层面的重要性。目前中国工程企业在海外项目中面临陌生的自然环境和社会环境,其在国内积累的资源和能力到国外往往无法施展,在海外的生存遇到严重挑战。行业层面需要及时高效地将企业在追求中国工程技术标准海外合法性过程中的经验传达到国家层面,帮助国家顺利实施针对海外工程的工程技术国家标准的编制工作。同时,若在此过程中有适合编入行业标准的内容,行业层面也要及时将其编入行业标准。因此,一方面,以行业协会为主导,建立横向的沟通机制,主要是以行业为平台加强海外工程企业间的沟通,使企业间可对关于标准的工作经验进行深入交流沟通,避免一个企业重复走另一个企业的弯路;另一方面,由行业协会牵头,建立纵向的沟通机制,主要是为服务海外工程技术国家标准的编制。通过纵横向交织的立体化沟通机制,调动行业内优质资源,帮助中国工程企业尽可能快速且全面地吸收其他企业所积累的有用经验,避免因缺少相关经验而出现的错误行为和错误方式,帮助企业更快速地适应当地需要、保障工程顺利进行。

6.2.3 企业层面的启示

企业处于"走出去"的第一线，是"规范标准"对外输出的最重要载体。企业面对不确定性极大的海外市场，必须充分利用已有资源，构建完整的标准体系，强化对工程技术标准柔性能力的建设与改进，建立专门的海外市场投资指南数据库，寻求符合工程企业特色的标准海外合法性提升模式，将中国工程技术标准对外输出从愿景变为现实，使中国工程技术标准获得海外东道国政府、公众、企业更多的认可。

(1) 基于工程技术标准的多维性特征构建完整的标准体系

从已有实证结果来看，对于中国工程企业来说，技术标准刚性和技术标准柔性、管理标准刚性和管理标准柔性、工作标准刚性和工作标准柔性都会对标准海外合法性产生直接的积极影响。因此，中国工程企业必须重新审视工程技术标准，更深刻地认识到工程技术标准的多维性。

中国工程企业不仅仅要重视技术标准的制定与执行，也要对管理标准和工作标准予以高度重视，从而构建出兼具技术标准、管理标准和工作标准的完整标准体系。首先，中国工程企业要进一步重视技术标准的核心作用，始终将改进技术标准作为首要任务，确保整个工程项目的基本质量；其次，中国工程企业要强化对管理标准的重视程度，尤其是要加强海外项目工程管理的标准化，从管理层面保证技术标准的科学调整与严格落实；最后，中国工程企业要强化对工作标准的重视程度，尤其是要加强对当地一线施工人员的招聘与培养，提升一线施工人员具有良好的组织纪律性与过硬的工作技能素养，从而确保一线施工人员可以严格执行技术标准。

(2) 积极强化对工程技术标准柔性能力的建设与改进

从已有实证结果来看，对于中国工程企业来说，一方面，技术标准的协调柔性与资源柔性、管理标准的协调柔性与资源柔性、工作标准协调柔性与资源柔性都会对标准海外合法性产生直接的积极影响；另一方面，在高度不确定性的环境下，技术标准的协调柔性与资源柔性、管理标准的协调柔性与资源柔性对标准海外合法性具有更明显的促进作用。由此可见，在海外东道国，对于中国工程企业来说，必须高度重视工程技术标准柔性能力的建设与改进，着力提升企业的资源柔性与协调柔性。

企业在项目东道国根据工程实际需要对工程技术标准加以改进，往往以技术研发为基础。技术规范专利化以后将会演变成两种情况：一是成为技术标准，然后通过产业化进行技术标准的竞争性扩散和转移；二是直接将技术标准投入到产品生产中,通过产品的市场竞争把技术标准变成事实上的标准。经过市场反馈和生产实践的检验,不断重复并迭代新的研发或技术标准创新周期,从而达到推动整个行业技术进步的目的。工程企业为了实现以上两种目标,必须重视资源柔性与协调柔性的建设与改进。

一方面,系统地研究工程技术标准的相关概念、测试方法、分类依据和重要性能参数,相关企业必须强化协调柔性能力的建设,在标准项目的可行性研究、立项、制定、评审、复审、修订等程序上建立起相应的协调机制,在工程技术标准制定中适当添加协调标准内容的程序,以便更好地规范工程技术标准的制定和修订。同时还能扩大标准制定相关主体的范围,确保制定的标准能满足东道国市场的实际需求,而不是无法落地的空中楼阁。另一方面,企业在海外项目中常常面临标准创新能力相对不足的情况,而学术研究机构在创新体系中处于枢纽地位。相关企业必须强化资源柔性能力的建设,积极优化配置现有资源,鼓励企业与学术机构展开技术标准创新,结合自身及研究机构等产学研主体的实力和资源异质性的特点,形成相对稳定的合作网络。例如,共同主导起草技术标准、共同申请技术标准项目、参与政府主导的产业发展项目、合作开发项目解决方案、有效吸收和利用外部资源等,这样才能够保证技术标准在项目东道国顺利获得合法性。

(3)积极建立专门的海外市场投资指南数据库

从已有实证结果来看,环境不确定性对技术管理标准柔性与标准海外合法性关系产生了显著的正向调节作用。国际经验对技术标准柔性、管理标准柔性与标准海外合法性关系起到了显著的正向调节作用,国际经验对技术标准刚性、管理标准刚性与标准海外合法性关系起到了显著的正向调节作用。由此可见,在海外东道国,中国工程企业所面对的外部环境和所积累的丰富国际经验都会对项目工程建设带来很大的影响,必须予以高度的重视。

一方面,中国工程企业要深入海外市场进行调研,全面收集当地社会、经济、政治、文化、宗教等相关信息,按照大洲(比如亚洲)、区域(比如南亚)、国家(比如印度)、地区(比如德里地区)的划分,建立完善的海外市场投资指南数据库,实时监测,定期更新,为相关工程企业的投资决策提供翔实的客观数据;另一方面,中国工程企业要及时总结在海外工程建设过程中所获得的与当地利益相关者沟通与交流的主要经验,同时密切关注同行业其他企业在海外工程建设过程中所出现的成功范例,加以收集与整理,形成完整的案例数据库,将颇有成效且具有一定普适性的实践经验转化为技术标准、管理标准和工作标准,进一步完善工程企业的标准体系。总而言之,中国工程企业应该博采众长,兼容并蓄,充分地发挥已有实践经验的积极作用,最大限度减少环境不确定性所带来的负面影响,为提升中国工程技术标准海外合法性、推动中国工程企业"走出去"提供必要的条件。

（4）积极寻求符合工程企业特色的标准海外合法性提升模式

就本质而言，中国企业提升工程技术标准在海外东道国的合法性，就是在与欧美工程技术标准的竞争中，持续获取东道国政府、公众、企业的更多认可，最终取代欧美工程技术标准，成为当地最受欢迎和认可的主流工程技术标准。目前，在与欧美工程技术标准的竞争中，工程企业提升标准海外合法性的主要模式大致有以下几种类型（见表6-1）：

①同轨道跟随型模式。在同轨道跟随型模式下，中国工程企业快速对发达国家标准进行学习，在项目实施时严格执行，提高中国工程技术标准海外合法性，最终实现取代欧美工程技术标准的目的，获得东道国政府、公众、企业的最终认可。这种模式是比较保守的，其优点在于可以"摸着石头过河"，根据欧美工程企业的经验与教训，规避相应的风险，减少无谓的开发成本；而其缺点在于，始终无法完全摆脱欧美工程技术标准的影响，缺少真正的原创性标准。获得东道国政府、公众、企业的最终认可是一个漫长的过程，通常会产生很高的时间成本。②异轨道创新型模式。在异轨道创新型模式下，中国工程企业根据海外工程的建设需要对中国工程技术标准进行改进，以提高中国工程技术标准海外合法性。这种模式是比较激进的，其优点在于可以充分发挥企业资源柔性与协调柔性的作用，通过对已有资源的优化配置和对各部门关系的重新调整，自主地探索出符合东道国实际情况的技术标准、管理标准和工作标准，运用完全自主的工程技术标准体系来取代欧美发达国家的工程技术标准，获得东道国政府、公众、企业的最终认可；而其缺点在于，跳出了欧美工程企业的发展路径，会面临巨大的创新风险，尤其是在具有诸多不确定因素的发展中国家，一旦失败，往往会给中国工程企业带来不可估量的经济损失。③异轨道趋近型模式。在异轨道趋近型模式下，由于沟通需要，中国工程企业逐步学习发达国家的标准，逐步使中国工程技术标准与发达国家标准趋近，以提高中国工程技术标准海外合法性。这种模式具有明显的"中庸"色彩，与同轨道跟随型模式相比更富有进取性，而与异轨道创新型模式相比更为重视跨越式发展的潜在风险与成本。在风险与成本前提下，中国工程企业运用异轨道趋近模式构建出既符合欧美发达国家工程技术标准科学性，又具有中国标准特色的完整工程技术标准体系。

表6-1　提升中国工程技术标准海外合法性的三种模式

模式类型	主要过程
同轨道跟随型（T1）	快速学习发达国家标准→严格执行

续表

模式类型	主要过程
异轨道趋近型(T2)	沟通需要→逐步学习发达国家的标准→标准趋近
异轨道创新型(T3)	工程建设需要→改进标准

在异轨道创新型模式中,项目初期中国工程技术标准在东道国的合法性较高,业主同意中国工程企业使用中国标准。尽管在项目实施过程当中面临着标准的逐步改进问题,但从最终结果来看都顺利完成了工程任务,进一步提高了中国工程技术标准海外合法性。在异轨道趋近型模式中,项目初期中国工程技术标准海外合法性不高,往往由于中国在项目融资方面对业主进行了优惠或者其他原因,业主同意中国工程企业使用中国标准。然而实际上中国标准的合法性在此项目中往往处于劣势,业主还是会雇用国外咨询方、监理方等对项目的实施进行总体把握,为了项目沟通需要,中国标准不得不被国外标准同化。在同轨道跟随型模式中,项目初期中国工程技术标准在合法性上更是处于劣势,在项目签订合同时,业主就要求中国工程企业使用发达国家标准。在不同的行业和不同的东道国市场,不同的工程企业应该积极寻求符合企业自身情况的工程技术标准海外合法性提升模式。

6.3 本章小结

本章首先从工程技术标准特征对标准海外合法性直接影响、环境不确定性调节效应、国际经验调节效应、控制变量对标准海外合法性影响这四个层面对假设检验结果进行了较为深入的讨论。随后,对中国工程企业"走出去"非效率因素、中国工程技术标准海外合法性获取框架进行了讨论。最后,在研究结果讨论的基础上从国家层面、行业层面和企业层面,为我国工程企业"走出去"、强化中国工程技术标准海外合法性,提出了相应的完善与改进策略。

第七章 结论与展望

7.1 研究结论

本文的研究问题为：工程技术标准的主要内涵是什么？工程技术标准具有哪些区别于产品技术标准的主要特征？工程技术标准特征对中国工程技术标准在东道国的合法性会产生什么影响？国际经验对工程技术标准特征与中国工程技术标准在东道国的合法性间关系会产生什么影响？环境不确定性对工程技术标准特征与中国工程技术标准在东道国的合法性间关系会产生什么影响？围绕这些问题，本研究得到了以下研究结论：

（1）工程技术标准具有多维性、刚性和柔性的特征。多维性体现在：工程技术标准通常是由技术标准、管理标准和工作标准组成的。其中，技术标准是"对标准化领域中需要协调统一的技术事项所制定的标准"，管理标准是"对企业标准化领域中需要协调统一的管理事项所撰写的标准"，工作标准是"对企业标准化领域中需要协调统一的工作事项所制定的标准"。三种标准共同发挥作用、相辅相成，发挥每个标准各自的优势与功能，构成了完整的标准体系。标准刚性和柔性体现在：既要对实施过程中的各项事宜进行严格要求，又要根据实际情况进行调整。

（2）本文通过案例研究与实证研究相结合的方式，探究了标准柔性、标准刚性与标准海外合法性间关系，实证结果表明：①标准刚性对规制合法性有正向影响；②管理标准刚性对规范合法性有正向影响；③工作标准刚性对认知合法性有正向影响；④技术标准柔性对规制合法性有正向影响；⑤管理标准柔性对规范合法性有正向影响；⑥工作标准柔性对认知合法性有正向影响。

（3）就环境不确定性的调节效应而言，实证结果表明：①环境不确定性对标准刚性（技术标准、管理标准和工作标准）与标准海外合法性关系的调节作用不显著；②环境不确定性对技术标准柔性与标准海外合法性关系有着显著的正向调节作用；③环境不确定性对管理标准柔性与标准海外合法性关系有着显著的正向调节作用；④环境不确定性对工作标准柔性与标准海外合法性关系有着显著的正向调节作用。

（4）就国际经验的调节效应而言，实证结果表明：①国际经验对技术标准刚性、技术标准柔性与标准海外合法性关系有着显著的正向调节作用；②国际经验对管理标准刚性、管理标准柔性与标准海外合法性关系有着显著的正向调节作用；③国际经验对工作标准刚性、工作标准柔性与标准海外合法性关系的调节作用不显著。

7.2　研究不足与未来展望

7.2.1　研究不足

中国工程技术标准海外合法性是一个崭新而极具理论价值和现实意义的研究方向。本研究基于国际经验和环境不确定性视角探讨了标准柔性、标准刚性与标准海外合法性的关系，基本达到了预期研究目标，并获得了有价值的研究结论。但目前相关研究工作因客观条件的限制仍存在一些局限和不足，有待在未来研究中予以必要的改进与完善，集中表现为以下几个方面：

（1）收集数据存在时间偏差

提升中国工程技术标准海外合法性并不是一蹴而就的，而是一个比较长期的过程，获取时间序列数据才是确保这类问题研究准确性的最好方式。尽管本研究已经考虑了这一因素，并在访谈和问卷时，有意识地进行了相应的技术处理，但通过答卷者回忆所收集的数据依然存在着一定偏差，在一定程度上可能会影响到实证检验结果的准确性。因此，在今后的相关研究中可以考虑对研究对象进行持续的跟踪调查，分阶段地获取相关变量的数据，从而更加准确地检验它们之间的关系。

（2）海外工程项目国别的局限性

近十年来，中国工程企业逐步打开欧美发达国家的工程市场，开始受到部分发达国家的认可，取得了不小的成绩。与广大发展中国家不同，欧美国家普遍具有经济发达、政治稳定、法制完善等特点。但是目前中国海外工程项目基本集中在政治局势不稳定、经济发展水平落后的亚洲、非洲发展中国家，欧美地区承建工程项目的相关案例数量较小，在一定程度上影响了数据结果的全面性与准确性。出现这种调研结果的原因主要在于，在欧美地区，普遍存在着高环保要求、不信任国有企业等显性或隐性进入壁垒，导致中国企业在欧美地区承建工程项目的数量远不及其他地区。因此，随着未来中国企业在欧美地区承建工程项目的案例增多,高环保等应该被纳入后续研究工作中,以确保研究结果更为精准。

(3) 未考虑其他控制变量的影响

为了研究结果的准确性,本研究将企业规模、企业年龄、企业所有制作为控制变量。但是以上三个控制变量均属于企业个体层面因素,而其他行业、国家层面因素也可能存在着其他控制变量影响研究结果。例如母国行业协会在东道国的影响、母国政府对特定工程项目的重视程度等。因此,未来更多控制变量的影响问题应被纳入研究工作中。从目前已有研究文献来看,在短期内这些因素较难通过具体的指标予以量化,利用实证工具进行检验的难度比较大,需要投入更多的精力去深入研究与探索。

7.2.2 未来展望

本研究未来展望主要包括以下几个方面:

(1) 考察中国工程技术标准海外合法性的关键影响因素及其条件组合

对于中国工程技术标准海外合法性来说,其影响因素来自多个方面,比如中国政府、国外政府、标准发布机构、金融机构、参与项目的企业等。因此,影响中国工程技术标准海外合法性的因素会有许多。本研究从参与工程项目的企业角度进行研究,选取"标准刚性"与"标准柔性"来探究其对标准海外合法性的影响。除了"标准刚性"与"标准柔性",直接影响中国工程技术标准海外合法性形成的关键因素有哪些?这些因素是否有可能相互交织,形成条件组合来影响中国工程技术标准海外合法性?在未来的研究中,可以运用适宜的方法,并设计方案来科学地确定中国工程技术标准海外合法性的其他关键影响因素及其条件组合。

(2) 未来可以引入更为与时俱进的大数据技术

本研究虽采用了案例与实证相结合的方法,得出了一些具有理论和实践意义的研究结论。但是在相关实证研究中仅集中于多元回归方法,而在当下"大数据"蓬勃发展的时代背景下,为更好阐释研究结论的普适性,未来可结合大数据技术和最新计算机技术进行进一步证实。

(3) 考察中国工程技术标准在某东道国合法性对其他国家合法性的影响

本研究所聚焦的中国工程技术标准海外合法性,是具体针对工程项目所在东道国的。但是工程技术标准海外合法性除了影响当前东道国之外,还会间接影响其在其他东道国的合法性。因此其合法性在不同国家之间进行传播时,还存在着扩散和耗散的问题,其扩散的范围、速率,耗散的速率等,都是今后很有价值的研究问题。

附录 A 案例描述表

项目名称	参与方	案例描述
柬埔寨甘再水电站BOT项目	总承包方:柬埔寨甘再项目公司(中国电力建设海外投资有限公司控股子公司)	由于甘再项目公司之前曾在当地有过工程实践,得到了业主认可,中国工程技术标准,同意在项目中使用中国工程技术标准。在项目实施过程中,如出现中国工程技术标准与实际工程情况不符的情况,再对中国标准进行修改
		按照甘再项目公司针对当前工程管理部实行的授权信息,其将会在授权的14条范围内实施现场管理权。也就是所谓的"四控制"模式。其中"四控制",即为具体参与到工程的质量、投资、进度以及安全方面的控制。这里的"二管理",即为全面参与到合同管理以及信息管理方面。"一协调",即为充分协调工程人员与承包商两者之间的联系。这就着重要求当前国内的管理方同能够不受制于业主的监督管理系统,能够代表广大的业主主动行使监督职权,充分考虑业主当前的经济利益关系。最大限度地为业主提供优良的服务等
		甘再项目公司建立了较为完善的质量管理机制,要求其工程管理部需要明确把控产品的质量。同时需要制定科学有效的方案和完善质量管理制度。更为重要的是,甘再项目公司制定出《甘再水电站工程质量管理细则(土建部分)》和《甘再水电站工程质量管理细则(机电部分)》。工程管理部制定了相应的工程质量管理实施细则,对各建设阶段的质量目标进行质量控制点
		项目初期,征地问题造成了当地民众对中国企业的不信任。经过长期的摸索、研究,项目形成了一套系统的地方法。如租征结合,农作物补偿等代工地赔偿;政府机构与公司联合征地,受到了当地民众的支持,比较成功地解决了征地问题,没有影响项目建设
	施工方:中国水利水电第八工程局	为适应高峰施工期间的进度要求,在高峰施工期间,项目部的内部管理模式由直线职能式调整为矩阵管理式,对相应的工作标准进行了调整
	设计方:中国水电集团西北勘测设计研究院、福建省水利水电勘测设计研究院	经过较为详细的分析、勘察以及调研之后,得到其他地质、地形以及物料的未察等情况。因此,为能够有效地掌控项目的总投资情况。甘再水电站项目对其进行了较为详细和彻底的项目设计优化
	业主方	在竣工庆典上,时任柬埔寨首相的洪森发表了一个多小时的演讲,回顾了甘再水电站的规划、立项历史,称赞中国水利水电建设集团公司在电站开发与建设中做出的卓越贡献,认可了中国公司的技术水平

续表

项目名称	参与方	案例描述
土耳其安伊高速铁路二期项目	设计方：中铁第五勘察设计院	由于项目初期业主不认可中国工程技术标准，工程设计和施工全部采用欧洲技术标准。这是中国工程企业在欧洲拿下的第一单高铁项目，需要了解、掌握全新的欧洲技术标准，对相应的技术要求也难以评估。同时，也存在着当地的民众对中国工程企业的阻挠情况。 业主合同任要求设计方案应该服从于欧洲纸图标准。对于施工图阶段仅需要结合线路具体实施即可。所以，对于项目设计方案接口设计，项目设计详细方案和相关图纸应该服从于欧洲纸图标准。值得一提的是，其初步设计方案应该包括项目的项目设计前言、初步设计在各阶段中具有举足轻重的作用。同时，设计中还面临国内无类似经验可借鉴。不熟悉及应用欧洲标准，土耳其语及英语翻译困难 项目开始时，对当地的情况不熟悉，中铁第五勘察设计院倒排了完成节点时间，组织精兵强将，成立了以副总工程师为总负责人的项目设计小组，立即投入了工作。设计组加班加点，许多员工甚至在办公室度过了元旦、春节，并项目打破常规，变各级总工文件审查为全过程参与、甚至亲自编写文件。终于，设计组按期、高质量完成了500余页的土、英文对照文件
	施工方：中国土木工程集团有限公司	在管理过程方面，中国和并国际标准也各不相同，欧洲标准比较看重过程控制方面，一个环节都需要严格依据相关的操作规章制度去完成，并应有相应的负责人负责签字。还应该有监理部门监督，此种过程精细化管理具有较强的约束性。这就要求中土公司进行精细化管理。在质量管控上做到更加科学。由于精细化的管理，对当地居民的生活影响较小，得到了当地民众的称赞 由于地质条件方面，国土拆征较为艰难，中国土木工程企业要求项目施工方的任何一个环节都需要过程控制方面帮助。同时节假日时间较长。项目工期出现了严重的延误。为了保住企业信誉，中国土木工程企业迅速向中其其大使馆请求帮助，解决了101名工人的签证问题，人员到位后，项目部优化了施工方案，将当地劳工与中土公司员工进行混搭。从2013年6月份开始，中土公司安排了三班倒。一天24个小时建设个铁路的建设时间要求 中方的施工队伍最多时能够多达400人，主要负责高铁施工方面建设速度极快。土耳其当地的企业用了两天时间安装了7根电线杆。而中土公司在一天时间内安装了近100根电线杆。来自西班牙的咨询工程师对中国速度表示了高度赞赏。后来，更令他吃惊的是、质量检测表明，中国工程企业施工的电线误差都控制在微米级，施工质量得到有效保证 在项目技术难度方面，国外项目要远小于国内项目，但其商务难度却相对较高，中国工程企业在国内外对于相关资源的调配方式有着极大的差异。更为重要的是，对于国外没有的却与名企业，中国商务陷阱的可能性。这主要于在国内可以几个月完成的项目，在国外没有一年半载是完成不了的，另外，施工人员从施工地调配施工人员以及将施工人员从国内调住国外各地配同的不同

175

续表

项目名称	参与方	案例描述
沙特阿拉伯利雅得水泥公司二期项目	设计方、施工方：中国中材国际工程股份有限公司	虽然业主在前期同意使用中国标准，但因为业主在任会聘请一些世界著名咨询公司来对相应的项目工程实施有效的监理。此时中材国际的咨询公司要求在任管在设备安装还是项目施工方面都应该严格按照该国际标准的要求具体实施。中材国际为了能够符合此要求，迅速转变技术标准，与此同时重点加强国际标准的人员培训工作，从而使得项目技术人员以及管理人员对国际标准都能熟练掌握，并依据国际标准实施项目设计与施工
		设计中大胆使用新技术、新工艺，包括过滤有害成分技术、节水降温技术、自动化控制技术及重油燃料技术等，体现了项目节能环保的特点。绿色施工的过程同时降低了对附近居民生活环境的影响，获得了当地民众认可
		针对原料成分不稳定，具有害成分较多，一些出现石灰石中氧化钙含量偏低时，原料先进行预处理，此时在破碎机进料口处以及分别设计一定规格的滚动筛，针对性地对进破碎机的大块石以及出破碎机的组分进行滚动筛分，以除去部分石以及夫夫，以此技术提升氧化钙的含量，从而达到原材料的使用标准
		针对工厂建设总体技术内容，按照业主方的要求和项目的特点，同时结合生产线的实际规模、原材料的性能特点，着重分析和考虑设备在运行中可靠、操作简单、维护容易等方面的要求。针对生料磨以及水泥磨等系统设计专门的水泥熟料生产线配套了闭路尾的管磨系统方案，并给 6 000 吨/天的水泥熟料生产线配套了闭路尾的管磨系统
		按照沙特阿拉伯炎热干燥的气候特点，有必要实施科学有效的技术措施来达到对车间的节水和降温措施，此时的风冷袋除尘器就起到了良好的效果，能够节约多吨水以减少企业的用水量
		相关业主人员花费巨资聘请世界著名咨询公司对相关措施科学有效的监理。此时的咨询公司任为中材国际不管在设备安装还是项目施工方面都应该严格按照国际标准实施。中材国际为了能够符合此要求，迅速转变技术标准，与此同时重点加强国际标准的人员培训工作，并依据国际标准实施项目设计与施工。中材国际还完成了 ISO 9000 质量管理体系认证、ISO 14000 环境管理体系认证以及 OHSAS 18001 职业健康安全管理体系认证
		当处于海外工程中时，需要严格依据欧洲相关标准。对于进行回填欧洲粒土颗粒度应小于 75 mm，且每层回填土的实际高度大约为 300 mm。实施分层回填模式，经过洒水以及碾土层变得更加密实，更为重要的是，在实施回填土时，相关项目部人员会在任混凝土墙上标志有规定的横杆，员工依据合格等实施回填土工作。当每层回填土密实后，经过第三方检测机构检测合格之后，才会实施新一层作业。正是因为项目部人员和相应的业主以及咨询公司之间没有发生任何争议，完全符合欧洲行业标准

续表

项目名称	参与方	案例描述
沙特阿拉伯阿利雅得水泥公司二期项目	设计方、施工方：中国中材国际工程股份有限公司	咨询公司严格要求在项目具体实施时，其制定的总进度、月计划、周计划都需要与项目相一致，并且要做到每周都对相应的混凝土施工状况、挖土方数量、具体的施工人员数量以及机械使用量等严格核查。这就对中材国际项目部的进度管理提出了很高的要求。项目部的主要任务为设计、材料采购、工程施工管理以及物流等业务实施流程的科学再造工程。针对工程施工图管理方面，主要以计划管理为中心内容，然后制定相关的机械设备计划、人员计划、设计图纸计划、材料的采购计划等。更为重要的是，资源计划和相关的采购计划进度计划两者之间相互协作、相互信息互通，从而有效地达成动态编制目的
		中材集团对内进行了产业链整合，将研发、工程设计、技术咨询与服务、工程建设、设备制造、工程总承包等各个分散环节整合为一个完整的产业链，采用工程总承包模式，实施交钥匙工程
沙特阿拉伯麦加轻轨项目	总承包方：中国铁建股份有限公司	该项目使用中国工程技术标准，但是麦加轻轨项目仍有着一定的差别，其制定的设计文件必须经过咨询公司相关人员审批之后才能够施工。更为重要的是，施工的每项设计内容都必须附带科学准确的设计说明书。甚至于在一些时候，一页的设计图纸就必须要数百章的说明书内容。比如，负责桥梁设计咨询方面的为阿特金斯公司，该公司退出图纸的为欧洲最大的咨询公司。有时，施工项目的一批申请文件正式提交时，该公司会退出数十条意见让其解答。这也就导致施工项目正式开工木长时间，就面临设计进度延缓的情形
		麦加轻轨项目的咨询公司是由世界质级的英国达夫勒公司以及德国德森公司以及实施汉德森国际组成的联合体。值得一提的是，在麦加项目开始的咨询阶段，此咨询公司就对中国铁建的资质以及实施的能力进行了全方面的考察和质疑，使得开始的合作过程充满了挑战。咨询方要求中国铁建接受第三方欧美双标准性的全面安全认证。此种情形为我国企业在世界市场方面第一次碰到。此认证机构指明麦加轻轨项目建设在施工的具体过程中，其使用的所有设备、机械、原材料，甚至小到螺丝叮等，都应该依据上述的标准安全检测。要进行全程追溯。中国铁建历经艰刃，逐渐适应和完善，从而实现了中国标准和欧美标准的和谐统一，从此具有了运营实施的全部技术以及基础条件
		为了对接西门子电力设备、秦晶兹通信号电力设备等相关欧美质级企业的技术标准，中国铁建在麦加轻轨项目中，进行了多项施工技术和工法创新。例如，牵引供电工程站下电缆敷处电缆站上敷设，其施工难度相对较大。但是，中国铁建公司为了能够加快工程进度，使用公司研发人员以及研发科技人员对其进行了全面的分析和探讨，从而制定出一套科学有效的敷设方案。只是使用一个月时间就完成了7个车站170千米的电缆敷设任务量

177

续表

项目名称	参与方	案例描述
沙特阿拉伯麦加轻轨项目	总承包方：中国铁建股份有限公司	由于麦加是穆斯林的圣地，中国铁建尤其需要小心翼翼地尊重伊斯兰教的宗教习惯。麦加轻轨项目的合同工期中，公司当地员工每天需要进行五次祷告活动，对工程施工进度产生了一些影响。2009年11月的朝觐，中国铁建制定了密的计划和应急预案，把教育和严管相结合，使员工队伍管理仅有了深入了解。特别是对穆斯林员工参加朝觐活动，经过多次研究研究研定，变"封堵"为"疏导"，想方设法为参加施工的穆斯林员工办理了朝觐的手续，满足了他们的愿望。这不仅保证了工程的正常进度，还避免了中国工程员工参加当地风俗习惯的冲突。使得当地民众更认可中国工程技术标准
		皇宫门工程是整个项目里最为艰难的爆破任务。皇宫门段位置特殊，山高崖陡，地势险要，地质复杂。该段地质结构如一块巨大的夹心饼干。地表一层为风化岩，夹层则为花岗岩，巨型砂石夹杂其中，承载力极差，极易造成塌方滑坡。再加上地处石半山腰间的沙特阿拉王宫围墙脚下，爆破作业面距离最近的皇宫围墙不足1米，若一旦爆破导致滑坡，造成皇宫围墙坍塌，后果不堪设想。同时，下方紧挨着十分繁忙的交通要道，车流、人流密集。另外，顶部作业面十分狭窄，钻机和大型挖运设备缺乏作业平台。项目部强化组织领导，科学优化资源配置、爆破效果十分理想，近在咫尺的皇宫围墙，未受任何影响。2010年7月26日清晨，优化了锚索施工技术方案，皇宫门段右方爆破主体工程——基本完工。比项目部下达的工期提前了一天完成
		麦加轻轨项目当中有一部分内容关于当地承包商以及外国分包商的文化的差异以及对项目施工工期紧迫性认识的欠缺，分包商对施工进度相对迟缓，严重影响了整体项目进度。麦加轻轨项目指挥部面对僵局，正视现状，对于那些具有一定实力的分包商，公司应派遣相关专业技术人员以及管理人员对其进行有效的监督和管理，重点监督其完成施工任务，确保项目提前完成。当部分商出现动力资源稀缺时，公司应该派出一部分施工人员协助其完成施工任务，针对那些大客户以及大型明的分包商，则需要根据该形式并坚签署重要的协议，以此来设立长久的协作关系，从而得到分包商和供应商的欢迎和理解，为抢工期奠定了坚实基础
各方评论		在2010年麦加轻轨朝觐运营结束时，咨询公司的德国总经理感慨概地说："在我的一生中，干了近30年的铁路施工工作，其中麦加轻轨铁路属于最为艰难的一个。然而中国人却能够将这种不可能变为现实，表示佩服他们的能力。"沙特阿拉伯新闻报《利雅得报》报道了以《沙特阿拉伯新闻报》中说，此轻铁路能够显解当全部朝觐圣地的交通压力。在沙特阿拉伯公司实施先运，认为列车建设的轻轨铁路，运行平稳、舒适。最具有成就的施工项目当地中，沙特阿拉伯能够显著缓解当地的交通压力。他们还认为中国铁建在如此短的时间内，极其艰苦的条件下完成了任务。车站和列车整洁有序，是非常值得赞赏的

178

续表

项目名称	参与方	案例描述
沙特阿拉伯法格比燃油电站项目	总承包方：山东电力建设第三工程有限公司	阿拉伯市场使用的是西方两方管理理念和体系。业主都是聘请欧美咨询公司对承包商进行管理。在项目执行中，业主和咨询公司非常注重以合同规定为依据，严格执行管理体系和程序。这也是中国工程企业的短板。强调工作的闭环管理，文件化管理，工程管理重心往事前预控方面。针对这些环节，山东电建三公司的项目部开展了有针对性的学习培训，加强与业主和咨询公司的紧密沟通和交流，逐渐改变自身的管理程序，优化管理流程，提高管理意识，组织管理人员和员工到欧美日韩在建工程进行考察学习，通过对标研究，增强管理人员和员工的感性认识。有针对性地聘请了部分外籍员工担任部门经理、咨询，加快项目部现有的管理体系，改变传统管理理念。通过采取这些措施，山东电建三公司为项目有效地适应沙特阿拉伯市场的管理要求，打下了坚实的基础
		在法格比燃油电站项目前期，业主不认可中国工程技术标准，要求使用欧美标准。山东电建三公司对欧美标准比较陌生，而法格燃油电站项目要求完全按照欧美标准执行。为了使全体员工迅速学习和掌握欧美标准，公司做了以下工作：项目部通过各种渠道收集和积累各种相关标准。最终形成了上下册的欧美标准系列书，使大家有了学习资料的来源。通过在项目部的就进行标准化研讨，中外标准对比，标准学习竞赛等一系列有效手段，促进员工学习和掌握欧美标准。通过与中外企业的相互学习、交流、考察、拓展学习渠道，加深对欧美标准的认识
		欧美标准极其注重合同管理工作。面对专业内技术人员工作经验、工作技术和能力参差不齐的现状，要求技术人员主动学习和适应中东市场高标准和严要求。以项目部热工专业经理为例，他率先开展了热工合同的分解工作，把业主大合同与热工相关的条款全面分析、组织技术人员分部分解表款、每个条款都设立跟踪人，对条款的执行情况进行监督、检查，并形成了闭环控制表格，确保每个条款能实现闭环管理
		穆斯林斋月是每个中东地区的建设工程都必须经历的阶段。现场施工人员人数骤减，虔诚的穆斯林在白天滴水不进。每天只能工作半天时间。适逢热工专业的施工高峰期。但是项目部没有被困难吓倒，实际上通过系统的前期准备，项目部已成竹在胸，早在斋月之前，项目部就提前了解了穆斯林斋月工的数量及所占的比重，根据他们的实际工作效率减半进行估测，初步估算出了重点项目斋月期间可能完成的工作量。然后，再详细地对分包商前一阶段的实际工作情况，现场客观因素进行综合考虑。项目部首先对剩余工作量进行了全面分解，确定出每天的详细工作任务，进而细化到了每天上下午甚至每个时间段所要完成的具体工作，并提前下发分包商进行落实确认

179

续表

项目名称	参与方	案例描述
沙特阿拉伯拉比格燃油电站项目	总承包方：山东电力建设第三工程有限公司	在抢工期间，项目部还要进行电缆敷设的抢工任务。在对现场情况进行全面的检查梳理后，项目部对电缆敷设的施工方案进行了大胆的创新和优化，提出在同一条路径上，通过不同位置分层、分侧敷设的方式，可以采用三组人员同时进行电缆敷设。这样不仅可以充分避免施工交叉，提高现场的施工效率，还能有效减轻施工人员的体力消耗，等于是把窝月期间的工作效率提高了两倍。在分包商怀疑的目光中，项目部组织分包商将电缆桥架两侧全部搭设脚手架，进行了三天的电缆敷设实验，这个完美的工作方案立即取得了分包商的信任和认可，分包商开始积极投入到电缆敷设中去。在用电高峰期，沙特阿拉伯政府和业主强烈要求机组协助度过用电高峰期，并保持500兆瓦以上的高负荷。山东电建三公司在对机组数和数十次实验之后，圆满完成了两个月高负荷运行的任务。在保持机组稳定运行期间，山东电建三公司一边观察分析机组特性，一边倾力组织各方研究第一步改造方案。在用电高峰过后停机检查时，对机组进行了彻底改造。得到沙特阿拉伯政府和业主的一致好评。山东电建三公司积极主动与国际化安全环境管理接轨，通过引进安全环境咨询，学习欧美企业在沙特阿拉伯的成功做法，将国际标准化与公司实施的管理相结合，于2001年1月份成功建立了符合欧美标准国际化安全环境管理体系，为项目部安全健康环境管理工作提供了依据。为拉比格项目后期机组的提升奠定了基础。2014年3月31日，山东电建三公司成功收回最后一笔合同款，充分展示了中国工程企业在国内外中高端市场的过硬履约能力与良好工程总承包的形象。2014年5月29日，拉比格燃油电站项目运行庆典仪式在项目现场隆重举行，沙特阿拉伯水电部副部长、ACWA国际电力公司总裁与中国工程企业有关领导出席了这一盛典
埃塞俄比亚阿达玛风电一期项目	总承包方：中国水电工程顾问集团有限公司	阿达玛风电项目为当前中国在这个领域第一个在技术标准、规章制度、管理内容以及机械设备等方面具有良好世界竞争力的风电项目，整个过程中项目使用阿达玛风电工程总承包中心，并设立了一套较为周全的项目管理机制。依据相关管理规划，值得注意的是，国际工程企业的项目实施方案实际到阿达玛风电为主导和指导。形成了可以项目管理实施方案为以阿达玛风电为实施方案实施，项目开发和投标，一直到项目最终执行阶段的管理模式，使得此风电工程得到了顺利的实施，提高了建设速度和建造质量。公司曾经在过去的项目中与业主有过合作，因此，业主对中国工程技术标准较为认同

180

续表

项目名称	参与方	案例描述
埃塞俄比亚阿达玛风电一期项目	总承包方：中国水电工程顾问集团公司	组织规划。所谓的组织规划主要依附于企业功能比以及相应的战略目标，需要明确公司项目管理形式以及管理职能大体构架，同时充分结合公司当前的管理现状和施工项目自身的特点，做到切实优化施工组织机制，提升公司项目管理的经济效益 项目进度管理方面。在项目启动和策划阶段，阿达玛风电项目部根据总包合同、制定项目里程碑计划，作为项目管控的指导性计划。项目部依据项目工作分解结构实施逐级管理办法，充分利用掌控进度指导来进行实有效地掌控项目的整体进度，确保项目目标的实现。项目部还制定了项目进度管理制度，规定了各级进度计划制定、进度计划控制、进度计划变更等内容，指导项目进度管理 抓好了物流尤其是大件设备的运输这个关键工作，采用了部门物流费用、降低了项目风险，并目有利于项目的整体规划、组织、实施和控制，有效地提高了项目物流效率，实现了项目物资按期到货，保障了项目的工期 埃塞俄比亚原通信和信息技术部长在致辞中，对阿达玛风电一期项目的顺利完工给予了充分肯定与感谢，并在致辞中着重强调希望中方人员能够再接再厉，实施好二期项目，从而为本国的经济发展与社会稳定做出更出色的成绩
塞尔维亚泽蒙-博尔察大桥及附属连接线项目	总承包方：中国路桥工程有限责任公司	由于甲方对中国标准的了解，合同要求使用塞尔维亚和欧洲标准及规范。对于前南斯拉夫标准没有覆盖的内容，使用的是欧洲标准。塞尔维亚使用的是前南斯拉夫标准实施准和欧洲标准编写相关项目的部分施工方案并目做到严格执行。中国路桥在项目实施时，依据塞尔维亚以及欧洲标准实施编写相关项目的部分施工方案并目做到严格执行。中国路桥组织负责设计的中交公路规划设计院总工程师带队，每半年到项目现场施工方案进行评审，重要的专项施工方案进行评审，从源头把好质量关 项目参与咨询公司易思-伯杰公司合作。建立了适应欧洲标准的质量管理体系，在施工中严格遵守塞尔维亚本地的法律规范。在桥梁工程施工方的施工工程质量计划并进行自行检验，与此同时，聘请本地知名的检测机构对施工质量方面严格把关，从而使得到的检测结果能够符合合同要求的规范标准，并得到了咨询公司的认可 中国路桥非常重视技术创新，在泽蒙-博尔察大桥项目中完成了多项成果。"长刚性管桩加短柔性板桩组合深水围堰"申报了实用新型专利；科研课题"大跨薄壁"大跨薄壁预应力卵石混凝土箱梁研究及工程应用"取得了阶段性成果；"桥梁上部结构卵石混凝土施工工法"和"组合钢板桩围堰施工工法"申报了工法 中国路桥聘请了当地专业的咨询公司，协助开展项目的履约管理工作。依据塞尔维亚的相关法律规范，设立深入的完善的内部监督安全管理机制。另外，自从施工项目开始以后，咨询公司每天都应深入实现场巡查，设立起一套较为完善的内部监督安全管理机制。另外，自从施工项目开始以后，咨询公司每天都应深入实现场巡查，这也在一定程度上提升了现场各工区的安全管理，并针对性地实施地实施安全事故演练

续表

项目名称	参与方	案例描述
赞比亚卡里巴北-凯富峡西输变电线路项目	施工方：中国水利水电第十一工程局有限公司	在赞比亚项目中，虽然电缆的中国标准与国际标准类似，包括检验过程、IP等级都一样。而且领域内基本的要求、规范、计算都差不多。但是，一开始国外的业主和咨询公司不是很认可中国标准。主要原因是他们担心我们偷工减料、造成产品的质量问题。因此，我们在工程实施过程中严格按照标准执行，在保证质量的同时，经常邀请国外业主和咨询公司到国内来、开展联络会或者标准对接会。基本上每一个月开一次，让他们了解中国标准，以及中国公司对标准的执行力度。通过这个过程，加深了国外业主和咨询公司对中国标准的认可程度
		如果把中国标准化为英文版，外国人基本上是受的。因为标准没有太大差别。但是，使用中国标准时，国内其供应商以及生产国外的要求是很难统一。因为国内外生产的习惯不同，比如，在赞比亚的项目中，一开始我们的钢板厚度都是负偏差。而国际上的正常情况是正负都有存在。所以，后来对生产厂家和原材料的要求也逐步与国际接轨，按照国际标准严格要求
		为了获得当地民众的支持，在赞比亚的项目中，基本上不招中国人。只要一些管理人员和重要技术人员过去。有时候甚至连班长都是当地人。同时，项目部开办技校，培训当地工人电焊、绑钢筋等工作。培训过后，许多国内工人。只要严格按照国际标准和工艺执行操作、施工，按照欧美标准的素质和能力基本与高于国内。只要严格按照国际标准和工艺执行操作、施工，按照欧美标准严格要求保障
		虽然合同中同意使用中国标准，项目中我们使用的设备和材料本身也是符合欧美标准的。但是，一开始国外公司却不认可。于是我们必须提前买好设备和材料，然后按照欧美标准的习惯，提前与国外业主和工程师进行沟通。详细解释产品的性能、设计参数以及与欧美标准的对标情况，这些工作都需要使用额外的费用和时间。要不停地与国外工程师交流，让他们不停过来看。有些国外工程师一开始对材料不是很了解，才可以使用准的材料，那就必须不停地沟通，直到他们认可我们的设备和材料是符合欧美标准的，才可以使用
	东道国领导	在赞比亚的公司领导可以见到总统、能源部部长等高级别领导。由于我们严格执行标准，严把质量关，经过长期合作，已经与所在国高层战略合作伙伴。他们对中国企业的信任程度和友好程度也逐步加深。在工程的实施阶段、会对中国工程企业带来很大帮助

附录 B 开放性编码表

案例证据资料	贴标签	概念化	副范畴
所谓的组织规划主要依附于企业功能以及相应的战略目标，需要明确公司项目管理形式以及管理职能大体构架，同时充分在分公司当前的管理现状和施工项目自身的特点，做到切实优化施工组织机制，提升公司项目管理的经济效益(INj)	a1 施工质量	A1 构成元素质量	AA1 质量需要
后来对生产厂家和原材料的要求也逐步与国际接轨，按照国际标准严格要求(TEi)	a2 原料质量		
"四控制"，即为具体参与到工程的质量、投资、进度以及安全全方面的控制(INa)	a3 质量控制	A2 流程质量	
中国路桥组织负责设计的中交公路规划设计院总工程师带队，每半年到项目现场对施工组织设计、重要的专项施工方案进行评审，从源头上把好质量关(TEk)	a4 质量评审		
按照甘肃项目公司针对当前工程管理部实行的授权信息，其将会在授权的14条范围内实施现场管理权，也就是所谓的"四控制"模式(DOa)	a5 模式化	A3 规范化	AA2 逐渐成为规范
经过长期的摸索、研究，项目formed了一套系统的征地方法。如租征结合、农作物补偿替代工地赔偿、政府机构与公司联合征地的方法(TEa)	a6 总结方法		
依据相关管理委员会的监督和指导，项目formed了以项目管理实施方案为中心，并设立了一套相对较为周全的项目管理机制(DOj)	a7 管理机制	A4 机制化	
中国路桥聘请了当地专业的咨询公司，协助开展项目的履约管理工作。依据塞尔维亚的相关法律规范，设立起一套较为完善的内部监督机制(INk)	a8 内部监督机制	A5 制定内容	AA3 形成制度
甘肃项目公司建立了较为完善的工程质量管理机制，要求其工程管理部门要明确把控产品的质量(TEa)	a9 质量管理机制		
工程管理部制定了相应的工程质量管理实施细则，对各建设阶段的质量目标、发布相应阶段的质量控制点(DOa)	a10 质量控制点		
打破常规，变各级总工文件审查为全过程参与，甚至亲自编写文件，终于，设计组按规、高质量完成了500余页的土、英文对照文件(INe)	a11 全程管理模式	A6 制度形式	
得到从项目立项实施，项目开发和投标一直到最终的项目执行阶段的管理模式，顺利的实施，提高了建设速度和建造质量(TEj)	a12 分阶段管理模式		

续表

案例证据资料	贴标签	概念化	副范畴
工程设计和施工全部采用欧洲技术标准,这是中国工程企业在欧洲拿下的第一单高铁项目,需要了解掌握全新的欧洲技术标准,挑战很大(DOe)	a13 国外标准	A7 遵守内容	AA4 业主要求
其初步设计方案应该完成包括项目的接口设计,项目设计详细方案和相关图纸设计,对于施工图阶段仪仪需要结合线路具体实施即可(INe)	a14 设计规范		
虽然业主在前期同意使用中国标准,但业主任会聘请一些世界著名咨询公司来对相应的项目工程实施有效的监理(TEg)	a15 第三方对接	A8 外部压力	
在施工中严格遵守塞尔维亚本地的法律规范,在桥梁工程施工方面做到制定科学有效的质量计划并进行自行检验(INk)	a16 当地法律		
需要制定科学有效的方案再次完善质量管理机制	a17 质量管理机制	A9 标准内容	AA5 初期确立机制
对于项目设计而言,初步设计在各阶段中具有举足轻重的作用(TEe)	a18 初步设计		
中铁第五勘察设计院倒排了完成节点时间,组织精兵强将,成立了以副总工程师为总负责人的项目设计组,立即投入了工作。设计组加班加点,许多员工甚至在办公室度过了元旦、春节(INe)	a19 设计攻坚	A10 方式方法	
项目部与咨询公司路易斯·伯杰公司合作,建立了适应欧洲标准的质量管理体系(TEk)	a20 外部合作		
中方的施工队伍人员最多时能够多达400人,主要负责高铁的建设、电气及自动化、通信等项目,中国土木工程企业在安伊高铁建设速度极快,土耳其当地的企业用了两天时间安装了7根电线杆,而中土公司在一天时间内安装了近100根电线杆(DOf)	a21 严抓工期	A11 标准内容	
质量检测表明,中国工程企业施工方要求施工的电线误差都控制在微米级,施工质量得到有效保证(INf)	a22 质量保证		
此时的咨询公司在合要求中材国际标准在设备安装还是项目施工方面都按照国际标准严格实施(DOg)	a23 严格实施标准	A12 标准执行方式	AA6 贯彻标准
中国路桥在项目具体实施时,依据塞尔维亚以及欧洲标准实施编写相关项目部分施工方案并且做到严格执行(TEk)	a24 严格执行方案		

续表

案例证据资料	贴标签	概念化	副范畴
适应高峰施工期间的进度要求(DOb)	a25 进度要求	A13 外部需求	AA7 适应新要求
中国工程企业在国内外对于相关资源的调配方式有着较大的差异(INf)	a26 资源调配		
针对工厂建设总体技术内容,按照业主方的要求和项目的特点(DOg)	a27 业主要求	A14 内部适应	
中材国际为了能够符合此要求(TEg)	a28 符合要求		
经过较为详细的分析,勘察以及调研之后(DOc)	a29 调研分析	A15 资源属性	AA8 利用多种资源
人员到位后,项目部优化了施工方案,将中国工人与当地劳工进行混搭(INf)	a30 人力资源		
使得项目技术人员以及管理人员对国际标准都能熟练掌握(DOg)	a31 内部培训		
项目利用关键管理理论设想,结合赢得值管理技术和工程网络计划技术进行项目基本活动的进度控制,确保项目进度目标的实现(TEi)	a32 管理技术	A16 利用方式	
为能够有效地掌握项目的总投资情况,甘再水电站项目对其进行了较为详细和彻底的项目设计优化(DOd)	a33 彻底优化		
从 2013 年 6 月份开工,中土公司安排了三班倒,一天 24 个小时建设不停歇,连续 5 个月,以保证整个铁路的建设时间要求(TEf)	a34 过程加速	A17 制定新标准过程	AA9 制定新标准
依据国际标准实施项目设计与施工(INg)	a35 依据国际标准	A18 新标准依据	
设计中大胆利用新技术、新工艺。包括过滤有害成分技术、节水降温技术、环保绿色技术、自动化控制技术及重油燃料技术等,体现了项目节能环保、绿色的特点(TEg)	a36 开发新标准		
针对原料成分不稳定,其有害成分较多,一些原料成分指标达不到使用标准的特点(INg)	a37 质量需要	A19 内部环境	AA10 适应新环境的需要
项目进度管理方面,在项目启动和策划阶段,阿达玛风电项目根据项目部承包合同,作为项目管控制的指导性计划(TEc)	a38 制定计划		
有利于项目物资运输的整体规划、组织、实施和控制(INj)	a39 流程需要	A20 外部环境	
有些国家的工程师一开始对材料不是很了解,必须要欧美标准的材料,那就必须不停地沟通,我们的设备和材料是符合欧美标准的,才可以使用(TEi)	a40 外部沟通		

185

续表

案例证据资料	贴标签	概念化	副范畴
项目部还制定了项目进度管理制度，规定了各级进度计划制定、进度计划控制、进度计划变更等内容，指导项目进度管理(INj)	a41 进度调整	A21 管理流程	AA11 内部协调
在高峰施工期间，项目部的内部管理模式由直线职能式调整为矩阵管理式(INb)	a42 管理模式调整		
同时结合生产线的实际规模、原材料的性能特点，着重分析和考虑大型设备在运行可靠、操作简单、维护容易方面的要求(TEg)	a43 操作规程调整	A22 质量保证措施	
在工程质量方面实施严格把关(DOk)	a44 质量要求调整		
在实际设计方面任在会将原料先进行预处理(TEg)	a45 调整原材料	A23 资源标准调整	
迅速转变该技术标准，与此同时还重点加强国际标准的人员能力(DOb)	a46 调整人员能力		
对相应的工作标准进行了调整(DOb)	a47 调整工作标准	A24 业务标准调整	AA12 调整已有标准
在保证质量的同时，经常邀请国外业主和咨询公司到国内来，开展联络会或者标准对接会，基本上是一个月开一次，让他们了解中国标准，以及中国公司对标准的执行力度(TEl)	a48 调整商务流程		
要求当前的管理方人员能够不受制于国内的监督管理系统(INa)	a49 监督管理	A25 环境差异	AA13 环境压力
在管理过程方面，欧洲和中国的标准也各不相同，欧洲的标准比较看重过程控制方面，而中国的标准则比较看重最后的结果(DOf)	a50 过程控制		
当处于海外工程中时，需要严格依据欧洲相关标准，对于进行回填的土颗粒顺度应小于75mm，且每层回填土的实际高度大约为300mm，实施分层回填模式，经过洒水以及碾压使得土层变得更加密实(INg)	a51 东道国指标	A26 环境要求	
他们担心我们偷工减料，造成产品的质量问题(DOl)	a52 东道国偏见		
在项目实施过程中，会出现中国工程技术标准与实际工程情况不符的情况(INa)	a53 标准对应	A27 过程拖延	AA14 环境对影响工程
由于当地质条件变化，征地拆迁较为艰难，设计方案反复变化(TEl)	a54 设计反复		
有必要实施科学有效的技术措施来达到相关设备的运营对关键工作，采用门到门物流方式，减少了项目物资运输费用，降低了项目成本风险(INj)	a55 施工修改	A28 过程变动	
抓好了物流尤其是大件设备的运输工作，采用门到门物流方式，减少了项目物资运输费用，降低了项目成本风险(INj)	a56 流程修改		

186

附录

续表

案例证据资料	贴标签	概念化	副范畴
项目的工期出现了严重的延迟(TEf)	a57 工期延迟	A29 进度增加	AA15 环境产生威胁
要做到每周都需要对相应的混凝土施工状况、挖土方数量、具体的施工人员数量以及机械使用量等严格核查(DOg)	a58 工作量上升		
对于国内的知名企业,应该注意商务陷阱的可能性(INf)	a59 商务陷阱	A30 商务问题	
要不停地与国外工程师交流,让他们不停过来看(DOf)	a60 商务摩擦		
得到其地质、地形以及物料的来源情况和原来制定的可行性研究报告有较大的不同(TEd)	a61 可行性材料质基础不同	A31 自然差异	AA16 环境差别
按照沙特阿拉伯炎热干燥的气候特点(INg)	a62 自然环境差异		
这主要是在国内可以几个月完成的项目、在国外设有一年半载是完成不了的(INf)	a63 施工能力不同		
虽然合同中同意使用中国标准,项目中我们使用的设备各种材料本身也是符合欧美标准的,但是,一开始国外公司却不认可(INf)	a64 东道国偏见	A32 社会差异	
设计中还面临国内无类似经验可借鉴、环境不熟悉及应用欧洲标准、土耳其语及英语翻译困难(TEe)	a65 语言障碍	A33 外界沟通	AA17 环境带来陌生感
项目开始时,对当地的情况不熟悉(DOe)	a66 环境不熟悉		
详细解释样品的性能、设计参数以及与欧美标准的对标情况,这些工作都需要使用额外的费用和时间(INf)	a67 标准壁垒	A34 行业陌生感	
自从施工项目开始以后,咨询公司每天都应该到现场巡查(TEk)	a68 行业监督		
施工中从国内各地调配施工人员以及将施工人员从国内调往国外有本质的不同(DOf)	a69 流程不确定	A35 要求不确定	AA18 环境附生感难以预测
由于甲方缺少对中国标准的了解、合同要求使用塞尔维亚和欧洲标准及规范(TEk)	a70 标准不确定		
对相应的技术要求也难以评估(INa)	a71 技术不确定		
由于商务上的摩擦,带来很大的不确定性(TEf)	a72 商务不确定	A36 实施过程不确定	

187

续表

案例证据资料	贴标签	概念化	副范畴
能够代表广大的业主主动行使监督职权（INa）	a73 业主监督	A37 业主压力	AA19 东道国政府压力
一开始国外的业主和咨询公司不是很认可中国标准（DOl）	a74 业主看法		
使得到的检测结果能够符合相关规范的实施（TEk）	a75 相关规范	A38 政策压力	
相关业主人员花费巨资聘请世界著名咨询公司对相关项目实施有效的监理，此时的咨询公司往往要求中材国际不管在设备安装还是项目施工方面都应按照国际标准具体实施（DOg）	a76 国际标准		
充分考虑业主的经济利益关系，最大限度为业主提供优良的服务等（INa）	a77 业主利益关系	A39 核心问题	AA20 政府要求
在致辞中着重强调希望中方人员能够再接再厉，实施好二期项目，从而为本国的经济发展以及社会稳定做出更出色的成绩（DOj）	a78 经济社会效益		
我们必须提前买好设备和材料，然后按照这该服从于欧洲设计标准（TEl）	a79 沟通机制	A40 解决机制	
业主合同在任要求设计方案最终认可了中国工程技术标准。同意在项目中使用中国工程技术标准（INe）	a80 业主合同		
通过勤沟通，业主最终认可了中国工程技术实践，同意在项目中使用中国工程技术标准（INe）	a81 同意使用	A41 认可的结果	AA21 政府认可程度
由于甘肃再项目公司之前曾经在当地有过工程实践，得到了业主认可（DOa）	a82 默许使用		
认可了中国公司的技术水平（TEc）	a83 承认技术	A42 认可的内容	
中国水利水电建设集团公司在电站开发与建设中作出了卓越贡献（INc）	a84 承认贡献		
当地政府部门对本国工人具有较强的保护意识，严格按照规定放假、节假日时间较长（TEf）	a85 工作习惯	A43 民众压力动机	AA22 东道国民众压力
项目初期，征地问题造成了当地民众对中国企业的不信任（INe）	a86 利益冲突		
也存在着当地的民众对中国工程进度的阻挠情况（INe）	a87 阻挠项目	A44 民众压力行为	
为了获得当地民众的支持（INf）	a88 支持项目		

续表

案例证据资料	贴标签	概念化	副范畴
在赞比亚的项目中，基本上不招中国人，只带一些管理人员和重要技术人员过去，有时候甚至连班长都是当地人(DOI)	a89 本地化招工	A45 人员培训流程	AA23 群众习惯
培训过后，有许多工人的素质能力甚高于国内工人。只要严格按照标准和工艺执行操作，施工的质量完全可以得到保障(TEI)	a90 本地员工技能提升		
把中国标准转化为英文版。外国工人基本上是接受的。因为标准没有太大差别(DOI)	a91 语标准言转化	A46 本地硬件基础	
在该项目部开办技校，培训当地工人电焊、绑钢筋等工作(DOI)	a92 建立学校		
受到了当地民众的支持，比较成功地解决了征地问题，没有影响项目建设(INa)	a93 工期保证	A47 事实认可	AA24 民众认可程度
在工程的实施阶段，会对中国企业带来很大帮助(IN)	a94 实施顺利		
由于精细化的管理，对当地居民的生活影响较小，得到了当地民众的称赞(TEf)	a95 民众称赞		
绿色施工的过程同时降低了对附近居民生活环境的影响，获得了当地民众认可(DOg)	a96 民众认可	A48 态度认可	
"一协调"，即为充分协调工程人员和承包商两者之间的联系(INe)	a97 行业从业关系	A49 柔性压力	AA25 道同行业压力
由于项目初期业主不认可中国工程技术标准(INe)	a98 行业认可性		
欧洲标准要求施工方任向一个环节都需要严格依据相关的操作规章制度去完成，并应有相应的负责人负责签字，还应该有监理部门监督(DOf)	a99 行业要求	A50 刚性压力	
当每层回填土密实后，在经过第三方检测机构的检测合格之后，才会实施新一层作业(INg)	a100 行业操作流程	A51 行业习惯	AA26 行业惯例
这里的"二管理"，即为全面参与到合同管理方面以及信息管理方面(TEa)	a101 符合合沟通习惯		
使用中国的标准时，国内的原材料供应商以及生产商与国外的要求很难统一，因为国内外生产的习惯不同(DOI)	a102 符和生产习惯		
该项作业完全符合欧洲行业标准(TEg)	a103 符合行业标准	A52 行业标准	
中国路桥非常重视技术创新。在泽蒙-博尔察大桥项目中完成了多项成果。"长刚性管桩加短柔性板桩组合深水围堰"申报了实用新型专利；科研课题"大跨薄壁大体积预应力卵石混凝土箱梁研究及工程应用"取得了阶段性成果；"桥梁上部结构卵石混凝土施工工法"和"组合钢板桩围堰施工工法"申报了工法(INk)	a104 符合行业技术标准		

189

续表

案例证据资料	贴标签	概念化	副范畴
西班牙咨询工程师对中国速度表示了高度赞扬(TEf)	a105 行业赞扬	A53 行业态度	AA27 行业认可程度
项目部人员和相应的咨询公司之间没有发生任何争议(DOg)	a106 行业默许		
阿达玛风电项目为当前中国在这个领域第一个在技术标准、规章制度、管理内容以及机械设备等方面具有良好世界竞争力的风电项目(INj)	a107 行业竞争力	A54 认可结果	
通过这个过程,加深了国外业主和咨询公司对中国标准的认可性	a108 行业认可性		

注:①IN 表述资料数据来源于半结构化访谈;TE 表示资料数据来源于二手资料;DO 表示资料数据来源于档案文件。后缀 "a""b""c""d""e""f""g""h""i""j""k""l" 分别代表来源于案例样本 "A""B""C""D""E""F""G""H""I""J""K""L" 10 个企业。②资料来源:作者根据扎根程序整理得出。

附录C　调查问卷

中国工程技术标准特征对其海外合法性的影响研究
调查问卷

尊敬的先生/女士：

您好！本学术研究活动的问卷是＊＊大学＊＊学院组织的，研究中国工程技术标准特征对中国工程技术标准海外合法性的影响。请在问卷中填写您认为最符合情况的选项，本问卷的答案里不存在正误。对于这个问卷的研究结果，只用于此次的集体性的研究，获取数据的不会用于商业用途。因为问卷没有包含相关企业的商业机密，所以可放心答卷。

非常感谢您的配合！您对我们问卷作出的答复对我们研究结论很重要。

如果您对本研究的最终结果非常感兴趣，并希望得到结果反馈，可以留下联系方式，我们将及时将调查数据反馈给您，谢谢。

姓名：　　　　　　　　　联系电话：

一、企业基本信息

企业名称		参与海外工程项目名称	
公司所有制性质	□国有企业　□民营企业	公司成立年限	□5年以下　□5～15年 □15～30年　□30年以上
公司雇员人数	□50人以下　□50～100 □100～500　□500以上		

二、标准刚性

近3年来，您所在的企业在标准刚性方面实现了以下目标或具有以下特征：

技术标准	公司的技术标准数量（个）	
	公司投入到技术标准刚性相关工作中的人员数量（人）	
	投入到技术标准刚性相关工作中的资金数量（万元）	
管理标准	公司的管理标准数量（个）	
	公司投入到管理标准刚性相关工作中的人员数量（人）	
	投入到管理标准刚性相关工作中的资金数量（万元）	
工作标准	公司的工作标准数量（个）	
	公司投入到工作标准刚性相关工作中的人员数量（人）	
	投入到工作标准刚性相关工作中的资金数量（万元）	

三、标准柔性

近3年来,您所在的企业在工程技术标准方面实现了以下目标或具有以下特征:

	对于下面的题目,我们给出了数值1~7,依次从非常不同意到非常同意递进。你可以在对应的方框里打钩(1代表很不同意,2、3、4、5、6依次递进,7代表非常同意)	非常不同意 ←——→ 非常同意						
		1	2	3	4	5	6	7
技术标准	利用资源来制定新技术标准成本和难度较小							
	利用资源来制定新技术标准时间较短							
	公司有范围比较广泛的资源,用来制定新技术标准							
	同一种资源用于制定不同技术标准的程度很高							
	公司根据外部环境特征,允许各部门打破正规工作程序,保持工作灵活性和动态性,以制定新的技术标准							
	公司根据外部环境特征,通过成熟的内部运营,因时制宜、因地制宜,以制定新的技术标准							
	公司根据外部环境特征,利用畅通的内部沟通渠道和机制,以形成对新技术标准的共识							
	公司能够积极、主动地调整技术标准以适应工程所在的外部环境							
管理标准	利用资源来制定新工程企业管理标准成本和难度较小							
	利用资源来制定新工程企业管理标准时间较短							
	公司有范围比较广泛的资源,以制定新工程企业管理标准							
	同一种资源用于制定不同管理标准的程度很高							
	公司根据外部环境特征,允许各部门打破正规工作程序,保持工作灵活性和动态性,以制定新的工程企业管理标准							
	公司根据外部环境特征,通过成熟的内部运营,因时制宜、因地制宜,以制定新的工程企业管理标准							
	公司根据外部环境特征,利用畅通的内部沟通渠道和机制,以形成对新工程企业管理标准的共识							
	公司能够积极、主动地调整工程企业管理标准以适应工程所在的外部环境							

续表

对于下面的题目,我们给出了数值1~7,依次从非常不同意到非常同意递进。你可以在对应的方框里打钩(1代表很不同意,2、3、4、5、6依次递进,7代表非常同意)		非常不同意←→非常同意						
		1	2	3	4	5	6	7
工作标准	利用资源来制定新工程企业工作标准成本和难度较小							
	利用资源来制定新工程企业工作标准时间较短							
	公司有范围比较广泛的资源,以制定新工程企业工作标准							
	同一种资源用于制定不同工作标准的程度很高							
	公司根据外部环境特征,允许各部门打破正规工作程序,保持工作灵活性和动态性,以制定新的工程企业工作标准							
	公司根据外部环境特征,通过成熟的内部运营,因时制宜、因地制宜,以制定新的工程企业工作标准							
	公司根据外部环境特征,利用畅通的内部沟通渠道和机制,以形成对新工程企业工作标准的共识							
	公司能够积极、主动地调整工程企业工作标准以适应工程所在的外部环境							

四、中国工程技术标准海外合法性

近3年来,您所在的企业在中国工程技术标准海外合法性方面实现了以下目标或具有以下特征:

对于下面的题目,我们给出了数值1~7,依次从非常不同意到非常同意递进。你可以在对应的方框里打钩(1代表很不同意,2、3、4、5、6依次递进,7代表十分同意)	非常不同意←→非常同意						
	1	2	3	4	5	6	7
项目所在国政府或有关部门拟参考本企业的工程技术标准来制定本国工程技术标准							
项目所在国政府或有关部门对使用本企业工程技术标准的各项工程活动拟出台更多的奖励政策							
项目所在国政府或有关部门将更多地检查和考核使用本企业工程技术标准的成效							
业主单位对本企业的工程技术标准表现出更多的肯定							
东道国供应商对接更多本企业的工程技术标准							
当地居民对本企业的工程技术标准表现出更多肯定							
当地环保、安全组织对本企业的工程技术标准表现出更多的肯定							

续表

对于下面的题目,我们给出了数值1～7,依次从非常不同意到非常同意递进。你可以在对应的方框里打钩(1代表很不同意,2、3、4、5、6依次递进,7代表十分同意)	非常不同意←→非常同意						
	1	2	3	4	5	6	7
大众媒体对本企业的工程技术标准做出更多的正面报道							
本企业的工程技术标准在项目所在国获得相关行业更多的认可							
项目所在国的竞争企业开始更多参考与模仿本企业的工程技术标准							
项目所在国的工程企业希望采用更多本企业的工程技术以保持优势或赶超对手							

五、环境不确定性

近3年来,您所在的企业面临的外部环境存在以下特征:

对于下面的题目,我们给出了数值1～7,依次从非常不同意到非常同意递进。你可以在对应的方框里打钩(1代表很不同意,2、3、4、5、6依次递进,7代表十分同意)	非常不同意←→非常同意						
	1	2	3	4	5	6	7
我们的顾客能够接受我们新产品的创意							
我们的新顾客对产品的需求不同于现有顾客							
企业所面临的市场环境变化剧烈							
我们很难预测顾客需求的变化							

六、国际经验

本企业承包该工程项目建设前所参与海外工程建设的次数_____

十分感谢对我们的支持! 如果在问卷回答期间有什么问题或者建议,您可以拨打我们的电话联系我们＊＊＊＊＊。在问卷结束后,您可以选择下面三个方法来递交问卷答案:1.把问卷给发放人员;2.发送给我们的E-mail:＊＊＊＊@＊＊.com。3.寄至＊＊省＊＊市＊＊大学＊＊校区＊＊室,＊＊收。谢谢!

参考文献

[1] 陈虹,刘纪媛."一带一路"沿线国家基础设施建设对中国对外贸易的非线性影响——基于面板门槛模型的研究[J].国际商务(对外经济贸易大学学报),2020(4):48-63.

[2] 吴鹤鹤.国际工程技术标准应用研究及中国标准国际化建议[J].工程建设标准化,2018(4):54-56.

[3] Javernick-Will A N, Scott W R. Who Needs to Know What? Institutional Knowledge and Global Projects[J]. Journal of Construction Engineering & Management, 2011, 136(5):546-557.

[4] 孙利国,杨秋波,任远.中国工程建设标准"走出去"发展战略[J].国际经济合作,2011(8):56-59.

[5] 张旭腾,于文洋,唐文哲,等.国际水电工程相关技术标准应用研究[J].项目管理技术,2016,14(11):50-54.

[6] 周青,王东鹏,孙耀吾,等.面向"一带一路"企业技术标准联盟的理论溯源与研究趋势[J].信息与管理研究,2019,4(1):51-66.

[7] 孙峻,雷坤,骆汉宾,等."一带一路"沿线国家城市轨道交通及工程建设标准适应性研究[J].工程管理年刊,2018,8(00):29-40.

[8] 周永祥,孙立强.我国混凝土技术标准在非洲工程中实施的问题与思考[J].工程建设标准化,2016(8):78-82.

[9] Lei Z, Tang W, Duffield C, et al. The Impact of Technical Standards on International Project Performance: Chinese Contractors' Experience[J]. International Journal of Project Management, 2017, 35(8):1597-1607.

[10] 陈燕申.公共工程实施"走出去"战略中标准与法制障碍探讨——美英欧盟公共采购法规和标准规范[J].中国标准化,2018(17):166-171.

[11] 衣长军,刘晓丹,王玉敏,等.制度距离与中国企业海外子公司生存——所有制与国际化经验的调节视角[J].国际贸易问题,2019(9):115-132.

[12] 王志国,邓晓艳.中亚地区恐怖主义的产生原因及其对策研究[J].太平洋学报,2010,18(4):75-84.

[13] 卫志民.中国企业对非洲直接投资的现状与风险化解[J].现代经济探讨,2014(10):57-61.

[14] Rajdeep G, Patriya T. Building Organizational Capabilities for Managing Economic Cri-

sis: The Role of Market Orientation and Strategic Flexibility[J]. Journal of Marketing, 2001,65(2):67-80.

[15] 何继善,王孟钧,王青娥. 工程管理理论解析与体系构建[J]. 科技进步与对策,2009,26(21):1-4+14-16.

[16] Baron J N, Pfeffer J. The Social Psychology of Organizations and Inequality[J]. Social Psychology Quarterly,1994,57(3):190-209.

[17] Zimmerman M A, Zeitz G J. Beyond Survival: Achieving New Venture Growth by Building Legitimacy[J]. Academy of Management Review, 2002, 27(3):414-431.

[18] 贺之杲. 欧盟的合法性及其合法化策略[J]. 世界经济与政治,2016(2):89-103+158-159.

[19] Pollock T G, Rindova V P. Media Legitimation Effects in the Market for Initial Public Offerings[J]. Academy of Management Journal, 2003, 46(5): 631-642.

[20] Kostova T, Roth K, Dacin M T. Institutional Theory in the Study of Multinational Corporations: A Critique and New Directions[J]. Academy of Management Review,2008, 33(4):994-1006.

[21] 王艳萍,冯正强,潘攀. 东道国制度对中国"一带一路"投资效率的影响[J]. 财经问题研究,2020(10):118-125.

[22] 衣长军,徐雪玉,刘晓丹,等. 制度距离对OFDI企业创新绩效影响研究:基于组织学习的调节效应[J]. 世界经济研究,2018(5):112-122+137.

[23] 阎大颖. 制度距离、国际经验与中国企业海外并购的成败问题研究[J]. 南开经济研究,2011(5):75-97.

[24] Hsu C W, Lien Y C, Chen H. R&D Internationalization and Innovation Performance [J]. International Business Review, 2015,24(2):187-195.

[25] 李竞,李文,吴晓波. 跨国公司高管团队国际经验多样性与海外建立模式研究——管理自主权的调节效应[J]. 经济理论与经济管理,2017(3):72-84.

[26] Shenkar O. Beyond Cultural Distance: Switching to a Friction Lens in the Study of Cultural Differences[J]. Journal of International Business Studies,2012,43(1):12-17.

[27] Feng H, Morgan N A, Rego L L. Firm Capabilities and Growth: The Moderating Role of Market Conditions[J]. Journal of Academy of Marketing Science, 2017, 45(1): 76-92.

[28] Wu J, Lao K F, Wan F, et al. Competing with Multinational Enterprises' Entry: Search Strategy, Environmental Complexity, and Survival of Local Firms[J]. International Business Review, 2019(28):727-738.

[29] 陈春花,尹俊,梅亮,等. 企业家如何应对环境不确定性？基于任正非采访实录的分析[J]. 管理学报,2020,17(8):1107-1116.

[30] 孙焱林,覃飞. "一带一路"倡议降低了企业对外直接投资风险吗[J]. 国际贸易问题,

2018(8):66-79.

[31] Stevens C E, Newenham-Kahindi A. Legitimacy Spillovers and Political Risk: The Case of FDI in the East African Community[J]. Global Strategy Journal, 2017, 7(1):10-35.

[32] Narayanan V K, Yi Y, Zahra S A. Corporate Venturing and Value Creation: A Review and Proposed Framework[J]. Research Policy, 2009, 38(1):58-76.

[33] Orr R J, Scott W R. Institutional Exceptions on Global Projects: A Process Model[J]. Journal of International Business Studies, 2008, 39(4):562-588.

[34] 刘娟. 跨国企业在东道国市场的"合法化":研究述评与展望[J]. 外国经济与管理, 2016, 38(3):99-112.

[35] Loo T, Davies G. Branding China: The Ultimate Challenge in Reputation Management? [J]. Corporate Reputation Review, 2006, 9(3):198-210.

[36] 陈涛涛,徐润,金莹,等. 拉美基础设施投资环境和中国基建企业的投资能力与挑战[J]. 拉丁美洲研究, 2017, 39(3):19-37+154-155.

[37] 文双. 我国传统施工企业海外工程EPC项目成本管理[J]. 经济学, 2021, 3(6):50-51.

[38] Levin G. Global Project Management: Communication, Collaboration and Management Across Borders[J]. Project Management Journal, 2008, 39(4):115.

[39] Mahalingam A, Levitt R E. Safety Issues on Global Projects[J]. Journal of Construction Engineering and Management, 2007, 133(7): 506-516.

[40] 彭绪娟. 海外工程项目与东道国跨文化协调问题研究[J]. 现代商贸工业, 2008(7):57-58.

[41] Maruyama M, Wu L. Overcoming the Liability of Foreignness in International Retailing: A Consumer Perspective[J]. Journal of International Management, 2015, 21(3):200-210.

[42] Javemick-Will A, Levitt R E. Mobilizing Institutional Knowledge for International Projects[J]. Journal of Construction Engineering & Management, 2010, 136(4):430-441.

[43] 林洲钰,林汉川,邓兴华. 什么决定国家标准制定的话语权:技术创新还是政治关系[J]. 世界经济, 2014, 37(12):140-161.

[44] 芮夕捷. 默会知识的形式化转换与企业技术标准的竞争[J]. 西北大学学报(哲学社会科学版), 2017, 47(2):77-81.

[45] 张运生,何瑞芳. 高科技企业技术标准竞争优势形成机理研究[J]. 财经理论与实践, 2015, 36(4):126-130.

[46] Gallagher S, Park S H. Innovation and Competition in Standard-Based Industries: A Historical Analysis of the US Home Video Game Market[J]. IEEE Transactions on Engineering Management, 2002, 49(1):67-82.

[47] Hartigh E D, Ortt J R, Kaa G V D, et al. Platform Control During Battles for Market Dominance: The Case of Apple versus IBM in the Early Personal Computer Industry[J].

Technovation,2016,48(2):4-12.

[48] Gawer A. Bridging Differing Perspectives on Technological Platforms: Toward an Integrative Framework[J]. Research Policy,2014,43(7):1239-1249.

[49] 宋志红,田雨欣,李冬梅. 技术标准竞争研究 40 年:成就与挑战[J]. 中国科技论坛,2019(4):133-141.

[50] 孟辉. 集成还是制造——模块化演进下的中国手机制造业竞争格局与企业价值链攀升路径[J]. 未来与发展,2017,41(11):106-112.

[51] 闫禹,于涧. 模块化对高新技术产业标准竞争影响的博弈分析[J]. 科技管理研究,2012,32(22):122-125.

[52] 李冬梅,刘维奇,宋志红. 可占有性战略、技术柔性与主导设计形成:比较案例研究[J]. 科技进步与对策,2019,36(11):1-8.

[53] J C M van den Ende, G van de kaa, S den Vijl, et al. The Paradox of Standard Flexibility: The Effects of Co-evolution between Standard and Interorganizational Network[J]. Organization Studies,2012,33(5-6):705-736.

[54] Katz M L, Sharpiro C. System Competition and Network Effects[J]. Journal of Economic Perspectives,1994,8(2):93-115.

[55] 许爱萍. 产业技术标准的发展动力系统与演化周期研究[J]. 石家庄经济学院学报,2016,39(3):1-5.

[56] 鲜于波,梅琳. 主体异质性、复杂网络与网络效应下的标准竞争——基于计算经济学的研究[J]. 系统管理学报,2008(2):225-234.

[57] 杨蕙馨,王硕,冯文娜. 网络效应视角下技术标准的竞争性扩散——来自 iOS 与 Android 之争的实证研究[J]. 中国工业经济,2014(9):135-147.

[58] 李庆满,杨皎平,赵宏霞. 集群内外竞争、标准网络外部性对标准联盟组建意愿和创新绩效的影响[J]. 管理科学,2018,31(2):45-58.

[59] Arthur W B. Competing Technologies, Increasing Returns, and Lock-In by Historical Events[J]. Economic Journal,1989,99(394):116-131.

[60] 张雯婧. 基于生态系统视角的发展中国家技术标准竞争研究:以中国 3G 产业为例[D]. 北京:中国科学院,2014.

[61] Suarez F F. Battles for Technological Dominance: An Integrative Framework[J]. Research Policy,2004,33(2):271-286.

[62] 张泳,周诚,姚琼. 标准竞争对新产品购买决策的影响研究:基于不确定性的分析[J]. 科学学与科学技术管理,2012,33(5):106-114.

[63] Suarez F F, Grodal S, Gotsopoulos A. Perfect Timing? Dominant Category, Dominant Design, and the Window of Opportunity for Firm Entry[J]. Strategic Management Journal,2015,36(3):437-448.

[64] 陶爱萍,沙文兵,李丽霞. 国家规模对国际标准竞争的影响研究——基于跨国面板数据

的实证检验[J].世界经济研究,2014(7):10-15+87.

[65] 张泳.标准竞争市场中的消费者购买决策研究:不确定性及基于心理模拟的沟通策略[J].暨南学报(哲学社会科学版),2016,38(11):90-102+131.

[66] Gallagher S R. The Battle of the Blue Laser DVDs: The Significance of Corporate Strategy in Standards Battles[J]. Technovation,2011,32(2):90-98.

[67] 张运生,倪珊.高技术企业技术标准竞争力:基于技术标准化过程研究[J].科技管理研究,2016,36(24):122-125.

[68] 姜红,刘文韬,孙舒榆.知识整合能力、联盟管理能力与标准联盟绩效[J].科学学研究,2019,37(9):1617-1625.

[69] 汤易兵,姚稳健,余晓.标准联盟战略动机影响因素实证研究[J].科技管理研究,2018,38(2):125-130.

[70] 李冬梅,宋志红.网络模式、标准联盟与主导设计的产生[J].科学学研究,2017,35(3):428-437.

[71] Cenamor J, Usero B, Fernández Z. The Role of Complementary Products on Platform Adoption: Evidence from the Video Console Market[J]. Technovation,2013,33(12):405-416.

[72] 何霞,苏晓华.环境动态性下新创企业战略联盟与组织合法性研究——基于组织学习视角[J].科研管理,2016,37(2):90-97.

[73] Powell D M W. The Iron Cage Revisited: Institutional Isomorphism and Collective Rationality in Organizational Fields[J]. American Sociological Review,1983,48(2):147-160.

[74] 万江.政府管制的私法效应:强制性规定司法认定的实证研究[J].当代法学,2020,34(2):96-107.

[75] 李国武.政府干预、利益联盟与技术标准竞争:以无线局域网为例[J].社会科学研究,2014(5):28-36.

[76] Seifert B, Gonenc H. Creditor Rights, Country Governance, and Corporate Cash Holdings[J]. Journal of International Financial Management & Accounting,2016,27(1):65-90.

[77] Tan Z. Testing Theory of Bandwagons—Global Standardization Competition in Mobile Communications[J]. International Journal of Information Technology & Decision Making,2014,1(4):605-619.

[78] Shin D, Kim H, Hwang J. Standardization Revisited: A Critical Literature Review on Standards and Innovation[J]. Computer Standards & Interfaces,2015,38:152-157.

[79] Teo H H, Wei K K, Benbasat I. Predicting Intention to Adopt Interorganizational Linkages: An Institutional Perspective [J]. MIS Quarterly,2003,27(1):19-49.

[80] Matten D, Moon J."Implicit" and "Explicit" CSR: A Conceptual Framework for a

Comparative Understanding of Corporate Social Responsibility[J]. Academy of Management Review,2008,33(2):404-424.

[81] Soh P H, Yu J. Institutional Environment and Complementary Assets: Business Strategy in China's 3G Development[J]. Asia Pacific Journal of Management,2010,27(4):647-675.

[82] 张泳,王馨,侯敏,等. 制度驱动要素对企业标准竞争参与意向的影响[J]. 科研管理,2017,38(7):1-8.

[83] Üeberbacher F. Legitimation of New Ventures: A Review and Research Programme[J]. Journal of Management Studies,2014,51(4):667-698.

[84] Marquis C, Davis G F, Glynn M A. Golfing Alone? Corporations, Elites, and Nonprofit Growth in 100 American Communities[J]. Organization Science,2013,24(1):39-57.

[85] 林枫,邵廷苇,张雄林,等. 新创企业合法性获取机制:研究回顾与管理框架[J]. 科技进步与对策,2017,34(2):94-99.

[86] Zhang W, White S. Overcoming the Liability of Newness: Entrepreneurial Action and the Emergence of China's Private Solar Photovoltaic Firms[J]. Research Policy,2016,45(3):604-617.

[87] 万妮娜. 制度视角下跨国企业投资的进入模式与合法性获取路径的选择[J]. 云南社会科学,2016(1):50-54.

[88] 郁培丽,刘沐洋,潘培尧. 颠覆性创新合法性与企业家战略行动:研究述评与展望[J]. 外国经济与管理,2019,41(3):111-125+152.

[89] David R J, Sine W D, Haveman H A. Seizing Opportunity in Emerging Fields: How Institutional Entrepreneurs Legitimated the Professional Form of Management Consulting[J]. Organization Science,2013,24(2):356-377.

[90] 魏江,张莉,李拓宇,等. 合法性视角下平台网络知识资产治理[J]. 科学学研究,2019,37(5):856-865.

[91] Li J, Xia J, Lin Z. Cross-border Acquisitions by State-Owned Firms: How Do Legitimacy Concerns Affect the Completion and Duration of Their Acquisitions? [J]. Strategic Management Journal,2017,38(9):1915-1934.

[92] 徐鹏,徐向艺,苏建军. 行业变革背景下先发企业合法性的获取机制——基于扎根理论的国家电网公司案例[J]. 经济管理,2017,39(11):39-53.

[93] Reast J, Maon F, Lindgreen A, et al. Legitimacy-Seeking Organizational Strategies in Controversial Industries: A Case Study and a Bidimensional Model[J]. Journal of Business Ethics, 2013,118(1):139-153.

[94] Suddaby R, Bitektine A, Haack P. Legitimacy[J]. Academy of Management Annals,2017,11(1):451-478.

[95] 王凯,柳学信. 民营企业商业模式创新过程中的合法性获取——基于重庆加加林的案例

研究[J]. 经济管理,2018,40(9):59-73.

[96] King B G, Whetten D A. Rethinking the Relationship Between Reputation and Legitimacy: A Social Actor Conceptualization[J]. Corporate Reputation Review,2008,11(3):192-207.

[97] 陈衍泰,厉婧,程聪,等.海外创新生态系统的组织合法性动态获取研究——以"一带一路"海外园区领军企业为例[J].管理世界,2021,37(8):161-180.

[98] Cool K, Dierickx I, Jemison D. Business Strategy, Market Structure and Risk-Return Relationships: A Structural Approach[J]. Strategic Management Journal,1989,10(6):507-522.

[99] 李玮. 全球价值链理论和发展中国家产业升级问题研究[J]. 工业技术经济,2017,36(1):22-31.

[100] 徐晗,王毅. 复杂技术产业追赶与国家经济发展:国际贸易视角[J]. 技术经济,2017,36(2):65-74.

[101] Jia L, Li S, Tallman S, et al. Catch-up via Agglomeration: A Study of Township Clusters[J]. Global Strategy Journal,2017,7(2):193-211.

[102] Chiarini T, Rapini M S, Silva L A. Access to Knowledge and Catch-up: Exploring Some Intellectual Property Rights Data from Brazil and South Korea[J]. Science and Public Policy,2017,44(1):95-110.

[103] Malerba F, Nelson R. Learning and Catching up in Different Sectoral Systems: Evidence from Six Industries[J]. Industrial and Corporate Change,2011,20(6):1645-1675.

[104] Kiamehr M. Paths of Technological Capability Building in Complex Capital Goods: The Case of Hydro Electricity Generation Systems in Iran[J]. Technological Forecasting and Social Change,2016,122:215-230.

[105] 姚明明,吴晓波,石涌江,等. 技术追赶视角下商业模式设计与技术创新战略的匹配——一个多案例研究[J]. 管理世界,2014(10):149-162+188.

[106] 吕铁,江鸿. 从逆向工程到正向设计——中国高铁对装备制造业技术追赶与自主创新的启示[J]. 经济管理,2017,39(10):6-19.

[107] 吴先明,胡博文. 对外直接投资与后发企业技术追赶[J]. 科学学研究,2017,35(10):1546-1556.

[108] 吴映玉,陈松. 新兴市场企业的技术追赶战略——海外并购和高管海外经历的作用[J]. 科学学研究,2017,35(9):1378-1385.

[109] 彭新敏,姚丽婷. 机会窗口、动态能力与后发企业的技术追赶[J]. 科学学与科学技术管理,2019,40(6):68-82.

[110] 肖利平,何景媛. 吸收能力、制度质量与技术追赶绩效——基于大中型工业企业数据的经验分析[J]. 中国软科学,2015(7):137-147.

[111] Li W, Wu W, Liu Y. How China's Manufacturers Achieve Technological Catch-up[J]. Chinese Management Studies,2017,11(1):139-162.

[112] Fan P. Catching up Through Developing Innovation Capability:Evidence from China's Telecom-equipment Industry[J]. Technovation,2006,26(3):359-368.

[113] Jung M, Lee K. Sectoral Systems of Innovation and Productivity Catch-up:Determinants of the Productivity Gap between Korean and Japanese Firms[J]. Industrial and Corporate Change, 2010, 19(4):1037-1069.

[114] Nelson R R. Economic Development from the Perspective of Evolutionary Economic Theory[J]. Oxford Development Studies,2008,36(1):9-21.

[115] Iacovone L, Crespi G A. Catching up with the Technological Frontier:Micro-level Evidence on Growth and Convergence[J]. Industrial and Corporate Change,2010,19(6):2073-2096.

[116] Shin T, Hong S, Grupp H. Technology Foresight Activities in Korea and in Countries Closing the Technology Gap[J]. Technological Forecasting & Social Change,1999,60(1):71-84.

[117] Mathews J A. Competitive Advantages of the Latecomer Firm:A Resource-Based Account of Industrial Catch-up Strategies[J]. Asia Pacific Journal of Management,2002,19(4):467-488.

[118] Cho H D, Lee J K. The Developmental Path of Networking Capability of Catch-up Players in Korea's Semiconductor Industry[J]. R & D Management, 2003, 33(4):411-423.

[119] 江鸿,吕铁. 政企能力共演化与复杂产品系统集成能力提升——中国高速列车产业技术追赶的纵向案例研究[J]. 管理世界,2019,35(5):106-125+199.

[120] 程钧谟,张金山,孔祥西,等. 基于博弈的后发企业技术追赶阻力成因分析[J].山东理工大学学报(社会科学版),2015,31(6):5-10.

[121] 程鹏,柳卸林,陈傲,等. 基础研究与中国产业技术追赶——以高铁产业为案例[J]. 管理评论,2011,23(12):46-55.

[122] Eceral T, Krolu B A. Incentive Mechanisms in Industrial Development:An Evaluation through Defense and Aviation Industry of Ankara[J]. Procedia Social and Behavioral Sciences,2015,195(7):1563-1572.

[123] 朱浩,李林,何建洪. 政企共演视角下后发企业的技术追赶[J]. 中国科技论坛,2020(1):116-125.

[124] Guennif S, Ramani S V. Explaining Divergence in Catching-up in Pharma Between India and Brazil Using the NSI Framework[J]. Research Policy,2012,41(2):430-441.

[125] Ahmadvand E, Salami S R, Soofi J B, et al. Catch-up Process in Nanotechnology Start-ups:The Case of an Iranian Electrospinning Firm[J]. Technology in Society,2018,55(11):1-8.

[126] Narula R, Sadowski B M. Technological Catch-up and Strategic Technology Partnering in Developing Countries[J]. International Journal of Technology Management,2002,23(6):599-617.

[127] Rasiah R, Kimura F, Oum S. Host-site Institutions, Production Networks and Technological Capabilities[J]. Asia Pacific Business Review,2014,22(1):3-20.

[128] 张海丰,李国兴. 后发国家的技术追赶战略:产业政策、机会窗口与国家创新系统[J]. 当代经济研究,2020(1):66-73.

[129] 王毅. 我国复杂技术追赶路径初探[J]. 科学学研究,2006(S1):62-66.

[130] Lee T J, Lee Y J. Technological Catching-up of Nuclear Power Plant in Korea: The Case of OPR1000[J]. Asian Journal of Innovation and Policy, 2016,5(1):92-115.

[131] Nawrot K A. Capabilities of Leapfrogging and Catching up of a Developing Country—policy Implications from Theory and Practice[J]. International Economics Letters, 2014,3(4):117-124.

[132] Poon S C. Beyond the Global Production Networks: A Case of Further Upgrading of Taiwan's Information Technology Industry[J]. International Journal of Technology & Globalisation,2004,1(1):130-144.

[133] Lyu Y, Lin H, Ho C, et al. Assembly Trade and Technological Catch-up: Evidence from Electronics Firms in China[J]. Journal of Asian Economics, 2019, 62:65-77.

[134] Damijian J, Rojec M. Topical Issues in Global Value Chaines Research[J]. Teorija in Praksa,2015,52(5):942-970.

[135] Kexin B, Ping H, Hui Y. Risk Identification, Evaluation and Response of Low-Carbon Technological Innovation under the Global Value Chain: A Case of the Chinese Manufacturing Industry[J]. Technological Forecasting and Social Change,2015,100(11):238-248.

[136] Fu X, Pietrobelli C, Soete L. The Role of Foreign Technology and Indigenous Innovation in the Emerging Economies: Technological Change and Catching-up[J]. World Development,2011,39(7):1204-1212.

[137] Fung H N, Wong C Y. Scientific Collaboration in Indigenous Knowledge in Context: Insights from Publication and Co-Publication Network Analysis[J]. Technological Forecasting and Social Change,2017,117:57-69.

[138] Pietrobelli C, Puppato F. Technology Foresight and Industrial Strategy[J]. Technological Forecasting and Social Change,2016,110:117-125.

[139] Cusmano L, Morrison A, Rabellotti R. Catching up Trajectories in the Wine Sector: A Comparative Study of Chile, Italy, and South Africa[J]. World Development,2010,38(11):1588-1602.

[140] 方伟,杨眉. 高新技术产业集群知识溢出对企业技术追赶的影响[J]. 科技进步与对

策,2020,37(9):87-95.

[141] Cho M. Technological Catch-up and the Role of Universities: South Korea's Innovation-Based Growth Explained Through the Corporate Helix Model[J]. Springer International Publishing,2014,1(1):1-20.

[142] 蒋瑜洁,钮钦. 中韩日汽车企业技术追赶下的知识吸收能力构建对比研究[J]. 现代日本经济,2016(3):62-72.

[143] Lopez-Rodriguez J, Martinez-Lopez D. Looking Beyond the R&D Effects on Innovation: The Contribution of Non-R&D Activities to Total Factor Productivity Growth in the EU[J]. Structural Change and Economic Dynamics,2017,40(3):37-45.

[144] Eisenhardt K M. Building Theories from Case Study Research[J]. Academy of Management Review,1989,14(4):532-550.

[145] Yin R K. Case Study Research: Design and Methods[M]. London: Blackwell Science Ltd,2009.

[146] 李伯聪. 关于工程师的几个问题——"工程共同体"研究之二[J]. 自然辩证法通讯,2006(2):45-51+111.

[147] 徐匡迪. 工程师要有哲学思维[J]. 中国工程科学,2007(8):4-5.

[148] 殷瑞钰,王礼恒,汪应洛,等. 工程与哲学:第1卷[M]. 北京:北京理工大学出版社,2007.

[149] 沈珠江. 论科学、技术与工程之间的关系[J]. 科学技术与辩证法,2006(3):21-25+109-110.

[150] 蒋其恺. 石油生产自动化工作进展及展望[J]. 石油规划设计,1997(5):5-7+20+4.

[151] 邓洲. 国外技术标准研究综述[J]. 科研管理,2011,32(3):67-76.

[152] 陶爱萍,张丹丹. 技术标准锁定、创新惰性和技术创新[J]. 中国科技论坛,2013(3):11-16.

[153] 顾基发. 物理事理人理系统方法论的实践[J]. 管理学报,2011,8(3):317-322+355.

[154] 毛文娟,魏大鹏. 我国技术标准战略实施的困难和政策建议[J]. 中国科技论坛,2007(2):13-16.

[155] 田梦实. 对GB/T 15497—2003《企业标准体系技术标准体系》的理解[J]. 机械工业标准化与质量,2004(9):1-4.

[156] 霍迎辉. 企业标准体系与其他管理体系的兼容性研究[J]. 标准科学,2010(9):9-12.

[157] 李伯聪. 略论运用工程方法的通用原则[J]. 工程研究:跨学科视野中的工程,2016,8(4):421-430.

[158] 王彤宙. 拓展我国海外工程承包市场战略研究[J]. 世界经济研究,2003(12):78-83.

[159] 施睿沛,朱瑶宏,糜仲春. 海外工程项目的风险管理[J]. 华东经济管理,2001(5):116-118.

[160] Kortmann S, Gelhard C, Zimmermann C, et al. Linking Strategic Flexibility and Oper-

ational Efficiency: The Mediating Role of Ambidextrous Operational Capabilities[J]. Journal of Operations Management,2014,32(7-8):475-490.

[161] Adler P S, Goldoftas B, Levine D I. Flexibility Versus Efficiency? A Case Study of Model Changeovers in the Toyota Production System[J]. Organization Science, 1999, 10(1): 43-68.

[162] McDonough E F, Leifer R. Research Notes. Using Simultaneous Structures to Cope with Uncertainty[J]. Academy of Management Journal,1983,26(4):727-735.

[163] Gupta A K, Smith K G, Shalley C E. The Interplay Between Exploration and Exploitation[J]. Academy of Management Journal,2006,49(4):693-706.

[164] Dacin M T, Oliver C, Roy J. The Legitimacy of Strategic Alliances: An Institutional Perspective[J]. Strategic Management Journal,2007,28(2):169-187.

[165] Williamson O E. The New Institutional Economics: Taking Stock, Looking Ahead[J]. Journal of Economic Literature,2000,38(3):595-613.

[166] 马龙龙. 企业社会责任对消费者购买意愿的影响机制研究[J]. 管理世界,2011(5):120-126.

[167] Scott W R. Institutions and Organizations: Ideas, Interests and Identities[M]. Thousand Oaks: Sage Publications,1995.

[168] 张李义,张然. 技术接受模型(TAM)关键变量前因分析[J]. 信息资源管理学报,2015,5(2):11-20.

[169] Tatnall A D. Using Actor-Network Theory to Understand the Process of Information Systems Curriculum Innovation[J]. Education & Information Technologies,2010,15(4):239-254.

[170] 任敏. 技术应用何以成功？——一个组织合法性框架的解释[J]. 社会学研究,2017,32(3):169-192+245.

[171] Markard J, Wirth S, Truffer B. Institutional Dynamics and Technology Legitimacy—A Framework and a Case Study on Biogas Technology[J]. Research Policy,2016,45(1):330-344.

[172] Goffman E. Stigma: Notes on the Management of Spoiled Identity[J]. American Journal of Sociology,1969,45(527):642.

[173] Major B, O'Brien L T. The Social Psychology of Stigma[J]. Annual Review of Psychology,2005,56(1):393-421.

[174] Maurer J G. Readings in Organizational Theory: Open-System Approaches[M]. New York: Random House,1971.

[175] Dowling J, Pfeffer J. Organizational Legitimacy: Social Values and Organizational Behavior[J]. Pacific Sociological Review, 1975, 18(1):122-136.

[176] Meyer J W, Rowan B. Institutionalized Organizations: Formal Structure as Myth and

Ceremony[J]. American Journal of Sociology, 1977, 83(2):340-363.

[177] Ashforth B E, Gibbs B W. The Double-Edge of Organizational Legitimation[J]. Organization Science, 1990, 1(2):177-194.

[178] Suchman M C. Managing Legitimacy: Strategic and Institutional Approaches[J]. Academy of Management Review, 1995, 20(3):571-610.

[179] Barney J B. Firm Resources and Competitive Advantage[J]. Advances in Strategic Management, 1991, 17(1): 3-10.

[180] 武亚军. "战略框架式思考"、"悖论整合"与企业竞争优势——任正非的认知模式分析及管理启示[J]. 管理世界, 2013(4):150-163+166-167+164-165.

[181] Washington M, Zajac E J. Status Evolution and Competition: Theory and Evidence [J]. Academy of Management Journal, 2005, 48(2):282-296.

[182] Scott W R. The Adolesence of Institutional Theory[J]. Administrative Science Quarterly, 1987, 32(4):493-511.

[183] Meyer J W, Rowan B. Institutionalized Organizations: Formal Structure as Myth and Ceremony[J]. American Journal of Sociology, 1977, 83(2):340-363.

[184] Wernerfelt B. A Resource-based View of the Firm[J]. Strategic Management Journal, 1984, 5(2): 171-180.

[185] Grant R M. Prospering in Dynamically-Competitive Environments: Organizational Capability as Knowledge Integration[J]. Organization Science, 1996, 7(4): 375-387.

[186] 曹亚东. 先进制造技术应用水平对创新能力的作用机制研究:资源基础理论的视角[D]. 南京:南京大学, 2011.

[187] Zaheer S. The Liability of Foreignness, Redux: A Commentary[J]. Journal of International Management, 2002, 8(3): 351-358.

[188] Mezias J M. Identifying Liabilities of Foreignness and Strategies to Minimize Their Effects: The Case of Labor Lawsuit Judgments in the United States[J]. Strategic Management Journal, 2002, 23(3): 229-244.

[189] Lamin A, Livanis G. Agglomeration, Catch-up and the Liability of Foreignness in Emerging Economies[J]. Journal of International Business Studies, 2013, 44(6): 579-606.

[190] Abdullah Z B. The Evolution of Theories of MNEs: Minimizing the Liability of Foreignness through Globally Intelligent Subunits[J]. International Journal of Business and Management, 2016, 11(7): 95-105.

[191] Nachum L. When Is Foreignness an Asset or a Liability? Explaining the Performance Differential Between Foreign and Local Firms[J]. Journal of Management, 2010, 36(3):714-739.

[192] Asmussen C G, Goerzen A. Unpacking Dimensions of Foreignness: Firm-Specific Ca-

pabilities and International Dispersion in Regional, Cultural, and Institutional Space[J]. Global Strategy Journal, 2013, 3(2):127-149.

[193] Barnard H. Overcoming the Liability of Foreignness Without Strong Firm Capabilities—the Value of Market-Based Resources[J]. Journal of International Management, 2010,16(2): 165-176.

[194] 朱君. 浅谈企业信息不对称与海外并购风险[J]. 市场研究,2017(8):47-48.

[195] 吕妍妍. 组织学习视角下海外子公司本土化策略[J]. 企业管理,2018(7):112-113.

[196] 杨洋. 来源国劣势、并购后整合与后发跨国公司能力追赶[D]. 杭州:浙江大学,2017.

[197] Denk N, Kaufmann L, Roesch J. Liabilities of Foreignness Revisited: A Review of Contemporary Studies and Recommendations for Future Research[J]. Journal of International Management, 2012, 18(4): 322-334.

[198] Calhoun M A. Unpacking Liability of Foreignness: Identifying Culturally Driven External and Internal Sources of Liability for the Foreign Subsidiary[J]. Journal of International Management, 2002, 8(3):301-321.

[199] Petersen B, Pedersen T. Coping with Liability of Foreignness: Different Learning Engagements of Entrant Firms[J]. Journal of International Management, 2002, 8(3): 339-350.

[200] Elango B. Minimizing Effects of 'Liability of Foreignness': Response Strategies of Foreign Firms in the United States[J]. Journal of World Business, 2009, 44(1):51-62.

[201] 蔡灵莎,杜晓君,史艳华,等. 外来者劣势、组织学习与对外直接投资绩效研究[J]. 管理科学,2015,28(4): 36-45.

[202] Sethi D, Guisinger S. Liability of Foreignness to Competitive Advantage: How Multinational Enterprises Cope with the International Business Environment[J]. Journal of International Management, 2002, 8(3):223-240.

[203] Bell R G, Filatotchev I, Rasheed A A. Beyond Product Markets: New Insight on Liability of Foreignness from Capital Markets[J]. Journal of International Business Studies, 2012, 43(2): 107-122.

[204] 赵君丽,童非. 并购经验、企业性质与海外并购的外来者劣势[J]. 世界经济研究,2020(2):71-82+136.

[205] 韩春雷,刘玉明. 影响海外 PPP 项目开展的外部环境因素分析[J]. 工程经济,2017,27(8):40-45.

[206] 吴航,陈劲. 探索性与利用性国际化的创新效应:基于权变理论的匹配检验[J]. 科研管理,2019,40(11):102-110.

[207] 吕双旗. 基于权变理论的政府绩效评估[J]. 中国行政管理,2013(4):32-34.

[208] 唐旭东. 论权变学派——创建权变学派基本理论框架的三维模型[J]. 管理世界,1987

(6):63-78+222-223.

[209] Martinez-del-Rio J, Antolin-Lopez R, Cespedes-Lorente J J. Being Green Against the Wind? The Moderating Effect of Munificence on Acquiring Environmental Competitive Advantages[J]. Organization & Environment, 2015, 28(2):181-203.

[210] Lumpkin G T, Dess G G. Clarifying the Entrepreneurial Orientation Construct and Linking it to Performance[J]. Academy of Management Review, 1996, 21(1):135-172.

[211] Wu X, Jeuland M, Whittington D. Does Political Uncertainty Affect Water Resources Development? The Case of the Eastern Nile[J]. Policy and Society, 2016, 35(2):151-163.

[212] Chesnutt T W, Hollis M, Mitchell D L, et al. Probability Management for Water Finance and Resource Managers[J]. Journal-American Water Works Association, 2021, 113(1):68-76.

[213] 刘业鑫,吴伟伟. 技术管理能力对突破性技术创新行为的影响:环境动荡性与竞争敌对性的联合调节效应[J]. 科技进步与对策,2021,38(7):10-18.

[214] Creswell J W. Qualitative Inquiry and Research Design: Choosing among Five Approaches[M]. Thousand Oaks: Sage Publications, 2007.

[215] 刘小平,邓文香. 虚拟CSR共创、消费者互动与共创绩效——基于扎根理论的单案例研究[J]. 管理案例研究与评论,2019,12(5):509-520.

[216] Strauss A, Corbin J. Basics of Qualitative Research: Grounded Theory Procedures and Techniques[M]. Newbury Park, CA: Sage, 1990.

[217] Lee T, Salim S, Lee J. Steel-making Plant Engineering Guide Development Based on Systems Engineering Standards: Feasibility Study and Concept Design[J]. Incose International Symposium, 2016, 26(1):352-371.

[218] Mathews J A. Competitive Advantages of the Latecomer Firm: A Resource-Based Account of Industrial Catch-up Strategies[J]. Asia Pacific Journal of Management, 2002, 19(4):467-488.

[219] 项国鹏,盛亚. 公司战略弹性与公司战略变革模式:知识视角的考察[J]. 科技进步与对策,2005(7):75-77.

[220] Sanchez R. Preparing for an Uncertain Future: Managing Organizations for Strategic Flexibility[J]. International Studies of Management & Organization, 1997, 27(2):71-94.

[221] Jaworski B J, Kohli A K. Market Orientation: Antecedents and Consequences[J]. Journal of Marketing, 1993, 57(3):53-70.

[222] Sirmon D G, Hitt M A, Ireland R D. Managing Firm Resources in Dynamic Environments to Create Value: Looking Inside the Black Box[J]. Academy of management re-

view,2007,32(1):273-292.

[223] 王玲玲,赵文红,魏泽龙.创业学习与新颖型商业模式设计:市场环境不确定的调节作用[J].经济经纬,2018,35(4):122-128.

[224] 张浩.管理科学研究模型与方法[M].北京:清华大学出版社,2016.

[225] Cyert R, Kang S H, Kumar P. Managerial Objectives and Firm Dividend Policy: A Behavioral Theory and Empirical Evidence[J]. Journal of Economic Behavior & Organization,1996,31(2):157-174.

[226] 钱德勒.看得见的手:美国企业的管理革命[M].重武,译.北京:商务印书馆,1987.

[227] Timmermans S, Berg M. The Gold Standard: The Challenge of Evidence-Based Medicine and Standardization in Health Care [M]. Philadelphia: Temple University Press,2010.

[228] Nadkarni S, Narayanan V K. Strategic Schemas, Strategic Flexibility, and Firm Performance: The Moderating Role of Industry Clock Speed[J]. Strategic Management Journal,2007,28(3):243-270.

[229] Chen Y, Wang Y, Nevo S, et al. Improving Strategic Flexibility with Information Technologies: Insights for Firm Performance in an Emerging Economy[J]. Journal of information technology,2015,32(1):10-25.

[230] Vokurka R J, O'Leary-Kelly S W. A Review of Empirical Research on Manufacturing Flexibility[J]. Journal of Operations Management,2000,18(4):485-501.

[231] Zhang M J. Information Systems, Strategic Flexibility and Firm Performance: An Empirical Investigation[J]. Journal of Engineering and Technology Management,2005,22(3):163-184.

[232] 陈力田.环境动态性、战略协调柔性和企业产品创新能力关系的实证研究[J].科学学与科学技术管理,2012,33(6):60-70.

[233] 韩晨,高山行.战略柔性、战略创新和管理创新之间关系的研究[J].管理科学,2017,30(2):16-26.

[234] 乐琦.并购后高管变更、合法性与并购绩效——基于制度理论的视角[J].管理工程学报,2012,26(3):15-21.

[235] 徐二明,左娟.合法性对电信运营企业可持续发展战略及绩效的影响研究[J].中国工业经济,2010(10):44-54.

[236] 李大元.企业环境不确定性研究及其新进展[J].管理评论,2010,22(11):81-87.

[237] Tan J J, Litschert R J. Environment-Strategy Relationship and Its Performance Implications: An Empirical Study of Chinese Electronics Industry[J]. Strategic Management Journal, 1994, 15(1): 1-20.

[238] Pfeffer J, Salancik G R. The External Control of Organizations: A Resource Dependence Perspective[J]. Social Science Electronic Publishing, 2003, 23(2):123-133.

[239] 熊磊,吴晓波,朱培忠,等. 技术能力、东道国经验与国际技术许可——境外企业对中国企业技术许可的实证研究[J]. 科学学研究,2014,32(2):226-235.

[240] Galavotti I, Cerrato D, Cantoni F. Surviving after Cross-Border Acquisitions: How Business Relatedness, Host Country Experience, and Cultural Distance Affect Acquired Firms[J]. Sustainability, 2020, 12(17):6721.

[241] 陈怀超,范建红,牛冲槐. 制度距离对中国跨国公司知识转移效果的影响研究——国际经验和社会资本的调节效应[J]. 科学学研究,2014,32(4):593-603.

[242] Arslan A, Larimo J. Ownership Strategy of Multinational Enterprises and the Impacts of Regulative and Normative Institutional Distance: Evidence from Finnish Foreign Direct Investments in Central and Eastern Europe[J]. Journal of East-West Business, 2010, 16(3):179-200.

[243] Brouthers K D, Hennart J. Boundaries of the Firm: Insights From International Entry Mode Research[J]. Journal of Management, 2007,33(3):395-425.

[244] Luo Y, Tung R L. International Expansion of Emerging Market Enterprises: A Springboard Perspective[J]. Journal of International Business Studies, 2007,38(4):481-498.

[245] 谢洪明,钱莹,李春阳. 制度质量对跨国并购绩效的影响——制度距离和跨国并购经验的调节效应[J]. 浙江工业大学学报(社会科学版),2018,17(3):267-272.

[246] 任中平. 有效性视角下合法性理论研究的回顾与拓展[J]. 学习论坛,2020(9):61-69.

[247] 杜亚灵,李会玲,闫鹏,等. 初始信任、柔性合同和工程项目管理绩效:一个中介传导模型的实证分析[J]. 管理评论,2015,27(7):187-198.

[248] 李玉刚,童超. 企业合法性与竞争优势的关系:分析框架及研究进展[J]. 外国经济与管理,2015,37(3):65-75.

[249] Ying Y, Deng P, Liu Y. Strategic Flexibility, Institutional Hardship, and International Expansion Strategy of Chinese New Ventures[J]. China: An International Journal, 2016, 14(4):118-130.

[250] 林琳,潘琰. 经营环境不确定性、内部控制质量与国有上市公司的价值创造效果[J]. 湖南社会科学,2019(2):95-105.

[251] Martínez-Sánchez Á, Vela-Jimenez M J, Abella-Garces S, et al. Flexibility and Innovation: Moderator Effects of Cooperation and Dynamism[J]. Personnel Review, 2019, 48(6):1548-1564.

[252] Dey S, Sharma R R K, Pandey B K. Relationship of Manufacturing Flexibility with Organizational Strategy[J]. Global Journal of Flexible Systems Management, 2019, 20(3):237-256.

[253] Fan Z, Wu D, Wu X. Proactive and Reactive Strategic Flexibility in Coping with Environmental Change in Innovation[J]. Asian Journal of Technology Innovation, 2013, 21

(2):187-201.

[254] 刘娟.新进入者劣势、累积学习经验与中国对外直接投资——兼论"五通指数"的调节作用[J].国际商务(对外经济贸易大学学报),2020(2):94-109.

[255] 吴丹.基于战略性人力资源管理理念的工程施工企业海外人才队伍建设探讨[J].企业改革与管理,2020(18):111-112.

[256] 周俊霞.我国国有企业社会责任驱动机制与路径研究——以规范合法性理论为视角[J].北方经贸,2016(3):123-124+127.

[257] 冯春强.施工企业海外工程项目财务风险分析及防控建议[J].纳税,2020,14(23):71-72.

[258] 王冀,张宇,吴忠广,等.公路水运工程应急管理标准体系构建[J].交通运输研究,2021,7(1):32-40.

[259] Li H, Yi X, Cui G. Emerging Market Firms' Internationalization: How Do Firms' Gains from Inward Activities Affect Their Outward Activities? [J]. Strategic Management Journal, 2017, 38(13): 2704-2725.

[260] 邱顺福,邵志伟,曹薛伟.国有工程承包企业海外项目监督方式探析[J].河北企业,2019(10):86-87.

[261] 胡孟,顾晓伟,李聂贵,等.水利技术标准、管理标准及工作标准的界定原则研究[J].中国水利,2014(7):13-15+37.

[262] 王琴.基于执行力提升的岗位工作标准体系构建研究:以W公司为例[J].福建广播电视大学学报,2019(4):53-57.

[263] 谭铁生,任永昌.构建由工作标准牵引的培训体系[J].中国人力资源开发,2010(9):41-44.

[264] 李彩玲,梁春华,陈斌,等.情报科研工作标准的研究[J].情报理论与实践,2020,43(5):58-60+30.

[265] 李耸耸.我国传统施工企业海外工程EPC项目成本管理[J].工程建设与设计,2020(19):241-243.

[266] 严叶丽.国际工程企业"走出去"战略下人力资源属地化改造——以某大型国有企业三级海外分公司为例[J].产权导刊,2019(9):27-32.

[267] Dimaggio P J, Powell W W. Introduction: The New Institutionalism and Organizational Analysis[J]. University of Chicago Press Economics Books, 1991, 87(2):501.

[268] Jepperson R L. Institutions, Institutional Effects, and Institutionalism[J]. New Institutionalism in Organizational Analysis, 1991, 13(19):21-25.

[269] Gilbert C G. Unbundling the Structure of Inertia: Resource Versus Routine Rigidity [J]. Academy of Management Journal, 2005, 48(5):741-763.

[270] 樊校.铁路工程企业海外经营风险评价指标体系研究[J].中国铁路,2019(6):41-46.

[271] 于薇.中国建筑企业的海外工程项目群管理研究[D].西安:西安科技大学,2019.

[272] 余江. 我国工程承包企业海外经营管理风险及其防范[J]. 企业改革与管理, 2019(6): 23-24.

[273] 乔奕勃. 论国有大型企业集团国际工程业务海外组织机构搭建——论海外公司股权管理的优势[J]. 财经界, 2019(8): 42-43.

[274] Joseph A A, Debrah Y A. Toward a Construct of Liability of Origin[J]. Industrial & Corporate Change, 2017, 26(2): 211-231.

[275] 魏江, 赵齐禹. 规制合法性溢出和企业政治战略——基于华为公司的案例研究[J]. 科学学研究, 2019, 37(4): 651-663.

[276] 胡道平. 石油化工工程企业海外经营风险及对策[J]. 工程技术研究, 2018(13): 201-202.

[277] 吕翠峰. 国际工程物流企业海外扩张的机遇和挑战以及应对方案——以思锐物流集团为例[D]. 上海: 上海交通大学, 2018.

[278] 岳国增, 鞠文利, 陈良迎. 浅析电力施工企业海外工程项目人力资源属地化管理——以赞比亚马安巴 2×150MW 电站项目为例[J]. 人才资源开发, 2017(22): 188-189.

[279] Darvishmotevali M, Altinay L, De Vita G. Emotional Intelligence and Creative Performance: Looking Through the Lens of Environmental Uncertainty and Cultural Intelligence[J]. International Journal of Hospitality Management, 2018(73): 44-54.

[280] Schreyogg G, Sydow J. Organizing for Fluidity? Dilemmas of New Organizational Forms[J]. Organization Science, 2010, 21(6): 1251-1262.

[281] 许诺. 环境不确定性、管理者过度自信与财务柔性动态调整研究[D]. 大连: 东北财经大学, 2016.

[282] 刘鹏. 基于KPI方法的中拉PPP模式风险比较及相关对策[J]. 当代经济, 2019(12): 37-39.

[283] 王卓甫, 安晓伟, 丁继勇. 海外重大基础设施投资项目风险识别与评估框架[J]. 土木工程与管理学报, 2018, 35(1): 7-12.

[284] 查锐, 李小刚. 浅析非洲电力基础设施投资与开发——以乌干达布贾卡里水电站为例[J]. 国际工程与劳务, 2021(3): 52-57.

[285] 万军. 中拉产能合作与拉美通信基础设施建设[J]. 拉丁美洲研究, 2017, 39(3): 38-59+155.

[286] 于长洪, 吴炳昊, 刘刚. 中欧铁路标准体系差异及海外铁路项目对策分析[J]. 铁路通信信号工程技术, 2021, 18(4): 89-99+103.

[287] 陈小宁. 国际基础设施建设新趋势及建议[J]. 国际经济合作, 2018(9): 16-20.

[288] 王妮. 我国海外基础设施投资项目风险防范研究——基于中美贸易摩擦背景[J]. 价格月刊, 2019(12): 76-80.

[289] Salomon R, Martin X. Learning, Knowledge Transfer, and Technology Implementation Performance: A Study of Time-to-Build in the Global Semiconductor Industry[J]. Management Science, 2008, 54(7): 1266-1280.

[290] 宋玉祥. 集团制工程企业海外工程承包项目签约模式探析[J]. 招标采购管理, 2019

(9):16-18.

[291] Mashlakov A,Pournaras E,Nardelli P H J,et al. Decentralized Cooperative Scheduling of Prosumer Flexibility under Forecast Uncertainties[J]. Applied Energy,2021,290(12):116706.

[292] González-Benito Ó,González-Benito J,Muñoz-Gallago P A. On the Consequences of Market Orientation across Varied Environmental Dynamism and Competitive Intensity Levels[J]. Journal of Small Business Management,2014,52(1):1-21.

[293] 郑曦. 非洲投资环境和风险对我国"一带一路"倡议的启示——以安哥拉为例[J]. 上海经济,2017(5):49-55.

[294] 曾春影,茅宁. CEO初入职场时的经济形势与企业捐赠[J]. 当代财经,2018(4):78-87.

[295] 祁凯,高长元. 动态环境下的企业组织柔性建模[J]. 图书情报工作,2010,54(4):70-74.

[296] 陈伟."一带一路"背景下中资企业海外工程投标的风险防范措施[J]. 产业创新研究,2019(9):100-101.

[297] Bai C,Sarkis J. Improving Green Flexibility Through Advanced Manufacturing Technology Investment:Modeling the Decision Process[J]. International Journal of Production Economics,2017,188(6):86-104.

[298] 方慧. 石油工程技术服务企业海外经营主要法律风险防范与控制研究[J]. 中国中小企业,2019(7):141-142.

[299] Zuluaga S,Sánchez-Silva M. The Value of Flexibility and Sequential Decision-Making in Maintenance Strategies of Infrastructure Systems[J]. Structural Safety,2020(84):101916.

[300] 李丹. 建筑企业海外EPC工程成本管理研究[D]. 北京:北京交通大学,2020.

[301] Shcherbatov I A. Formalization of the External Environment Uncertainty in the Power Equipment Operating[J]. Mekhatronika,Avtomatizatsiya,Upravlenie,2019,20(7):405-411.

[302] 杨纪伟. 非洲宗教极端主义与非洲安全治理机制[J]. 国际研究参考,2018(4):42-47+52.

[303] 王璐,姜军海,岳振琪. 电力工程企业海外投资模式及风险管控调研[J]. 电力勘测设计,2020(2):76-80.

[304] 徐明辉. 新形势下关于石油工程建设承包企业海外发展战略的思考[J]. 化工管理,2020(14):157-158.

[305] 欧阳骞. 中国推进海外基础设施建设的公共外交新思维[J]. 公共外交季刊,2019(1):38-45+123-124.

[306] Haarhaus T,Liening A. Building Dynamic Capabilities to Cope with Environmental Uncertainty:The Role of Strategic Foresight[J]. Technological Forecasting and Social

Change,2020(155):120033.

[307] 司博.浅谈施工企业在海外工程项目管理中存在的问题及对策[J].现代经济信息,2017(9):370.

[308] Luo Y, Tung R L. A General Theory of Springboard MNEs[J]. Journal of International Business Studies, 2018, 49(2):129-152.

[309] 唐霞,张露,张阳.基于创新生态系统的水电工程技术标准国际化路径——英国标准协会(BSI)案例研究[J].科研管理,2022,43(12):1-13.

[310] 倪嘉成,叶雨潇,杨博旭.数字经济背景下互联网创业企业迭代创新与生存风险——基于合法性视角[J].科学学与科学技术管理,2024:1-39.

[311] Marano V, Tashman P, Kostova T. Escaping the Iron Cage: Liabilities of Origin and CSR Reporting of Emerging Market Multinational Enterprises[J]. Journal of International Business Studies, 2017, 48(3):386-408.

[312] 李伟光,陈培国,李威.浅谈如何优化国有企业海外工程项目的资产管控[J].公路交通科技(应用技术版),2020,16(5):30-31.

[313] 崔守军,张政.经济外交视角下的中国对拉美基础设施建设[J].拉丁美洲研究,2017,39(3):1-18+154.

[314] Madhavan S, Gupta D. The Influence of Liabilities of Origin on EMNE Cross-Border Acquisition Completion[M]. London:Palgrave Macmillan UK, 2017.

[315] 傅慧,郭希婕,肖雄辉.合法性组合如何促进独角兽企业的延展成长:基于模糊集的定性比较分析[J].中国软科学,2024(9):132-141.

[316] 丁佳艳,苏依依,章清华.国企参与、区域制度差异与并购过程——基于合法性的视角[J].管理评论,2024,36(8):3-14.

[317] Held K, Bader B. The Influence of Images on Organizational Attractiveness: Comparing Chinese, Russian and US Companies in Germany[J]. International Journal of Human Resource Management, 2016,29(3):510-548.

[318] 山秀蕾,刘昌明.组织韧性与国际组织合法性的重构[J].外交评论(外交学院学报),2024,41(4):84-114+168-169.

[319] 黄宁,章添香.国际技术标准竞争:政策逻辑、现实约束及趋势展望[J].清华大学学报(哲学社会科学版),2024,39(6):183-196+235.

[320] Field L C, Mkrtchyan A. The Effect of Director Experience on Acquisition Performance[J]. Journal of Financial Economics1, 2017, 123(3): 488-511.

[321] 李文文,郎丽华.标准制度型开放对中国出口贸易的影响——基于技术标准协调的视角[J].经济学家,2024(11):87-97.

[322] 李远,魏昕然.高质量共建"一带一路"机制下技术标准"软联通"问题研究[J].亚太经济,2024(5):1-12.

[323] Zhou N, Guillen M F. From Home Country to Home Base: A Dynamic Approach to

the Liability of Foreignness[J]. Strategic Management Journal,2015,36(6):907-917.

[324] 周青,叶瑾,陈佩夫,等.面向"一带一路"企业技术标准联盟适用情境[J].科学学研究,2024:1-1.

[325] 毛昊,柏杨.技术标准竞争、未来产业发展与国家战略博弈[J].科学学研究,2024,42(4):713-720+849.

[326] Hilmersson M, Papaioannou S. SME International Opportunity Scouting—Empirical Insights on Its Determinants and Outcomes[J]. Journal of International Entrepreneurship,2015,13(3):1-26.

[327] 王黎萤,陈霞,谢雯欣.技术标准联盟对企业数字创新的影响机制——基于技术标准与知识产权协同视角[J].科技管理研究,2023,43(13):110-118.

[328] 冯科,曾德明.二元技术标准制定绩效的驱动因素:外部网络位置与内部技术能力的权变作用[J].管理评论,2023,35(4):79-90.

[329] De Corte J, Roose R, Bradt L, et al. Service Users with Experience of Poverty as Institutional Entrepreneurs in Public Services in Belgium: an Institutional Theory Perspective on Policy Implementation[J]. Social Policy & Administration,2018,52(1):197-215.

[330] 朱姗姗.建筑施工企业海外工程项目研究[J].今日财富(中国知识产权),2018(6):80.

[331] Lee H,Park J. The Influence of Top Management Team International Exposure on International Alliance Formation[J]. Journal of Management Studies,2008,45(5):961-981.

[332] 谭漪.中国国际工程承包企业海外工程项目跨文化管理研究[D].石家庄:石家庄铁道大学,2018.

[333] 李鑫.新形势下石油工程建设承包企业海外发展的战略思考[J].石油工程建设,2018,44(2):1-5.

[334] Kostova T, Roth K. Adoption of an Organizational Practice by Subsidiaries of Multinational Corporations: Institutional and Relational Effects[J]. Academy of Management Journal,2002,45(1):215-233.

[335] 张利飞,李秋霞,贺景景.技术驱动还是市场驱动?——技术标准国际化推广机制研究[J].科学学研究,2023,41(8):1401-1409.

[336] 姜红,盖金龙,陈晨.生命周期视角下技术标准联盟企业竞合关系研究[J].科学学与科学技术管理,2022,43(9):89-107.

[337] Xu K, Hitt M A. Entry Mode and Institutional Learning: A Polycentric Perspective [J]. Advances in International Management,2015(25):149-178.

[338] 冀相豹.制度差异、累积优势效应与中国OFDI的区位分布[J].世界经济研究,2014(1):73-80+89.

[339] Prashantham S, Birkinshaw J. Choose Your Friends Carefully: Home-Country Ties

and New Venture Internationalization[J]. Management International Review, 2015, 55(2):207-234.

[340] 王姝雅.中国企业海外工程承包失败的分析[J].经济研究导刊,2018(13):172-173.

[341] 赵国森,景雪,张铮太.海外建筑工程技术人才培养的研究——我国建筑施工企业角度[J].住宅与房地产,2017(30):228.

[342] Dunn S C, Seaker R F, Waller M A. Latent Variables in Business Logistics Research: Scale Development and Validation[J]. Journal of Business Logistics,1994,15(2):145-172.

[343] 许冠南,周源,刘雪锋.关系嵌入性对技术创新绩效作用机制案例研究[J].科学学研究,2011,29(11):1728-1735.

[344] 彭新敏.权变视角下的网络联结与组织绩效关系研究[J].科研管理,2009,30(3):47-55.

[345] Delmas M A, Toffel M W. Organizational Responses to Environmental Demands: Opening the Black Box[J]. Strategic Management Journal,2008,29(10):1027-1055.

[346] 刘晓龙,李彬.国际技术标准与大国竞争——以信息和通信技术为例[J].当代亚太,2022(1):40-58+158.

[347] 郭海,陈沁悦.企业数字化、战略柔性与公共危机应对——基于动态能力的视角[J].管理科学学报,2024,27(9):29-47.

[348] Miller F P, Vandome A F, Mcbrewster J. Likert Scale[M]. London:Alphascript Publishing,2010.

[349] 张宝友,朱卫平.标准化对我国物流产业国际竞争力影响的实证研究[J].上海经济研究,2013,25(6):50-59.

[350] Perrini F, Rossi G, Rovetta B. Does Ownership Structure Affect Performance? Evidence from the Italian Market[J]. Corporate Governance An International Review,2008,16(4):312-325.

[351] 韩清,胡琨.高标准市场体系建设与企业市场势力——来自中国标准国际化的实践证据[J].上海经济研究,2024(7):44-61.

[352] Sainio L, Ritala P, Hurmelinna-Laukkanen P. Constituents of Radical Innovation—Exploring the Role of Strategic Orientations and Market Uncertainty[J]. Technovation, 2012, 32(11): 591-599.

[353] 王淑英,孔宁宁.战略柔性、突破性创新与企业绩效关系研究——基于环境不确定性及组织合法性的调节效应[J].企业经济,2016(8):39-46.

[354] Cho K R, Padmanabhan P. Revisiting the Role of Cultural Distance in MNC's Foreign Ownership Mode Choice: The Moderating Effect of Experience Attributes[J]. International Business Review, 2005, 14(3):307-324.

[355] 马超.中国标准数字化转型:认知阐释、现实问题及发展路径[J].图书与情报,2023(4):50-63.

[356] Ingram P, Baum J A C. Opportunity and Constraint: Organizations' Learning from the Operating and Competitive Experience of Industries[J]. Strategic Management Journal,1997,18(S1):75-98.

[357] 宋林,彬彬,乔小乐. 制度距离对中国海外投资企业社会责任影响研究——基于国际经验的调节作用[J]. 北京工商大学学报(社会科学版),2019,34(2):90-103.

[358] 吴建祖,陈丽玲. 高管团队并购经验与企业海外并购绩效:高管团队薪酬差距的调节作用[J]. 管理工程学报,2017,31(4):8-14.

[359] Gefen D, Karahanna E, Straub D W. Trust and TAM in Online Shopping: An Integrated Model[J]. MIS Quarterly,2003,27(1):51-90.

[360] 薛薇. 统计分析与SPSS的应用[M]. 北京:中国人民大学出版社,2014.

[361] Harkness J A, Vijver F, Mohler P P. Cross-Cultural Survey Methods[J]. Technometrics,2003,95(12):1227.

[362] 张子健,江涛. 中国标准对"一带一路"沿线国家生产率的影响[J]. 科技管理研究,2023,43(11):142-151.

[363] Bagozzi R P, Yi Y, Phillips L W. Assessing Construct Validity in Organizational Research[J]. Administrative Science Quarterly,1991,36(3):421-458.

[364] 马庆国. 应用统计学:数理统计方法、数据获取与SPSS应用精要版[M]. 北京:科学出版社,2005.

[365] Podsakoff P M. Self-Reports in Organizational Research: Problems and Prospects[J]. Journal of Management,1986,12(4):531-544.

[366] Fornell C, Larcker D F. Evaluating Structural Equation Models with Unobservable Variables and Measurement Error[J]. Journal of Marketing Research,1981,24(4):337-346.

[367] Hayes A F. Introduction to Mediation, Moderation, and Conditional Process Analysis: A Regression-Based Approach[M]. New York:Guilford Press, 2017.

[368] 刘军涛,周艳. 浅谈企业管理中刚性管理和柔性管理的运用[J]. 中国国际财经(中英文),2018(9):131.

[369] 董长华. 民营企业内部控制的刚性与柔性[J]. 环球市场信息导报,2016(21):62.

[370] Kraatz M S, Zajac E J. How Organizational Resources Affect Strategic Change and Performance in Turbulent Environments: Theory and Evidence[J]. Organization Science,2001,12(5):632-657.

[371] Liu Y, Woywode M. Light-Touch Integration of Chinese Cross-Border M&A: The Influences of Culture and Absorptive Capacity[J]. Thunderbird International Business Review, 2013, 55(4): 469-483.

[372] Tolbert P S, Zucker L G. Institutional Sources of Change in the Formal Structure of Organizations: The Diffusion of Civil Service Reform, 1880-1935[J]. Administrative Science Quarterly,1983,28(1):22-39.